線形代数学

初歩からジョルダン標準形へ

Linear Algebra

三宅敏恒著

培風館

序　文

本書は，幸いにして好評をいただいている「入門 線形代数」に「2次形式」，「双対空間，商空間，空間の直和」，「ジョルダン標準形」，「複素ベクトル空間」を書き加えて1冊の本にまとめたものである．

現代数学のひとつの特徴は数学の各分野に共通する考え方を抽出し，その抽象化された結果をそれぞれの分野に応用することにある．特に，ベクトルと行列の応用は代数学はもちろんのことであるが，微積分などの解析学や幾何学など多岐にわたる．それを個々に論ずるのではなく，その考え方のエッセンスを抽出したものが線形代数である．そのために，線形代数で扱われる抽象的なベクトル空間や線形変換といった基本的な考え方は，数学のあらゆる分野に応用される．しかし，その抽象的な面を強調しすぎると，読者にとって非常にわかりにくいものになりがちであり，線形代数学を修得するのに苦労するところでもある．本書では一般的な記述を行うが，抽象性を和らげるために，次のような試みを行った．

（1） 線形代数の基本的な概念の修得に的をしぼって，抽象的な命題や，事実や結果の羅列は避けた．計算を重視し，定理の証明はできるだけ計算に応用できるものを採用した．

（2） 具体的な例や例題を数多く掲載した．そのため，教科書としてのみならず，演習書としても使えるのではないかと思う．

（3） 読みやすさを考えて，定理の証明や例題の解答が，なるべくページ内に収まるようなレイアウトにした．また，色刷りを用いて重要項目やテーマの流れが一目でわかるように工夫した．

（4） 演習問題は，学習者が内容を理解できたかどうか判断するためのものと，本文の理解を助けるものに限り，過度に高度なものは避けた．

本書の内容は次の通りである．

1章では，正方行列や単位行列など，いくつかの基本的な行列の定義を述べる．さらに，連立1次方程式と行列の間の関係を説明する．

2章では，連立1次方程式をガウスの掃き出し法に基づいて解く．この解法は，得られた解をもとの連立1次方程式に戻って，確かめる必要がないところがポイントである．また，正方行列が正則であることの同値な条件をいくつか述べる．

3章では，正方行列の行列式を定義し，その性質を述べる．行列式は線形代数で大きな役割を果たし，実際の数値計算も応用上重要である．

4章では，ベクトル空間の一般論を展開して，基と次元について説明を行う．例として，n 次の列ベクトル全体の空間，高々 n 次の多項式全体の空間を扱う．

5章では，線形写像と表現行列，さらに，固有値，固有ベクトル，固有空間，正方行列の対角化について論ずる．

6章では，実ベクトル空間に内積を定義する．対角化可能な行列の例として，実対称行列の対角化を行う．また，2次形式の標準化についても述べる．

7章では，双対空間，商空間，ベクトル空間の直和を扱う．少し抽象的であるが，線形代数において避けられない重要な概念である．

8章では，ジョルダン標準形を求める．一般に，線形変換は対角化可能ではないが，線形変換のジョルダン標準形は対角行列に近い形をした行列で，応用上も便利である．

9章では，内積の概念を複素ベクトル空間に拡張したエルミート内積について述べる．

また，正方行列を係数とする級数などの解析的な内容は，拙著「微分方程式—やさしい解き方」(培風館)に述べたので，あえて本書ではふれなかった．

本書の執筆中，畏友 前田芳孝氏には原稿を読んでいただき，非常に適切なご助言を賜った．北海道大学大学院生の服部良平氏は本文を読み，問題の解法や解答などを検討してくださった．お二人に心よりの感謝を申し上げたいと思います．また，培風館編集部 江連千賀子氏は，何度も書き直した原稿を幾度も，数学的な内容も含め丁寧に読んでくださり，貴重なご意見を賜りました．お陰で，すごくきれいな本ができました．編集長 松本和宣氏は著者の我が儘な要望をお聞き届けくださいました．お二人のご尽力に感謝し，衷心よりお礼を申し上げます．

2008年10月

三宅敏恒

目　次

1 行　　列

1.1 行列と数ベクトル

複数のデータを扱うときに，表にまとめると便利なことは，日常よく経験するところである．これを抽象化したものが行列である．

行列　$m\times n$ 個の数 a_{ij} $(i=1, \cdots, m\,;\, j=1, \cdots, n)$ を次のように長方形に並べて［ ］または（ ）でくくったものを **m 行 n 列の行列**，**$m\times n$ 型の行列**，**$m\times n$ 行列**，**(m, n) 行列**などという：

$$A=\begin{bmatrix} a_{11} & a_{12} & \cdots & a_{1n} \\ a_{21} & a_{22} & \cdots & a_{2n} \\ & \cdots\cdots & & \\ a_{m1} & a_{m2} & \cdots & a_{mn} \end{bmatrix} \text{ または } \begin{pmatrix} a_{11} & a_{12} & \cdots & a_{1n} \\ a_{21} & a_{22} & \cdots & a_{2n} \\ & \cdots\cdots & & \\ a_{m1} & a_{m2} & \cdots & a_{mn} \end{pmatrix}.$$

この a_{ij} を行列 A の **(i, j) 成分**という．行列 A の成分の横のならび

$$[a_{i1} \quad a_{i2} \quad \cdots \quad a_{in}] \qquad (i=1, \cdots, m)$$

を A の**行**といい，上から第 1 行，第 2 行，$\cdots$，第 m 行と呼ぶ．また A の成分の縦のならび

$$\begin{bmatrix} a_{1j} \\ a_{2j} \\ \vdots \\ a_{mj} \end{bmatrix} \qquad (j=1, \cdots, n)$$

を A の**列**といい，左から第 1 列，第 2 列，$\cdots$，第 n 列と呼ぶ．

行列の記法　A が a_{ij} を (i, j) 成分とする $m\times n$ 行列のとき

$$A=[a_{ij}],\ A=[a_{ij}]_{m\times n},\ A=\underset{m\times n}{[a_{ij}]}$$

などと，略記することがある．

零行列　全ての成分が 0 であるような行列を，零行列と呼び O と書く．零行列は，一般には文中や式の中でその型が明らかなことが多いが，特にその型を明示したいときには，$m\times n$ 型の零行列を $O_{m,n}$ などと書く．

例 1　2×3 型の零行列を具体的に書くと次のようになる．

$$O=O_{2,3}=\begin{bmatrix} 0 & 0 & 0 \\ 0 & 0 & 0 \end{bmatrix}.$$

正方行列　行と列の数が等しい行列，すなわち $n\times n$ 行列を，n 次正方行列という．正方行列

$$A=\begin{bmatrix} a_{11} & a_{12} & \cdots & a_{1n} \\ a_{21} & a_{22} & \cdots & a_{2n} \\ \vdots & & \ddots & \vdots \\ \vdots & & a_{ii} & \vdots \\ \vdots & & & \ddots \\ a_{n1} & a_{n2} & \cdots & a_{nn} \end{bmatrix}$$

の成分のうち，左上から右下への対角線上に並ぶ成分 a_{11}, a_{22}, $\cdots$, a_{nn} を A の**対角成分**という．正方行列のうち，特に対角成分以外の成分は全て 0 である行列を**対角行列**という．

例 2　次の行列は 3 次の対角行列である．

$$\begin{bmatrix} 2 & 0 & 0 \\ 0 & 3 & 0 \\ 0 & 0 & 4 \end{bmatrix},\quad \begin{bmatrix} 0 & 0 & 0 \\ 0 & 2 & 0 \\ 0 & 0 & -1 \end{bmatrix}.$$

単位行列　対角成分が全て 1 で，それ以外の成分が全て 0 であるような正方行列を単位行列といい E と書く．特に次数を明示したいときには，n 次の単位行列を E_n とも書く．

例 3　3 次の単位行列を具体的に書くと次のようになる．

$$E=E_3=\begin{bmatrix} 1 & 0 & 0 \\ 0 & 1 & 0 \\ 0 & 0 & 1 \end{bmatrix}.$$

スカラー行列 対角成分が全て等しい対角行列を，スカラー行列という．特に単位行列や正方行列である零行列はスカラー行列である．

例 4 次の行列は 3 次のスカラー行列である．

$$\begin{bmatrix} 2 & 0 & 0 \\ 0 & 2 & 0 \\ 0 & 0 & 2 \end{bmatrix}, \quad \begin{bmatrix} -1 & 0 & 0 \\ 0 & -1 & 0 \\ 0 & 0 & -1 \end{bmatrix}.$$

転置行列 行列 A の行と列を入れ替えた行列を，行列 A の転置行列といい ${}^tA$ と書く．A が $m\times n$ 行列ならば，${}^tA$ は $n\times m$ 行列である．成分で書くと

$$A=\begin{bmatrix} a_{11} & a_{12} & \cdots & a_{1n} \\ a_{21} & a_{22} & \cdots & a_{2n} \\ & \cdots\cdots & & \\ a_{m1} & a_{m2} & \cdots & a_{mn} \end{bmatrix} \text{ならば} \quad {}^tA=\begin{bmatrix} a_{11} & a_{21} & \cdots & a_{m1} \\ a_{12} & a_{22} & \cdots & a_{m2} \\ & \cdots\cdots & & \\ a_{1n} & a_{2n} & \cdots & a_{mn} \end{bmatrix}$$

である．すなわち，$A=[a_{ij}]$，${}^tA=[b_{ij}]$ と書くと $b_{ij}=a_{ji}$ である．さらに，行列 A の転置行列の転置行列は元の A に等しい．すなわち

$${}^t({}^tA)=A.$$

例 5（転置行列）

$$A=\begin{bmatrix} 1 & 3 & -2 \\ 4 & 5 & 2 \end{bmatrix} \text{ならば} \quad {}^tA=\begin{bmatrix} 1 & 4 \\ 3 & 5 \\ -2 & 2 \end{bmatrix}.$$

行ベクトル，列ベクトル 行列のなかで特に $1\times n$ 行列を n 次の行ベクトル，$m\times 1$ 行列を m 次の列ベクトルという．行ベクトルと列ベクトルをあわせて**数ベクトル**という．成分が全て 0 である数ベクトルを**零ベクトル**といい

$$\mathbf{0}$$

と書く．また 1×1 行列は，数と同一視することが多い．

例 6（行ベクトル，列ベクトル）

$\begin{bmatrix} 1 \\ 5 \\ 3 \end{bmatrix}$ は 3 次の列ベクトル，$[0 \quad 2 \quad 0 \quad 1]$ は 4 次の行ベクトルである．

例題 1.1.1

$$A=\begin{bmatrix} -1 & 2 & 6 & -4 & 5 \\ 3 & 0 & 12 & 0 & 4 \\ 1 & 4 & 0 & 7 & 1 \end{bmatrix}$$

に対して次の問いに答えよ.

（1） 行列 A の型をいえ.

（2） 行列 A の $(2,1)$ 成分, $(3,4)$ 成分をいえ.

（3） 行列 A の第 2 行, 第 3 列をいえ.

（4） 行列 A の転置行列 ${}^tA$ を求めよ.

解答 （1） 3×5 型. （2） $(2,1)$ 成分は 3, $(3,4)$ 成分は 7.

（3） 第 2 行は $[3 \quad 0 \quad 12 \quad 0 \quad 4]$, 第 3 列は $\begin{bmatrix} 6 \\ 12 \\ 0 \end{bmatrix}$.

（4）

$${}^tA=\begin{bmatrix} -1 & 3 & 1 \\ 2 & 0 & 4 \\ 6 & 12 & 0 \\ -4 & 0 & 7 \\ 5 & 4 & 1 \end{bmatrix}.$$

クロネッカーのデルタ 次のように定義される記号 δ_{ij} をクロネッカーのデルタと呼ぶ.

$$\delta_{ij}=\begin{cases} 1 & (i=j), \\ 0 & (i\neq j). \end{cases}$$

例 7 $\delta_{11}=\delta_{22}=\delta_{33}=1$, $\delta_{12}=\delta_{13}=\delta_{21}=\delta_{23}=\delta_{31}=\delta_{32}=0$.

例 8 クロネッカーのデルタを用いると, 単位行列 $E=E_n$ は

$$E_n=[\delta_{ij}]_{n\times n}$$

と書ける.

例 9 A が 3 次の行列で, $A=[\delta_{i+1,\,j}]$ と表されるならば

$$A=\begin{bmatrix} 0 & 1 & 0 \\ 0 & 0 & 1 \\ 0 & 0 & 0 \end{bmatrix}.$$

問題 1.1

1. $A=\begin{bmatrix} 2 & 4 & -3 & 8 \\ 3 & -1 & 2 & -5 \\ 18 & 0 & 2 & 12 \end{bmatrix}$ について，次の問いに答えよ.

（1）A の型をいえ.　（2）A の $(3,2)$ 成分をいえ.

（3）A の第 2 行をいえ.　（4）A の第 3 列をいえ.

（5）A の転置行列 ${}^tA$ を求めよ.

2. (i,j) 成分 a_{ij} が次のように与えられる 3 次正方行列 $A=[a_{ij}]$ を具体的に書け.

（1）$a_{ij}=(-1)^{i+j}$　（2）$a_{ij}=(-1)^i\delta_{ij}$

（3）$a_{ij}=\delta_{i,j+1}$　（4）$a_{ij}=\delta_{i,4-j}$

3. 次の行列の (i,j) 成分 a_{ij} をクロネッカーのデルタを用いて表せ.

（1）$A=\begin{bmatrix} 1 & 0 & 0 \\ 0 & 2 & 0 \\ 0 & 0 & 3 \end{bmatrix}$　（2）$A=\begin{bmatrix} 0 & 1 & 0 \\ 1 & 0 & 1 \\ 0 & 1 & 0 \end{bmatrix}$

4. 次の等式を満たす a, b, c, d を求めよ.

（1）$\begin{bmatrix} a-1 & 2 \\ b & c+2 \end{bmatrix}=\begin{bmatrix} 3 & 2d \\ 4 & 7 \end{bmatrix}$　（2）$\begin{bmatrix} d & a-1 \\ b+2 & 1 \end{bmatrix}={}^t\begin{bmatrix} 2 & a \\ 2b & c \end{bmatrix}$

5. 正方行列 A が ${}^tA=A$ を満たすとき，A を**対称行列**という. 次の行列が対称行列であるように a, b, c を定めよ.

（1）$\begin{bmatrix} 1 & 2c+1 & 3 \\ a & -2 & c \\ b & a-2 & 0 \end{bmatrix}$　（2）$\begin{bmatrix} 2 & b-2 & 1 \\ a & 3 & c \\ b-2 & a+1 & 5 \end{bmatrix}$

6. 正方行列 A が ${}^tA=-A$ を満たすとき，A を**交代行列**という. ただし $A=[a_{ij}]$ に対して $-A=[-a_{ij}]$ とする. 交代行列の対角成分は全て 0 であることを示せ.

7. 次の行列が交代行列であるように a, b, c, d を定めよ.

（1）$\begin{bmatrix} 0 & 2c+1 & 3 \\ a & b-2 & c \\ c & d-2 & 0 \end{bmatrix}$　（2）$\begin{bmatrix} 0 & a+1 & -1 \\ b & 3-b & d \\ 1 & c-1 & c \end{bmatrix}$

8. 対称行列でかつ交代行列である行列は零行列に限ることを示せ.

1.2 行列の演算

行列に次のように和，差，スカラー倍，積を定義する．この演算は行列を数表の抽象化と考えたとき，次頁の例5にみるように，自然なものである．

行列の和と差 行列の和と差は行列の型が等しいときに限って定義される．A, B が共に $m \times n$ 行列であるとき，A と B の和 $A+B$ を A と B の各成分を加えることにより定義する．行列の差 $A-B$ も同様である．

例 1 $\begin{bmatrix} 1 & -2 & 8 \\ 2 & 5 & -1 \end{bmatrix} + \begin{bmatrix} -2 & 5 & 1 \\ 3 & -1 & 2 \end{bmatrix} = \begin{bmatrix} -1 & 3 & 9 \\ 5 & 4 & 1 \end{bmatrix}$

行列のスカラー倍 行列や後で述べるベクトルに対比して，数のことをスカラーとも言う．A が行列で c が数(スカラー)のとき，A の c 倍 cA を A の成分を全て c 倍することで定義する．A と cA の型は等しい．また $(-1)A$ を $-A$ とも書く．$A+(-A)=O$ である．

例 2 $3\begin{bmatrix} 1 & -2 & 8 \\ 2 & 5 & -1 \end{bmatrix} = \begin{bmatrix} 3 & -6 & 24 \\ 6 & 15 & -3 \end{bmatrix}$, $a\begin{bmatrix} 2 & 1 \\ 4 & 3 \end{bmatrix} = \begin{bmatrix} 2a & a \\ 4a & 3a \end{bmatrix}$

行列の積 行列 A と行列 B の積は，A の列の個数と B の行の個数が等しいときにのみ定義される．A が $m \times n$ 行列，B が $n \times r$ 行列で，

$$A=[a_{ij}],\ B=[b_{jk}]$$

のとき，A と B の積 AB は $m \times r$ 行列で，次の式で定義される．

$$AB=\underset{m\times n}{[a_{ij}]}\ \underset{n\times r}{[b_{jk}]}=\underset{m\times r}{[c_{ik}]},\quad c_{ik}=a_{i1}b_{1k}+\cdots+a_{in}b_{nk}. \quad (1 \leqq i \leqq m,\ 1 \leqq k \leqq r)$$

例 3 $\begin{bmatrix} 2 & 1 & -3 \\ 1 & -5 & 2 \end{bmatrix} \begin{bmatrix} 3 & 1 & 0 \\ 2 & 0 & -1 \\ -1 & 4 & 1 \end{bmatrix} = \begin{bmatrix} 11 & -10 & -4 \\ -9 & 9 & 7 \end{bmatrix}$

積の $(2,2)$ 成分 $=1\cdot 1+(-5)\cdot 0+2\cdot 4=9$

例 4 $\begin{bmatrix} 1 \\ -1 \\ 2 \end{bmatrix} [1\ \ 3\ \ 2] = \begin{bmatrix} 1 & 3 & 2 \\ -1 & -3 & -2 \\ 2 & 6 & 4 \end{bmatrix}$, $[1\ \ 3\ \ 2]\begin{bmatrix} 1 \\ -1 \\ 2 \end{bmatrix} = 2$

例 5 行列の積は，2 つの表の積と考えても自然なものであることを例で示す．2 家族(佐藤，田中)が遠足に行くとして，その 2 家族の構成と，ひとりの費用は次の表の通りであるとする．

表 1

	大人	学生	子供
佐藤	2	1	1
田中	1	1	2

(単位 人)

表 2

	交通費	昼食代
大人	1000	600
学生	700	500
子供	500	400

(単位 円)

この 2 つの表から各家族の費用を計算してみたものが次の表である．

表 3

	交通費	昼食代
佐藤	3200	2100
田中	2700	1900

(単位 円)

このとき表 1，表 2，表 3 に対応する行列を各々 A，B，C としよう．すなわち

$$A=\begin{bmatrix} 2 & 1 & 1 \\ 1 & 1 & 2 \end{bmatrix},\ B=\begin{bmatrix} 1000 & 600 \\ 700 & 500 \\ 500 & 400 \end{bmatrix},\ C=\begin{bmatrix} 3200 & 2100 \\ 2700 & 1900 \end{bmatrix}.$$

さて，表 1 と表 2 から表 3 を計算するとき，例えば田中家の交通費なら

$$1\times 1000+1\times 700+2\times 500=2700$$

として計算される．つまり

$$[1 \quad 1 \quad 2]\begin{bmatrix} 1000 \\ 700 \\ 500 \end{bmatrix}=2700$$

である．他の項目についても全く同じである．すなわち

$$AB=\begin{bmatrix} 2 & 1 & 1 \\ 1 & 1 & 2 \end{bmatrix}\begin{bmatrix} 1000 & 600 \\ 700 & 500 \\ 500 & 400 \end{bmatrix}=\begin{bmatrix} 3200 & 2100 \\ 2700 & 1900 \end{bmatrix}=C$$

が成り立ち，行列の積が自然なものであることが確かめられる．行列の和やスカラー倍についても，同様に表の計算の抽象化として理解できる(具体的な例を作ってみよ)．

行列の演算に関する性質 行列の演算も数の演算と同じような性質をもつが，次の2つの違いがある．

（1） 2つの行列 A, B の和，差，積は定義されるとは限らない(A と B の型による)．

（2） 2つの行列 A, B の積 AB と BA は，もし共に定義されたとしても一致するとは限らない．2つの正方行列 A, B が $AB=BA$ を満たすとき，行列 A と B は**可換**であるという．

これ以外の結合律，分配律などの"数"の演算に成り立つ性質は，次のように行列の演算についても成り立つ．これは定義によりすぐに確かめられる．

和の性質　$A+B=B+A,\ A+O=A,$

$(A+B)+C=A+(B+C)$ （和の結合律）．

積の性質　$AE=EA=A,\ AO=O,\ OA=O,$

$(AB)C=A(BC)$ （積の結合律）．

スカラー倍　$0A=O,\ 1A=A,$

$(ab)A=a(bA),\ (aA)B=a(AB).$

分配律　$a(A+B)=aA+aB,\ (a+b)A=aA+bA,$

$A(B+C)=AB+AC,\ (A+B)C=AC+BC.$

ここで A, B, C は行列であり，a, b はスカラー(数)である．各等式は両辺の演算が意味をもつときに限って成り立つ．

和および積の結合律を用いると，n 個の行列 $A_1, A_2, \cdots, A_n$ に対して，次の(3)，(4)が成り立つことがわかる．

（3） $A_1+A_2+\cdots+A_n$ は全ての A_i の型が等しければ定義され，和をとる順によらずに決まる．

（4） $A_1A_2\cdots A_n$ は隣り合う行列の積が定義されるならば定義され，積をとる順によらずに決まる．特に A が正方行列なら A のべき乗 $A^n=\underbrace{AA\cdots A}_{n\text{個}}$ が定義される．

行列の和，積と転置 行列の和，積と転置については，次の関係が成り立つ．

$$ {}^t(A+B)={}^tA+{}^tB, \qquad {}^t(AB)={}^tB\,{}^tA. $$

べき零行列 $A^m=O$ となる自然数 m があるとき，A をべき零行列という．

例題 1.2.1

次の行列のうち積が定義される組合せを全て求め，その積を計算せよ．

$$A=\begin{bmatrix}2&0&1\\0&1&3\end{bmatrix},\ B=\begin{bmatrix}1\\2\\1\end{bmatrix},\ C=[1\ \ 0\ \ 4],\ D=\begin{bmatrix}3&-1&0\\1&2&1\\0&5&-1\end{bmatrix}$$

解答　行列 X と Y の積が定義されるのは，X の列の数と Y の行の数が等しいときである．よって，積の可能な組合せは，AB，AD，BC，CB，CD，DB の6組である．その各々を計算すると，

$$AB=\begin{bmatrix}3\\5\end{bmatrix},\ AD=\begin{bmatrix}6&3&-1\\1&17&-2\end{bmatrix},\ BC=\begin{bmatrix}1&0&4\\2&0&8\\1&0&4\end{bmatrix},\ DB=\begin{bmatrix}1\\6\\9\end{bmatrix},$$

$$CB=5,\ CD=[3\ \ 19\ \ -4].$$

例題 1.2.2

次の(1)，(2)が正しいかどうか，証明または反例をあげて答えよ．

（1）　A が正方行列ならば，$A^2+3A+2E=(A+2E)(A+E)$．

（2）　A，B が正方行列ならば，$(A+B)^2=A^2+2AB+B^2$．

解答　（1）　正しい．実際

$$(A+2E)(A+E)=A(A+E)+2E(A+E)$$
$$=A^2+A+2(A+E)=A^2+3A+2E.$$

（2）　誤り．(1)と同様に計算すると

$$(A+B)^2=A^2+AB+BA+B^2$$

である．この右辺は A と B が可換でなければ $A^2+2AB+B^2$ に等しくはならない．例えば $n=2$ のとき

$$A=\begin{bmatrix}1&1\\0&1\end{bmatrix},\ B=\begin{bmatrix}0&-1\\1&0\end{bmatrix}\ \text{とすると左辺}=\begin{bmatrix}1&0\\2&1\end{bmatrix},\ \text{右辺}=\begin{bmatrix}2&0\\2&0\end{bmatrix}$$

となるから等号は成り立たない．

問題 1.2

1. 行列の計算を行え.

(1) $\begin{bmatrix} 2 & -1 & 2 \\ 1 & 5 & -2 \end{bmatrix}\begin{bmatrix} 2 & 3 & -2 \\ 0 & -2 & 7 \\ 1 & 1 & 3 \end{bmatrix}$　(2) $\begin{bmatrix} 2 \\ -1 \\ 4 \end{bmatrix}\begin{bmatrix} 3 & 1 & -2 \end{bmatrix}$

(3) $\begin{bmatrix} 3 & 1 & -2 \end{bmatrix}\begin{bmatrix} 2 \\ -1 \\ 4 \end{bmatrix}$　(4) $\begin{bmatrix} 0 & 1 & 2 \\ 0 & 0 & 1 \\ 0 & 0 & 0 \end{bmatrix}^3$

(5) $\begin{bmatrix} 2 & 3 & -1 \\ 0 & 5 & 4 \\ -1 & 0 & -2 \end{bmatrix}\left\{\begin{bmatrix} 0 & 5 & 9 \\ 3 & -2 & 8 \\ -1 & 8 & 1 \end{bmatrix}-2\begin{bmatrix} -1 & 0 & 1 \\ 3 & 2 & 3 \\ -4 & 2 & -1 \end{bmatrix}\right\}$

2. 次の行列のうち積が定義される全ての組合せを求め, その積を計算せよ.

$$A=\begin{bmatrix} 2 \\ 1 \\ -1 \end{bmatrix},\ B=\begin{bmatrix} 3 & 2 \\ 4 & 1 \\ 0 & 1 \end{bmatrix},\ C=\begin{bmatrix} 2 & 0 & 1 \end{bmatrix},\ D=\begin{bmatrix} 2 & 3 \\ -1 & 4 \end{bmatrix}$$

3. 次の行列 A に対し, A^n を計算せよ.

(1) $\begin{bmatrix} 0 & 1 & 0 \\ 0 & 0 & 1 \\ 0 & 0 & 0 \end{bmatrix}$　(2) $\begin{bmatrix} 0 & 0 & 1 \\ 1 & 0 & 0 \\ 0 & 1 & 0 \end{bmatrix}$　(3) $\begin{bmatrix} a & 0 & 0 \\ 0 & b & 0 \\ 0 & 0 & c \end{bmatrix}$　(4) $\begin{bmatrix} a & b \\ 0 & 1 \end{bmatrix}$

4. 次の行列の組は可換かどうか調べよ.

(1) $\begin{bmatrix} 0 & 1 & 0 \\ 0 & 0 & 1 \\ 0 & 0 & 0 \end{bmatrix}, \begin{bmatrix} a & 0 & 0 \\ 1 & a & 0 \\ 0 & 1 & a \end{bmatrix}$　(2) $\begin{bmatrix} a & 0 & 0 \\ 0 & b & 0 \\ 0 & 0 & c \end{bmatrix}, \begin{bmatrix} 0 & 0 & 1 \\ 0 & 1 & 0 \\ 1 & 0 & 0 \end{bmatrix}$

5. 次の等式を満たす a, b, c, d を求めよ.

$$\begin{bmatrix} 2 & 1 \\ 3 & 4 \end{bmatrix}\begin{bmatrix} a & -2 \\ c & 3 \end{bmatrix}=\begin{bmatrix} 1 & b \\ -1 & d \end{bmatrix}$$

6. $A^m=O$ であるとき $(E-A)(E+A+\cdots+A^{m-1})$ を計算せよ.

7. A, B が共にべき零行列で可換ならば積 AB もべき零行列であることを示せ.

8. n 次正方行列 $A=[a_{ij}]$ が**上三角行列**であるとは $a_{ij}=0\,(i>j)$ のときにいう. 上三角行列の和, 差, 積は上三角行列であることを示せ.

1.3 行列の分割

行列の行と列を次のように分けることによって，行列をいくつかの小さな行列に分割し，あたかも行列を成分とする行列のように考えると，計算が容易になったり，証明が見易くなったりすることが多い．これを行列の(長方形)分割という．

$$A=\left[\begin{array}{c:c:c:c} A_{11} & A_{12} & \cdots & A_{1t} \\ \hdashline A_{21} & A_{22} & \cdots & A_{2t} \\ \hdashline \cdots & \cdots & \cdots & \cdots \\ \hdashline A_{s1} & A_{s2} & \cdots & A_{st} \end{array}\right]$$

分割された各ブロック A_{ij} は行列である．

例 1 $\left[\begin{array}{cc:c} 2 & 3 & 0 \\ 1 & -2 & 0 \\ \hdashline 5 & 3 & -9 \end{array}\right]=\begin{bmatrix} A_{11} & A_{12} \\ A_{21} & A_{22} \end{bmatrix}$, $A_{11}=\begin{bmatrix} 2 & 3 \\ 1 & -2 \end{bmatrix}$, $A_{12}=\begin{bmatrix} 0 \\ 0 \end{bmatrix}$,

$A_{21}=[5 \quad 3]$, $\quad A_{22}=[-9]$.

行列を分割する利点の1つは，行列の形によっては，積がわかりやすいことにある．A が $m\times n$ 行列，B が $n\times r$ 行列とする．A と B の長方形分割において，A の列の分け方と B の行の分け方が次のように同じであるとする．

$$A=\begin{bmatrix} \overbrace{A_{11}}^{n_1} & \overbrace{A_{12}}^{n_2} & \cdots & \overbrace{A_{1t}}^{n_t} \\ A_{21} & A_{22} & \cdots & A_{2t} \\ & \cdots\cdots & & \\ A_{s1} & A_{s2} & \cdots & A_{st} \end{bmatrix}, \quad B=\begin{matrix} n_1\{ \\ n_2\{ \\ \vdots \\ n_t\{ \end{matrix}\begin{bmatrix} B_{11} & B_{12} & \cdots & B_{1u} \\ B_{21} & B_{22} & \cdots & B_{2u} \\ & \cdots\cdots & & \\ B_{t1} & B_{t2} & \cdots & B_{tu} \end{bmatrix}$$

このとき A, B の各ブロックの行列を“数”であるかのように考えて形式的に行列の積をとることにより行列の積が計算できる．すなわち

$$AB=\begin{bmatrix} C_{11} & C_{12} & \cdots & C_{1u} \\ C_{21} & C_{22} & \cdots & C_{2u} \\ & \cdots\cdots & & \\ C_{s1} & C_{s2} & \cdots & C_{su} \end{bmatrix}, \quad C_{ij}=A_{i1}B_{1j}+\cdots\cdots+A_{it}B_{tj}$$
$$(i=1, \cdots, s\,;\, j=1, \cdots, u).$$

例題 1.3.1

次の行列 A, B の積 AB を，与えられた長方形分割を用いて求めよ．

$$A=\left[\begin{array}{cc|c|cc} 1 & 2 & 4 & 5 & 1 \\ \hline 0 & 2 & 1 & 1 & 3 \\ 3 & 0 & 2 & 0 & 1 \end{array}\right],\quad B=\left[\begin{array}{cc} -1 & 2 \\ 0 & 3 \\ \hline 1 & -2 \\ \hline -1 & 1 \\ 2 & -3 \end{array}\right].$$

解答

$$AB=\begin{bmatrix} [1\ \ 2]\begin{bmatrix} -1 & 2 \\ 0 & 3 \end{bmatrix}+[4][1\ \ -2]+[5\ \ 1]\begin{bmatrix} -1 & 1 \\ 2 & -3 \end{bmatrix} \\ \begin{bmatrix} 0 & 2 \\ 3 & 0 \end{bmatrix}\begin{bmatrix} -1 & 2 \\ 0 & 3 \end{bmatrix}+\begin{bmatrix} 1 \\ 2 \end{bmatrix}[1\ \ -2]+\begin{bmatrix} 1 & 3 \\ 0 & 1 \end{bmatrix}\begin{bmatrix} -1 & 1 \\ 2 & -3 \end{bmatrix} \end{bmatrix}$$

$$=\begin{bmatrix} [-1\ \ 8]+[4\ \ -8]+[-3\ \ 2] \\ \begin{bmatrix} 0 & 6 \\ -3 & 6 \end{bmatrix}+\begin{bmatrix} 1 & -2 \\ 2 & -4 \end{bmatrix}+\begin{bmatrix} 5 & -8 \\ 2 & -3 \end{bmatrix} \end{bmatrix}=\left[\begin{array}{cc} 0 & 2 \\ \hline 6 & -4 \\ 1 & -1 \end{array}\right].$$

こうして求めた積 AB が直接計算したものに等しいことは，AB を直接計算したものと比較してすぐに確かめられる．

例題 1.3.2

A_1, B_1 が m 次正方行列，A_2, B_2 が n 次正方行列ならば

$$\begin{bmatrix} A_1 & O \\ O & A_2 \end{bmatrix}\begin{bmatrix} B_1 & O \\ O & B_2 \end{bmatrix}=\begin{bmatrix} A_1B_1 & O \\ O & A_2B_2 \end{bmatrix}.$$

解答

$$\text{左辺}=\begin{bmatrix} A_1B_1+O & A_1O+OB_2 \\ OB_1+A_2O & O+A_2B_2 \end{bmatrix}=\begin{bmatrix} A_1B_1 & O \\ O & A_2B_2 \end{bmatrix}=\text{右辺}.$$

終

行列の分割は，例えば次の3つの場合には非常に有効である．

（1） ブロックに零行列が存在するときの行列の積の計算．

（2） ブロックに零行列が存在するときの行列式の計算．

（3） 行列の行ベクトルまたは列ベクトルへの分割．

このうち(1)の有効さは例題1.3.2で見た通りである．例題1.3.2は行列を 2×2 個のブロックに分割したものであるが，同様の結果は行列を $t\times t$ 個のブロックに分割したときにも成り立つ．(2)については定理3.3.4で説明する．(3)の行ベクトル，列ベクトルへの分割は，後に述べる連立1次方程式や，1次変換の行列表現を考えるときに役立つ．

数ベクトル(行ベクトル，列ベクトル)は，共に行列の特別なものであるが，特に数ベクトルであることを強調するために

$$\boldsymbol{a},\ \boldsymbol{b},\ \cdots,\ \boldsymbol{u},\ \boldsymbol{v},\ \boldsymbol{x},\ \boldsymbol{y}$$

などのアルファベットの小文字の太字を用いることが多い．

例 2（列ベクトルへの分割）

$$A=\begin{bmatrix} 1 & 3 & 4 & 4 \\ 2 & 1 & 0 & -1 \\ 1 & 0 & 5 & 0 \end{bmatrix}=[\boldsymbol{a}_1\quad \boldsymbol{a}_2\quad \boldsymbol{a}_3\quad \boldsymbol{a}_4],$$

$$\boldsymbol{a}_1=\begin{bmatrix} 1 \\ 2 \\ 1 \end{bmatrix},\ \boldsymbol{a}_2=\begin{bmatrix} 3 \\ 1 \\ 0 \end{bmatrix},\ \boldsymbol{a}_3=\begin{bmatrix} 4 \\ 0 \\ 5 \end{bmatrix},\ \boldsymbol{a}_4=\begin{bmatrix} 4 \\ -1 \\ 0 \end{bmatrix}.$$

例 3（行ベクトルへの分割） 例2と同じ行列 A を行ベクトルに分割すると次のようになる

$$A=\begin{bmatrix} 1 & 3 & 4 & 4 \\ 2 & 1 & 0 & -1 \\ 1 & 0 & 5 & 0 \end{bmatrix}=\begin{bmatrix} \boldsymbol{b}_1 \\ \boldsymbol{b}_2 \\ \boldsymbol{b}_3 \end{bmatrix},\quad \begin{matrix} \boldsymbol{b}_1=[1\quad 3\quad 4\quad 4], \\ \boldsymbol{b}_2=[2\quad 1\quad 0\quad -1], \\ \boldsymbol{b}_3=[1\quad 0\quad 5\quad 0]. \end{matrix}$$

行列の積の数ベクトルを用いた表現　A が $m\times n$ 行列, B が $n\times r$ 行列とする. A を行ベクトルに分割し, B を列ベクトルに分割する：

$$A=\begin{bmatrix} \boldsymbol{a}_1 \\ \boldsymbol{a}_2 \\ \vdots \\ \boldsymbol{a}_m \end{bmatrix}, \quad B=[\boldsymbol{b}_1 \quad \boldsymbol{b}_2 \quad \cdots \quad \boldsymbol{b}_r].$$

このとき, 積 AB は次のように表現される.

$$AB=\begin{bmatrix} \boldsymbol{a}_1\boldsymbol{b}_1 & \cdots & \boldsymbol{a}_1\boldsymbol{b}_r \\ \boldsymbol{a}_2\boldsymbol{b}_1 & \cdots & \boldsymbol{a}_2\boldsymbol{b}_r \\ & \cdots\cdots & \\ \boldsymbol{a}_m\boldsymbol{b}_1 & \cdots & \boldsymbol{a}_m\boldsymbol{b}_r \end{bmatrix}=[A\boldsymbol{b}_1 \quad \cdots \quad A\boldsymbol{b}_r]=\begin{bmatrix} \boldsymbol{a}_1B \\ \boldsymbol{a}_2B \\ \cdots \\ \boldsymbol{a}_mB \end{bmatrix}.$$

問題 1.3

1.　次の行列の積を与えられた長方形分割を用いて求めよ.

$$\left[\begin{array}{cc:cc} 2 & 1 & 1 & 0 \\ 4 & 3 & 0 & 1 \\ \hdashline 0 & 0 & 1 & 2 \\ 0 & 0 & 0 & 1 \end{array}\right]\left[\begin{array}{cc:cc} 1 & 1 & 1 & 0 \\ 3 & 2 & 0 & 1 \\ \hdashline 0 & 0 & 2 & 1 \\ 0 & 0 & 1 & 0 \end{array}\right]$$

2.　$[\boldsymbol{a}_1\ \ \boldsymbol{a}_2\ \ \boldsymbol{a}_3]$ を行列の列ベクトルへの分割とするとき, $[\boldsymbol{a}_1\ \ \boldsymbol{a}_2\ \ \boldsymbol{a}_3]\begin{bmatrix} 2 \\ 1 \\ 3 \end{bmatrix}$ を計算せよ.

3.　$A=[\boldsymbol{a}_1\ \ \boldsymbol{a}_2]$ (列ベクトル分割), $B=\begin{bmatrix} 2 & 1 \\ 4 & 7 \end{bmatrix}$ のとき積 AB の列ベクトルへの分割を求めよ.

4.　A_1, B_1 は m 次正方行列, A_2, B_2 は n 次正方行列とする. A_1 と B_1, A_2 と B_2 が可換であるならば, $A=\begin{bmatrix} A_1 & O \\ O & A_2 \end{bmatrix}$ と $B=\begin{bmatrix} B_1 & O \\ O & B_2 \end{bmatrix}$ は可換であることを示せ.

5.　A が $m\times n$ 行列のとき $\begin{bmatrix} E_m & A \\ O & E_n \end{bmatrix}^k$ を求めよ.

1.4 行列と連立1次方程式

次の例題を解くことから始めよう.

例題 1.4.1

次の等式を満たす x, y を求めよ.

$$\begin{bmatrix} 2 & 3 \\ 1 & -4 \end{bmatrix}\begin{bmatrix} x \\ y \end{bmatrix}=\begin{bmatrix} 7 \\ 9 \end{bmatrix}.$$

解答 左辺の行列の積を取ると

$$\begin{bmatrix} 2x+3y \\ x-4y \end{bmatrix}=\begin{bmatrix} 7 \\ 9 \end{bmatrix}.$$

したがって, 問題の行列の方程式を解くことは, 次の連立1次方程式を解くことと同値である.

$$\begin{cases} 2x+3y=7 \\ x\ \ -4y=9 \end{cases}$$

これを解いて $x=5$, $y=-1$.

係数行列 上の例題とは逆に連立1次方程式を行列の方程式で表そう. m 個の方程式からなる n 変数の連立1次方程式

$$(*) \qquad \begin{cases} a_{11}x_1+\ a_{12}x_2+\cdots\cdots+\ a_{1n}x_n=b_1 \\ a_{21}x_1+\ a_{22}x_2+\cdots\cdots+\ a_{2n}x_n=b_2 \\ \qquad\cdots\cdots\cdots \\ a_{m1}x_1+\ a_{m2}x_2+\cdots\cdots+a_{mn}x_n=b_m \end{cases}$$

に対して

$$A=\begin{bmatrix} a_{11} & a_{12} & \cdots\cdots & a_{1n} \\ a_{21} & a_{22} & \cdots\cdots & a_{2n} \\ & \cdots\cdots\cdots & & \\ a_{m1} & a_{m2} & \cdots\cdots & a_{mn} \end{bmatrix},\ \boldsymbol{x}=\begin{bmatrix} x_1 \\ x_2 \\ \vdots \\ x_n \end{bmatrix},\ \boldsymbol{b}=\begin{bmatrix} b_1 \\ b_2 \\ \vdots \\ b_m \end{bmatrix}$$

とおく. 行列 A を連立1次方程式 $(*)$ の係数行列という.

例題 1.4.1 と同様にして連立 1 次方程式(＊)を解くことは，行列の方程式

$$(**)\qquad A\boldsymbol{x}=\boldsymbol{b}$$

を解くことと同値であることがわかる．よって行列の方程式(＊＊)も連立 1 次方程式と呼ぶ．

拡大係数行列 行列 A に列ベクトル $\boldsymbol{b}$ を付け加えた行列

$$[A \;\vdots\; \boldsymbol{b}]=\left[\begin{array}{cccc:c} a_{11} & a_{12} & \cdots\cdots & a_{1n} & b_1 \\ a_{21} & a_{22} & \cdots\cdots & a_{2n} & b_2 \\ & & \cdots\cdots\cdots & & \vdots \\ a_{m1} & a_{m2} & \cdots\cdots & a_{mn} & b_m \end{array}\right]$$

を連立方程式(＊)の拡大係数行列という．ここで A と $\boldsymbol{b}$ を分ける縦の点線は単に便宜的なもので書かなくてもよい．

例題 1.4.2

次の連立方程式について問いに答えよ．

$$\begin{cases} 3x_1-2x_2+\ x_3+4x_4=7 \\ \ x_1 \qquad\ \ -3x_3+\ x_4=5 \\ 2x_1\ -x_2+9x_3 \qquad\ \ =0 \end{cases}$$

（1） 係数行列，拡大係数行列を求めよ．

（2） 行列の方程式で書き表せ．

解答

（1） 係数行列は $\begin{bmatrix} 3 & -2 & 1 & 4 \\ 1 & 0 & -3 & 1 \\ 2 & -1 & 9 & 0 \end{bmatrix}$，拡大係数行列は $\left[\begin{array}{cccc:c} 3 & -2 & 1 & 4 & 7 \\ 1 & 0 & -3 & 1 & 5 \\ 2 & -1 & 9 & 0 & 0 \end{array}\right]$.

（2） 行列の方程式で表すと次のようになる．

$$\begin{bmatrix} 3 & -2 & 1 & 4 \\ 1 & 0 & -3 & 1 \\ 2 & -1 & 9 & 0 \end{bmatrix}\begin{bmatrix} x_1 \\ x_2 \\ x_3 \\ x_4 \end{bmatrix}=\begin{bmatrix} 7 \\ 5 \\ 0 \end{bmatrix}.$$

数ベクトルの1次結合　m 個の同じ型の数ベクトル $\boldsymbol{a}_1, \boldsymbol{a}_2, \cdots, \boldsymbol{a}_m$ が与えられたとき，ベクトル

$$c_1\boldsymbol{a}_1+c_2\boldsymbol{a}_2+\cdots+c_m\boldsymbol{a}_m$$

を $\boldsymbol{a}_1, \boldsymbol{a}_2, \cdots, \boldsymbol{a}_m$ の1次結合という．

例1　2次の列ベクトル $\begin{bmatrix}2\\3\end{bmatrix}$ を $\begin{bmatrix}1\\0\end{bmatrix}$ と $\begin{bmatrix}0\\1\end{bmatrix}$ の1次結合で表すと

$$\begin{bmatrix}2\\3\end{bmatrix}=2\begin{bmatrix}1\\0\end{bmatrix}+3\begin{bmatrix}0\\1\end{bmatrix}.$$

さて上の連立1次方程式(＊＊)において，係数行列 A を $A=[\boldsymbol{a}_1 \quad \boldsymbol{a}_2 \quad \cdots \quad \boldsymbol{a}_n]$ と列ベクトルに分割すると

$$A\boldsymbol{x}=[\boldsymbol{a}_1 \quad \boldsymbol{a}_2 \quad \cdots \quad \boldsymbol{a}_n]\begin{bmatrix}x_1\\ \vdots\\ x_n\end{bmatrix}=x_1\boldsymbol{a}_1+x_2\boldsymbol{a}_2+\cdots+x_n\boldsymbol{a}_n$$

となる．よって(＊＊)は

(＊＊＊)　$$x_1\boldsymbol{a}_1+x_2\boldsymbol{a}_2+\cdots+x_n\boldsymbol{a}_n=\boldsymbol{b}$$

となる $x_1, x_2, \cdots, x_n$ を求めることと同等である．

例題1.4.3

$\begin{bmatrix}2\\3\end{bmatrix}$ を $\begin{bmatrix}3\\5\end{bmatrix}$ と $\begin{bmatrix}1\\3\end{bmatrix}$ の1次結合で表せ．

解答

$$x_1\begin{bmatrix}3\\5\end{bmatrix}+x_2\begin{bmatrix}1\\3\end{bmatrix}=\begin{bmatrix}2\\3\end{bmatrix} \text{ とおくと } \begin{bmatrix}3 & 1\\5 & 3\end{bmatrix}\begin{bmatrix}x_1\\x_2\end{bmatrix}=\begin{bmatrix}2\\3\end{bmatrix}.$$

これを解くと $x_1=\frac{3}{4}$, $x_2=-\frac{1}{4}$ となる．よって

$$\begin{bmatrix}2\\3\end{bmatrix}=\frac{3}{4}\begin{bmatrix}3\\5\end{bmatrix}+\frac{-1}{4}\begin{bmatrix}1\\3\end{bmatrix}.$$

問題1.4

1．次の連立1次方程式を行列を用いて表せ．また連立1次方程式の係数行列，拡大係数行列を求めよ．

（1）$\begin{cases} 2x_1+3x_2=-1 \\ x_1-\ x_2=2 \end{cases}$　　（2）$\begin{cases} x_1+2x_2-x_3=2 \\ -x_1\qquad+3x_3=8 \\ \qquad x_2-2x_3=-4 \end{cases}$

2．次の行列の方程式と同等な連立1次方程式を求めよ．

（1）$\begin{bmatrix} 2 & 1 & 3 \\ 0 & -1 & 2 \\ 1 & 0 & -1 \end{bmatrix}\begin{bmatrix} x_1 \\ x_2 \\ x_3 \end{bmatrix}=\begin{bmatrix} 1 \\ 2 \\ -2 \end{bmatrix}$　（2）$\begin{bmatrix} 3 & 0 & 1 \\ 1 & -1 & 2 \end{bmatrix}\begin{bmatrix} x_1 \\ x_2 \\ x_3 \end{bmatrix}=\begin{bmatrix} -1 \\ 0 \end{bmatrix}$

3．次の列ベクトル $\boldsymbol{a}$ が列ベクトル $\boldsymbol{b}_1$，$\boldsymbol{b}_2$ の1次結合で表すことができるか調べ，表されるならば1次結合で表せ．

（1）$\boldsymbol{a}=\begin{bmatrix} -2 \\ 1 \end{bmatrix}, \boldsymbol{b}_1=\begin{bmatrix} 3 \\ -1 \end{bmatrix}, \boldsymbol{b}_2=\begin{bmatrix} 1 \\ 1 \end{bmatrix}$　（2）$\boldsymbol{a}=\begin{bmatrix} 1 \\ 2 \\ 1 \end{bmatrix}, \boldsymbol{b}_1=\begin{bmatrix} 1 \\ 3 \\ 0 \end{bmatrix}, \boldsymbol{b}_2=\begin{bmatrix} 2 \\ 3 \\ 1 \end{bmatrix}$

4．次の列ベクトル $\boldsymbol{a}$ が列ベクトル $\boldsymbol{b}_1$，$\boldsymbol{b}_2$ の1次結合で表すことができるための a，b の条件を求めよ．

（1）$\boldsymbol{a}=\begin{bmatrix} a \\ 2 \\ 3 \end{bmatrix}, \boldsymbol{b}_1=\begin{bmatrix} 1 \\ 2 \\ 1 \end{bmatrix}, \boldsymbol{b}_2=\begin{bmatrix} 2 \\ 3 \\ 1 \end{bmatrix}$　（2）$\boldsymbol{a}=\begin{bmatrix} 0 \\ a \\ b \end{bmatrix}, \boldsymbol{b}_1=\begin{bmatrix} 1 \\ -1 \\ 1 \end{bmatrix}, \boldsymbol{b}_2=\begin{bmatrix} 2 \\ 1 \\ 3 \end{bmatrix}$

5．$\boldsymbol{u}_1, \boldsymbol{u}_2, \boldsymbol{v}_1, \boldsymbol{v}_2, \boldsymbol{w}$ は n 次の列ベクトルとする．$\boldsymbol{w}$ は $\boldsymbol{v}_1$，$\boldsymbol{v}_2$ の1次結合で，また $\boldsymbol{v}_1$，$\boldsymbol{v}_2$ は $\boldsymbol{u}_1$，$\boldsymbol{u}_2$ の1次結合で各々次のように表されるとき，$\boldsymbol{w}$ を $\boldsymbol{u}_1$，$\boldsymbol{u}_2$ の1次結合で表せ．

$$\boldsymbol{w}=\boldsymbol{v}_1-3\boldsymbol{v}_2, \qquad \begin{cases} \boldsymbol{v}_1=2\boldsymbol{u}_1+3\boldsymbol{u}_2 \\ \boldsymbol{v}_2=-\boldsymbol{u}_1+4\boldsymbol{u}_2 \end{cases}$$

6．n 次の列ベクトル $\boldsymbol{u}_1, \cdots, \boldsymbol{u}_r, \boldsymbol{v}_1, \cdots, \boldsymbol{v}_s, \boldsymbol{w}$ について，$\boldsymbol{w}$ は $\boldsymbol{v}_1, \cdots, \boldsymbol{v}_s$ の1次結合で，また $\boldsymbol{v}_1, \cdots, \boldsymbol{v}_s$ の各ベクトルは $\boldsymbol{u}_1, \cdots, \boldsymbol{u}_r$ の1次結合で表されるとき，$\boldsymbol{w}$ は $\boldsymbol{u}_1, \cdots, \boldsymbol{u}_r$ の1次結合で表されることを示せ(問5の一般化)．

2　連立1次方程式

2.1　基本変形

連立1次方程式

$$\text{(I)}\quad \begin{cases} 2x+3y=8 \\ x+2y=5 \end{cases}$$

を式の加減，入れ替えなどを行うことによって解いてみよう．

$$\text{(II)}\quad \begin{cases} -y=-2 & ①+②\times(-2) \\ x+2y=5 \end{cases}$$

$$\text{(III)}\quad \begin{cases} -y=-2 \\ x\qquad=1 & ②+①\times 2 \end{cases}$$

$$\text{(IV)}\quad \begin{cases} x\qquad=1 \\ -y=-2 \end{cases} \quad ①と②を入れ替えた$$

$$\text{(V)}\quad \begin{cases} x\qquad=1 \\ y=2 & ②\times(-1) \end{cases}$$

ここで①，②はその1つ前の連立方程式の第1式，第2式を意味する．

連立1次方程式の基本変形　上で行った変形は次の3つである．これを連立1次方程式の基本変形という．

（1）　1つの式を何倍か（≠0倍）する．　　　(IV⇒V)

（2）　2つの式を入れ替える．　　　(III⇒IV)

（3）　1つの式に他の式の何倍かを加える．（I⇒II，II⇒III）

上のように常に2つの方程式を考えるより，未知数の1つが決まれば適当に代入したほうが早いと思うかもしれない．しかし簡単な方程式の場合はそれでもよいが，方程式の数が多いと求まった値が元の全ての方程式を満たすことを確かめるのは結構厄介である．上の方法ならば逆に(V)から(I)へ基本変形を用いてたどれるから(可逆的という)，(I)～(V)の連立1次方程式は同等である．よって $x=1$，$y=2$ が解であり，それ以外に解がないことは，もとの式に代入するまでもなく明らかなのである．

掃き出し法　上のように，基本変形を行って連立1次方程式を解く方法を掃き出し法という．上にも述べたように，基本変形は可逆的であるから，基本変形を行って得られる連立1次方程式は全て同等で，それらの解の集合は全て等しいことを注意しておく．さて(I)～(V)の連立1次方程式の変形において拡大係数行列がどのように変形されていくか見てみよう．

(I) $\begin{cases} 2x+3y=8 \\ x+2y=5 \end{cases}$ 　 $\left[\begin{array}{cc:c} 2 & 3 & 8 \\ 1 & 2 & 5 \end{array}\right]$

(II) $\begin{cases} -y=-2 & ①+②\times(-2) \\ x+2y=5 \end{cases}$ 　 $\left[\begin{array}{cc:c} 0 & -1 & -2 \\ 1 & 2 & 5 \end{array}\right]$

(III) $\begin{cases} -y=-2 \\ x \quad =1 & ②+①\times 2 \end{cases}$ 　 $\left[\begin{array}{cc:c} 0 & -1 & -2 \\ 1 & 0 & 1 \end{array}\right]$

(IV) $\begin{cases} x \quad =1 \\ -y=-2 \end{cases}$ ①と②を入れ替えた 　 $\left[\begin{array}{cc:c} 1 & 0 & 1 \\ 0 & -1 & -2 \end{array}\right]$

(V) $\begin{cases} x \quad =1 \\ y=2 & ②\times(-1) \end{cases}$ 　 $\left[\begin{array}{cc:c} 1 & 0 & 1 \\ 0 & 1 & 2 \end{array}\right]$.

このように連立1次方程式の基本変形と次に述べる行列の(行)基本変形は対応しているから，連立1次方程式を解くには，その拡大係数行列に行列の基本変形を行って単純な形に変形し，その単純な行列を拡大係数行列とする連立1次方程式を解けばよい．

行列の(行)基本変形　行列の次の3つの変形を(行)基本変形という．

(1)　1つの行を何倍か($\neq 0$ 倍)する．

(2)　2つの行を入れ替える．

(3)　1つの行に他の行の何倍かを加える．

連立1次方程式を拡大係数行列の基本変形を用いて解いてみよう．その際，1回には1つの変形を行うのが基本であるが，長くなるので一度に幾つかの基本変形を行ってしまってもかまわない．しかし，それはあくまでも上の3種の基本変形を1回1回繰り返して得られるものでなければならない．

例題2.1.1

次の連立1次方程式を，拡大係数行列の基本変形を用いて解け．

$$\begin{cases} 2x+3y-\ \ z=-3 \\ -x+2y+2z=1 \\ \ \ x+\ \ y-\ \ z=-2 \end{cases}$$

解答 拡大係数行列とその基本変形を次のように略記して縦に書くとわかりやすい．①，②，③はその1つ上の行列の第1行，第2行，第3行を表す．

$$\begin{array}{rrr:rl}
\hline
2 & 3 & -1 & -3 & \\
-1 & 2 & 2 & 1 & \\
1 & 1 & -1 & -2 & \\
\hline
0 & 1 & 1 & 1 & ①+③\times(-2) \\
0 & 3 & 1 & -1 & ②+③ \\
1 & 1 & -1 & -2 & \\
\hline
1 & 1 & -1 & -2 & \\
0 & 3 & 1 & -1 & ①と③の入れ替え \\
0 & 1 & 1 & 1 & \\
\hline
1 & 0 & -2 & -3 & ①+③\times(-1) \\
0 & 0 & -2 & -4 & ②+③\times(-3) \\
0 & 1 & 1 & 1 & \\
\hline
1 & 0 & -2 & -3 & \\
0 & 0 & 1 & 2 & ②\times(-1/2) \\
0 & 1 & 1 & 1 & \\
\hline
1 & 0 & -2 & -3 & \\
0 & 1 & 1 & 1 & ②と③の入れ替え \\
0 & 0 & 1 & 2 & \\
\hline
1 & 0 & 0 & 1 & ①+③\times 2 \\
0 & 1 & 0 & -1 & ②+③\times(-1) \\
0 & 0 & 1 & 2 & \\
\hline
\end{array}$$

これを連立1次方程式に戻して

$$\begin{cases} x \quad\quad\quad = \ \ 1 \\ \quad y \quad\quad = -1 \\ \quad\quad z = \ \ 2 \end{cases} \quad \text{すなわち} \quad (\text{答}) \begin{cases} x=1 \\ y=-1 \\ z=2 \end{cases}$$

を得る．

問題 2.1

1．次の連立1次方程式を掃き出し法で解け．

（1）$\begin{cases} 2x_1+3x_2=-1 \\ x_1-x_2=2 \end{cases}$　（2）$\begin{cases} 3x_1+2x_2=0 \\ x_1-2x_2=8 \end{cases}$

（3）$\begin{cases} x_1+2x_2-x_3=2 \\ -x_1+3x_3=8 \\ x_2-2x_3=-4 \end{cases}$　（4）$\begin{cases} x_1+x_2-x_3=1 \\ 2x_1+x_2+3x_3=4 \\ -x_1+2x_2-4x_3=-2 \end{cases}$

2．次の連立1次方程式を拡大係数行列の基本変形を用いて解け．

（1）$\begin{bmatrix} 3 & 1 \\ 1 & -1 \end{bmatrix}\begin{bmatrix} x_1 \\ x_2 \end{bmatrix}=\begin{bmatrix} -1 \\ 2 \end{bmatrix}$　（2）$\begin{bmatrix} 3 & 5 \\ 1 & 3 \end{bmatrix}\begin{bmatrix} x_1 \\ x_2 \end{bmatrix}=\begin{bmatrix} 2 \\ 0 \end{bmatrix}$

（3）$\begin{bmatrix} 2 & 1 & 3 \\ 0 & -1 & 2 \\ 1 & 0 & -1 \end{bmatrix}\begin{bmatrix} x_1 \\ x_2 \\ x_3 \end{bmatrix}=\begin{bmatrix} 1 \\ 2 \\ -2 \end{bmatrix}$

（4）$\begin{bmatrix} 2 & 3 & 0 \\ 1 & -1 & 1 \\ 3 & 1 & -3 \end{bmatrix}\begin{bmatrix} x_1 \\ x_2 \\ x_3 \end{bmatrix}=\begin{bmatrix} 4 \\ 1 \\ -2 \end{bmatrix}$

3．本文の(I)→(V)の基本変形について，(V)→(I)と基本変形を用いて逆にたどれることを具体的に示せ．

2.2 簡約な行列

前節では，解が1つある連立1次方程式を行列の(行)基本変形を用いて解いた．もっと一般的な連立方程式を解くために，拡大係数行列を扱いやすい行列に変形することを考える．まず行列の零ベクトルでない行ベクトルの0でない最初の成分をその**行の主成分**という(例1参照)．

簡約な行列　次の条件(I)～(IV)を満たすような行列を，簡約な行列という．

(I)　行ベクトルのうちに零ベクトルがあれば，それは零ベクトルでないものよりも下にある．

(II)　零ベクトルでない行ベクトルの主成分は1である．

(III)　第 i 行の主成分を a_{ij_i} とすると， $j_1<j_2<j_3<\cdots$ となる．すなわち各行の主成分は，下の行ほど右にある．

(IV)　各行の主成分を含む列の他の成分は全て0である．すなわち第 i 行の主成分が a_{ij_i} であるならば，第 j_i 列の a_{ij_i} 以外の成分は全て0である．

簡約な行列は言葉で書くと複雑そうでわかりづらい感じがするが，例を見れば難しいものではない．特に零行列，単位行列は簡約な行列である．

例1（簡約な行列の例）

$$\begin{bmatrix} 0 & 1 & 3 & 0 & 2 \\ 0 & 0 & 0 & 1 & 1 \\ 0 & 0 & 0 & 0 & 0 \end{bmatrix}, \quad \begin{bmatrix} 1 & 0 & 1 & 4 & 0 & -1 \\ 0 & 1 & 7 & -4 & 0 & 1 \\ 0 & 0 & 0 & 0 & 1 & 3 \end{bmatrix}, \quad \begin{bmatrix} 0 & 1 & 0 & 0 & 2 & 3 \\ 0 & 0 & 0 & 0 & 0 & 0 \\ 0 & 0 & 0 & 0 & 0 & 0 \end{bmatrix},$$

$$\begin{bmatrix} 0 & 0 & 0 & 1 & 6 & 0 & 3 & 0 \\ 0 & 0 & 0 & 0 & 0 & 1 & 2 & 8 \\ 0 & 0 & 0 & 0 & 0 & 0 & 0 & 0 \end{bmatrix}, \quad \begin{bmatrix} 0 & 0 & 1 & 0 & 2 & 0 \\ 0 & 0 & 0 & 0 & 0 & 1 \\ 0 & 0 & 0 & 0 & 0 & 0 \end{bmatrix}.$$

わかりやすくするため色をつけた1が主成分である．主成分(すなわち1)を含む列は他の成分が0である(条件(IV))．また条件(III)は簡約な行列ではこのように0が階段状に並んでいることを意味する．

例題 2.2.1

次の行列が簡約でない理由を述べ，基本変形で簡約な行列に変形せよ．

(1) $\begin{bmatrix} 0 & 2 & 1 & 0 & 1 \\ 0 & 0 & 0 & 1 & 2 \\ 0 & 0 & 0 & 0 & 0 \end{bmatrix}$　　(2) $\begin{bmatrix} 0 & 1 & 0 & 1/3 & 1/2 \\ 0 & 0 & 0 & 0 & 0 \\ 0 & 0 & 1 & 1/3 & 2/3 \end{bmatrix}$

(3) $\begin{bmatrix} 1 & 1 & 3 & 1 & 2 \\ 0 & 0 & 1 & 2 & 0 \\ 0 & 0 & 0 & 0 & 1 \end{bmatrix}$　　(4) $\begin{bmatrix} 0 & 0 & 0 & 1 & 1 \\ 0 & 0 & 1 & 0 & -2 \\ 1 & 3 & 0 & 0 & 2 \end{bmatrix}$

解答　(1)　条件(II)を満たさない．第1行を1/2倍して

$$\to \begin{bmatrix} 0 & 1 & 1/2 & 0 & 1/2 \\ 0 & 0 & 0 & 1 & 2 \\ 0 & 0 & 0 & 0 & 0 \end{bmatrix}.$$

(2)　条件(I)を満たさない．第2行と第3行を入れ替えて

$$\to \begin{bmatrix} 0 & 1 & 0 & 1/3 & 1/2 \\ 0 & 0 & 1 & 1/3 & 2/3 \\ 0 & 0 & 0 & 0 & 0 \end{bmatrix}.$$

(3)　条件(IV)を満たさない．$(1,3)$成分と$(1,5)$成分を0にするため，第1行に第2行の -3 倍と第3行の -2 倍を加えると

$$\to \begin{bmatrix} 1 & 1 & 0 & -5 & 0 \\ 0 & 0 & 1 & 2 & 0 \\ 0 & 0 & 0 & 0 & 1 \end{bmatrix}.$$

(4)　条件(III)を満たさない．第1行と第3行を入れ替えて

$$\to \begin{bmatrix} 1 & 3 & 0 & 0 & 2 \\ 0 & 0 & 1 & 0 & -2 \\ 0 & 0 & 0 & 1 & 1 \end{bmatrix}.$$

一般に行列があったとき，それに(行)基本変形を繰り返し施して簡約な行列に変形してみよう．例として次の行列をとる．

$$\begin{bmatrix} 0 & 0 & 0 & 2 & 3 & 2 \\ 0 & 3 & 6 & -9 & -4 & 7 \\ 0 & 2 & 4 & -6 & -4 & 2 \end{bmatrix}$$

まず行の入れ替えによって，零ベクトルがあればそれを最下行に移動する．更に行ベクトルのうちで主成分が最も左にあるもの(この場合は，第2行または第3行)を第1行に移動する．

$$\to \begin{bmatrix} 0 & 2 & 4 & -6 & -4 & 2 \\ 0 & 3 & 6 & -9 & -4 & 7 \\ 0 & 0 & 0 & 2 & 3 & 2 \end{bmatrix} \qquad \text{①と③を入れ替えた}$$

第1行を何倍かして(この場合は1/2倍して)第1行の主成分を1にする．

$$\to \begin{bmatrix} 0 & 1 & 2 & -3 & -2 & 1 \\ 0 & 3 & 6 & -9 & -4 & 7 \\ 0 & 0 & 0 & 2 & 3 & 2 \end{bmatrix} \qquad \text{①}\times(1/2)$$

第1行の何倍かを他の行に加えて，第1行の主成分を含む列(この場合は第2列)の他の成分を全て0にする．

$$\to \begin{bmatrix} 0 & 1 & 2 & -3 & -2 & 1 \\ 0 & 0 & 0 & 0 & 2 & 4 \\ 0 & 0 & 0 & 2 & 3 & 2 \end{bmatrix} \qquad \text{②}+\text{①}\times(-3)$$

第2行以下の行ベクトルのうち主成分が最も左にあるもの(この場合は第3行)を第2行に移動し，何倍かして主成分を1にする．

$$\to \begin{bmatrix} 0 & 1 & 2 & -3 & -2 & 1 \\ 0 & 0 & 0 & 1 & 3/2 & 1 \\ 0 & 0 & 0 & 0 & 2 & 4 \end{bmatrix} \qquad \begin{matrix} \\ \text{③}\times(1/2) \\ \text{②} \end{matrix}$$

第2行の何倍かを他の行に加えて，第2行の主成分を含む列(この場合は第4列)の他の成分を全て0にする．

$$\to \begin{bmatrix} 0 & 1 & 2 & 0 & 5/2 & 4 \\ 0 & 0 & 0 & 1 & 3/2 & 1 \\ 0 & 0 & 0 & 0 & 2 & 4 \end{bmatrix} \qquad \text{①}+\text{②}\times 3$$

第3行以下の行ベクトルのうち主成分が最も左にあるもの(この場合は第3行)を第3行に移動し，何倍かして主成分を1にする．

$$\to\begin{bmatrix}0&1&2&0&5/2&4\\0&0&0&1&3/2&1\\0&0&0&0&1&2\end{bmatrix}\qquad ③\times(1/2)$$

第3行の何倍かを他の行に加えて，第3行の主成分を含む列(この場合は第5列)の他の成分を全て0にする．

$$\to\begin{bmatrix}0&1&2&0&0&-1\\0&0&0&1&0&-2\\0&0&0&0&1&2\end{bmatrix}\qquad \begin{matrix}①+③\times(-5/2)\\②+③\times(-3/2)\\ \end{matrix}$$

これは簡約な行列である．もしこの行列が簡約でなければ，以上の操作を再び繰り返せばよい．

行列の簡約化 このように，行列 A に基本変形を繰り返して簡約な行列 B を得ることを行列 A を簡約化するといい，簡約な行列 B を行列 A の簡約化と呼ぶ．上の変形を一般化して次の定理を得る(一意性については定理4.3.5で示す)．

定理2.2.1

任意の行列は，基本変形を繰り返すことにより簡約化できる．また，与えられた行列の簡約化は唯一通り定まる．

行列の階数 行列 A の簡約化を B とするとき，

$$\mathrm{rank}(A)=B\text{ の零ベクトルでない行の個数}$$

とおき A の階数という．簡約な行列の零ベクトルでない各行の主成分は全て異なる列に属するから

$$\mathrm{rank}(A)=B\text{ の行の主成分を含む列の個数}$$

でもある．従って

定理2.2.2

A が $m\times n$ 行列ならば

$$\mathrm{rank}(A)\leqq m,\quad \mathrm{rank}(A)\leqq n.$$

問題2.2

1．次の行列は簡約かどうか判定せよ．また簡約でないものは簡約化せよ．

（1）$\begin{bmatrix} 0 & 0 & 0 \\ 0 & 0 & 1 \end{bmatrix}$　（2）$\begin{bmatrix} 1 & 2 & -3 \\ 0 & 1 & 1 \\ 0 & 0 & 0 \end{bmatrix}$　（3）$\begin{bmatrix} 0 & 1 & 0 \\ 0 & 0 & 1 \\ 0 & 0 & 1 \end{bmatrix}$

（4）$\begin{bmatrix} 1 & 0 & 0 & 1 \\ 0 & 2 & 1 & 0 \\ 0 & 0 & 1 & 1 \end{bmatrix}$　（5）$\begin{bmatrix} 0 & 1 & 2 & 1 \\ 0 & 0 & 0 & 0 \\ 0 & 0 & 0 & 0 \end{bmatrix}$

（6）$\begin{bmatrix} 0 & 1 & 0 & 0 \\ 1 & 0 & 0 & 0 \\ 0 & 0 & 1 & 0 \end{bmatrix}$　（7）$\begin{bmatrix} 1 & 0 & 0 & 1 \\ 0 & 0 & 0 & 1 \\ 0 & 0 & 0 & 0 \end{bmatrix}$

2．2次正方行列のうち，簡約なものは次のものでつきることを確かめよ（$*$は任意の数でかまわないことを意味する）．

$$\begin{bmatrix} 0 & 0 \\ 0 & 0 \end{bmatrix}, \begin{bmatrix} 0 & 1 \\ 0 & 0 \end{bmatrix}, \begin{bmatrix} 1 & * \\ 0 & 0 \end{bmatrix}, \begin{bmatrix} 1 & 0 \\ 0 & 1 \end{bmatrix}$$

3．3次正方行列のうち，簡約なものを全て求めよ（問2のように任意の数でかまわない成分には$*$を用いよ）．

4．次の行列を簡約化せよ．また各々の行列の階数を求めよ．

（1）$\begin{bmatrix} 2 & 1 \\ 1 & 0 \end{bmatrix}$　（2）$\begin{bmatrix} 1 & 2 & -3 \\ 1 & 1 & 1 \end{bmatrix}$　（3）$\begin{bmatrix} 0 & 1 & 0 \\ 1 & 2 & -1 \end{bmatrix}$

（4）$\begin{bmatrix} 1 & 0 & 2 & 1 \\ 2 & 1 & 1 & 0 \\ 0 & 1 & 1 & 0 \end{bmatrix}$　（5）$\begin{bmatrix} 0 & 1 & 2 & 1 \\ 0 & 0 & 2 & 0 \\ 1 & 0 & 0 & 3 \end{bmatrix}$

（6）$\begin{bmatrix} 0 & 1 & 3 & 1 \\ 1 & 0 & 1 & 1 \\ 1 & -2 & -5 & -1 \end{bmatrix}$　（7）$\begin{bmatrix} 1 & 2 & 3 & 2 \\ 1 & 2 & 1 & 1 \\ 1 & 2 & -1 & 0 \end{bmatrix}$

2.3　連立1次方程式を解く

行列の簡約化を用いて連立1次方程式を解こう．n 変数の連立1次方程式

$$A\boldsymbol{x}=\boldsymbol{b} \qquad (A : m\times n \text{ 行列})$$

を考える．この係数行列と拡大係数行列は各々 A, $[A \,\vdots\, \boldsymbol{b}]$ である．$[A \,\vdots\, \boldsymbol{b}]$ の列の個数は {A の列の個数}$+1$ である．行列の階数はその行列の簡約化の各行の主成分を含む列の数であり，A が共通にあるから

$$\mathrm{rank}[A \,\vdots\, \boldsymbol{b}]=\mathrm{rank}(A) \text{ または } \mathrm{rank}(A)+1$$

である．最初に $\mathrm{rank}[A \,\vdots\, \boldsymbol{b}]=\mathrm{rank}(A)+1$ が成り立っている場合を考える．このときは，拡大係数行列の簡約化は次のようになる．

$$\left[\begin{array}{cccccccc:c}
1 & & & & & \ast & & & 0 \\
0 & 0 & 1 & & & & & & 0 \\
 & & & 0 & 1 & & & & \vdots \\
 & & \cdots & & & 0 & 1 & & 0 \\
0 & & \cdots\cdots & & & & & 0 & 1 \\
0 & & \cdots\cdots & & & & & 0 & 0 \\
\vdots & & & & & & & \vdots & \vdots \\
0 & & \cdots\cdots & & & & & 0 & 0
\end{array}\right].$$

この行列の行 $[0 \ \cdots \ 0 \,\vdots\, 1]$ に対応する方程式は

$$0x_1+0x_2+\cdots+0x_n=1$$

となる．この方程式の左辺は $x_1, x_2, \cdots, x_n$ にどのような値を代入しても 0 であるから，この方程式を満たすような $x_1, x_2, \cdots, x_n$ は存在しない．よって連立1次方程式 $A\boldsymbol{x}=\boldsymbol{b}$ は解をもたない．

次に $\mathrm{rank}[A \,\vdots\, \boldsymbol{b}]=\mathrm{rank}(A)$ であるとする．このときには，拡大係数行列の各行の主成分を含まない列に対応する変数の値を任意に定めると，主成分を含む列に対応する変数は，一意的に決まる（例題2.3.2参照）．よって次の定理を得る．

定理2.3.1

連立1次方程式 $A\boldsymbol{x}=\boldsymbol{b}$ が解をもつ必要十分条件は

$$\mathrm{rank}[A \,\vdots\, \boldsymbol{b}]=\mathrm{rank}(A).$$

例題2.3.1

次の連立1次方程式を解け.

$$\begin{bmatrix} 1 & 0 & -1 & 0 & -2 \\ 0 & 1 & 1 & 0 & 1 \\ -1 & 0 & 1 & 1 & 1 \\ 2 & 1 & -1 & 0 & -3 \end{bmatrix}\begin{bmatrix} x_1 \\ x_2 \\ x_3 \\ x_4 \\ x_5 \end{bmatrix}=\begin{bmatrix} 1 \\ -2 \\ 3 \\ 1 \end{bmatrix}$$

解答 拡大係数行列を簡約化する.

1	0	−1	0	−2	1	
0	1	1	0	1	−2	
−1	0	1	1	1	3	
2	1	−1	0	−3	1	
1	0	−1	0	−2	1	
0	1	1	0	1	−2	
0	0	0	1	−1	4	③+①
0	1	1	0	1	−1	④+①×(−2)
1	0	−1	0	−2	1	
0	1	1	0	1	−2	
0	0	0	1	−1	4	
0	0	0	0	0	1	④+②×(−1)
1	0	−1	0	−2	0	①+④×(−1)
0	1	1	0	1	0	②+④×2
0	0	0	1	−1	0	③+④×(−4)
0	0	0	0	0	1	

従って, 係数行列の階数は3, 拡大係数行列の階数は4である. よって与えられた連立1次方程式は, 解をもたない.

注意 最後まで簡約化しないでも, その1つ上の行列まで変形すれば, その第4行を見ることによって連立1次方程式が解をもたないことはわかる.

例題 2.3.2

次の連立1次方程式を解け.

$$\begin{bmatrix} 1 & -2 & 0 & 3 & 0 \\ 1 & -2 & 1 & 2 & 1 \\ 2 & -4 & 1 & 5 & 2 \end{bmatrix} \begin{bmatrix} x_1 \\ x_2 \\ x_3 \\ x_4 \\ x_5 \end{bmatrix} = \begin{bmatrix} 2 \\ 2 \\ 5 \end{bmatrix}.$$

解答 拡大係数行列を簡約化する.

1	−2	0	3	0	2	
1	−2	1	2	1	2	
2	−4	1	5	2	5	
1	−2	0	3	0	2	
0	0	1	−1	1	0	②+①×(−1)
0	0	1	−1	2	1	③+①×(−2)
1	−2	0	3	0	2	
0	0	1	−1	1	0	
0	0	0	0	1	1	③+②×(−1)
1	−2	0	3	0	2	
0	0	1	−1	0	−1	②+③×(−1)
0	0	0	0	1	1	

この最後の行列に対応する連立1次方程式は,

$$\begin{cases} x_1 - 2x_2 \quad + 3x_4 \quad = \ \ 2 \\ \qquad\qquad x_3 - x_4 \quad = -1 \\ \qquad\qquad\qquad\quad x_5 = \ \ 1 \end{cases}$$

である. よって, 簡約な行列の主成分に対応しない変数 x_2, x_4 に値を任意に与えると, 主成分に対応する変数 x_1, x_3, x_5 の値が決まる. すなわち $x_2 = c_1$, $x_4 = c_2$ とおくと,

$$\begin{cases} x_1 = 2 + 2c_1 - 3c_2 \\ x_3 = -1 + c_2 \\ x_5 = 1 \end{cases}$$

よって

$$(\text{答})\quad \boldsymbol{x}=\begin{bmatrix} x_1 \\ x_2 \\ x_3 \\ x_4 \\ x_5 \end{bmatrix}=\begin{bmatrix} 2+2c_1-3c_2 \\ c_1 \\ -1+c_2 \\ c_2 \\ 1 \end{bmatrix}\quad (c_1,\ c_2: \text{任意定数})$$

上の例題において解 $\boldsymbol{x}$ を

$$\boldsymbol{x}=\begin{bmatrix} 2+2c_1-3c_2 \\ c_1 \\ -1+c_2 \\ c_2 \\ 1 \end{bmatrix}=\begin{bmatrix} 2 \\ 0 \\ -1 \\ 0 \\ 1 \end{bmatrix}+c_1\begin{bmatrix} 2 \\ 1 \\ 0 \\ 0 \\ 0 \end{bmatrix}+c_2\begin{bmatrix} -3 \\ 0 \\ 1 \\ 1 \\ 0 \end{bmatrix}\quad (c_1,\ c_2\in \boldsymbol{R})$$

とベクトルの1次結合を用いて書き表したほうが見易いことが多い．

さて解が存在したとして解が唯一つしかないのは，上の例題2.3.2からわかるように任意定数が現れないとき，すなわち係数行列を簡約化した行列の全ての列に主成分が存在するときである．言い換えると係数行列の階数と変数の数が一致するときである．定理2.3.1と併せて次の定理を得る．

定理2.3.2

n 変数の連立1次方程式

$$A\boldsymbol{x}=\boldsymbol{b}$$

に解が唯一つ存在する必要十分条件は

$$\operatorname{rank}(A)=\operatorname{rank}[A \,\vdots\, \boldsymbol{b}]=n.$$

同次形の連立1次方程式　連立1次方程式 $A\boldsymbol{x}=\boldsymbol{b}$ において $\boldsymbol{b}=\boldsymbol{0}$ のとき，すなわち

$$A\boldsymbol{x}=\boldsymbol{0}$$

の形の連立1次方程式を同次形の連立1次方程式という．同次形の連立1次方程式はいつでも $\boldsymbol{x}=\boldsymbol{0}$ という解をもつ．これを**自明な解**という．

定理2.3.3

A は $m\times n$ 行列とする.

（1）　同次形の連立1次方程式

$$A\boldsymbol{x}=\boldsymbol{0}$$

の解が自明なものに限る必要十分条件は

$$\mathrm{rank}(A)=n.$$

（2）　$m<n$ ならば $A\boldsymbol{x}=\boldsymbol{0}$ は自明でない解をもつ.

証明　(1)は定理2.3.2の特別な場合である.

（2）　行列の階数は行の個数以下だから $m<n$ ならば

$$\mathrm{rank}(A)\leqq m<n$$

となる. よって(1)より $A\boldsymbol{x}=\boldsymbol{0}$ は自明でない解をもつ.　終

同次形の連立1次方程式を解く　同次形の連立1次方程式を1つ解いておく. 同次形の方程式の場合には, $\boldsymbol{b}=\boldsymbol{0}$ であるから拡大係数行列を考える必要はなく, 係数行列の簡約化を考えればよい.

例題2.3.3

次の連立1次方程式を解け.

$$\begin{bmatrix}1&-2&0&3\\1&-1&1&2\end{bmatrix}\begin{bmatrix}x_1\\x_2\\x_3\\x_4\end{bmatrix}=\begin{bmatrix}0\\0\end{bmatrix}$$

解答　係数行列 A を簡約化する.

$$A=\begin{bmatrix}1&-2&0&3\\1&-1&1&2\end{bmatrix}\underset{②+①\times(-1)}{\rightarrow}\begin{bmatrix}1&-2&0&3\\0&1&1&-1\end{bmatrix}\underset{①+②\times2}{\rightarrow}\begin{bmatrix}1&0&2&1\\0&1&1&-1\end{bmatrix}$$

よって例題2.3.2と同様にして

$$\boldsymbol{x}=\begin{bmatrix}-2c_1-c_2\\-c_1+c_2\\c_1\\c_2\end{bmatrix}=c_1\begin{bmatrix}-2\\-1\\1\\0\end{bmatrix}+c_2\begin{bmatrix}-1\\1\\0\\1\end{bmatrix}\quad(c_1,\ c_2\in\boldsymbol{R}).$$

問題 2.3

1. 次の連立1次方程式を解け．

(1) $\begin{bmatrix} 2 & -1 & 5 \\ 0 & 2 & 2 \\ 1 & 0 & 3 \end{bmatrix}\begin{bmatrix} x_1 \\ x_2 \\ x_3 \end{bmatrix}=\begin{bmatrix} -1 \\ 6 \\ 1 \end{bmatrix}$ (2) $\begin{bmatrix} -3 & 3 & 1 \\ 1 & -1 & 2 \end{bmatrix}\begin{bmatrix} x_1 \\ x_2 \\ x_3 \end{bmatrix}=\begin{bmatrix} 1 \\ 0 \end{bmatrix}$

(3) $\begin{bmatrix} 1 & -1 & 1 \\ -1 & 0 & -3 \\ 1 & 2 & 7 \end{bmatrix}\begin{bmatrix} x_1 \\ x_2 \\ x_3 \end{bmatrix}=\begin{bmatrix} 5 \\ -4 \\ 3 \end{bmatrix}$ (4) $\begin{bmatrix} 2 & -1 & 9 \\ -1 & 1 & -3 \\ 1 & -3 & -3 \end{bmatrix}\begin{bmatrix} x_1 \\ x_2 \\ x_3 \end{bmatrix}=\begin{bmatrix} 0 \\ 0 \\ 0 \end{bmatrix}$

(5)
$$\begin{bmatrix} 1 & 0 & 2 & -1 & 2 \\ 2 & 1 & 3 & -1 & -1 \\ -1 & 3 & -5 & 4 & 1 \end{bmatrix}\begin{bmatrix} x_1 \\ x_2 \\ x_3 \\ x_4 \\ x_5 \end{bmatrix}=\begin{bmatrix} 3 \\ -1 \\ -6 \end{bmatrix}$$

(6)
$$\begin{bmatrix} 1 & -2 & 3 & 4 & 5 \\ -1 & 2 & 0 & -1 & -2 \\ 3 & -6 & 1 & 4 & 7 \end{bmatrix}\begin{bmatrix} x_1 \\ x_2 \\ x_3 \\ x_4 \\ x_5 \end{bmatrix}=\begin{bmatrix} 1 \\ 0 \\ 1 \end{bmatrix}$$

(7)
$$\begin{bmatrix} 1 & -4 & 3 & 4 & -3 \\ 1 & -2 & 0 & 1 & -2 \\ -1 & 2 & 2 & 1 & 4 \end{bmatrix}\begin{bmatrix} x_1 \\ x_2 \\ x_3 \\ x_4 \\ x_5 \end{bmatrix}=\begin{bmatrix} 0 \\ 0 \\ 0 \end{bmatrix}$$

2. 次の連立1次方程式が解をもつための a, b の条件を求めよ．

(1) $\begin{bmatrix} 2 & 1 & 3 \\ 0 & -1 & 1 \\ 1 & 1 & 1 \end{bmatrix}\begin{bmatrix} x_1 \\ x_2 \\ x_3 \end{bmatrix}=\begin{bmatrix} 1 \\ a \\ b \end{bmatrix}$ (2) $\begin{bmatrix} 1 & -1 & 1 \\ 1 & 1 & 2 \\ 2 & -2 & a \end{bmatrix}\begin{bmatrix} x_1 \\ x_2 \\ x_3 \end{bmatrix}=\begin{bmatrix} 2 \\ 5 \\ 5 \end{bmatrix}$

3. 連立1次方程式(∗) $A\boldsymbol{x}=\boldsymbol{b}$ の1つの解を $\boldsymbol{x}_0$ とする．同次形の連立1次方程式(∗∗) $A\boldsymbol{x}=\boldsymbol{0}$ の解 $\boldsymbol{x}_1$ に対し，$\boldsymbol{x}_0+\boldsymbol{x}_1$ は(∗)の解であることを示せ．また(∗)の解は全て $\boldsymbol{x}_0+\boldsymbol{x}_1$ と書けることを示せ．

2.4　正則行列

この節では，正方行列を扱う．

逆行列　A は n 次正方行列とする．n 次正方行列 B が A の逆行列であるとは

$$AB=BA=E_n$$

を満たすときにいう．A が逆行列をもつとき，A の逆行列はただ1つ決まる．実際 B と C が A の逆行列であるとすると

$$B=BE=B(AC)=(BA)C=EC=C$$

となり B と C は一致する．正方行列 A は逆行列をもつとき**正則行列**であるという．A が正則行列のとき，A の逆行列を

$$A^{-1}$$

と書く．次の定理は§3.4で示す．

定理 2.4.1

A, B は n 次正方行列で $AB=E$ ならば，B は A の逆行列である．

正則行列 A の逆行列を求めたいが，その前に正方行列 A が正則である必要十分条件を述べておく．

定理 2.4.2

A が n 次正方行列のとき，次の(1)〜(5)は同値である．

(1)　$\mathrm{rank}(A)=n$.

(2)　A の簡約化は E_n である．

(3)　$A\boldsymbol{x}=\boldsymbol{b}$ は任意の n 次の列ベクトル $\boldsymbol{b}$ に対し，ただ1つの解をもつ．

(4)　$A\boldsymbol{x}=\boldsymbol{0}$ の解は自明な解 $\boldsymbol{x}=\boldsymbol{0}$ に限る．

(5)　A は正則行列である．

証明　(1)⇒(2)　A が n 次正方行列で $\mathrm{rank}(A)=n$ であるから，A の簡約化の全ての行と列は零ベクトルではない．よって A の簡約化は E_n である．

(2)⇒(3)　$A\boldsymbol{x}=\boldsymbol{b}$ の拡大係数行列 $[A \,\vdots\, \boldsymbol{b}]$ の簡約化は

$$[A \,\vdots\, \boldsymbol{b}] \to [E_n \,\vdots\, \boldsymbol{b}']$$

となるから $A\boldsymbol{x}=\boldsymbol{b}$ は解をもち，また解はただ1つである．

(3)⇒(4)　(3)の特別な場合($\boldsymbol{b}=\boldsymbol{0}$ の場合)が(4)である．

(4)⇒(1)　定理 2.3.3 の主張に他ならない．

以上より(1)～(4)が同値であることが示された．

(3)⇒(5)　n 次の列ベクトル $\boldsymbol{e}_1, \boldsymbol{e}_2, \cdots, \boldsymbol{e}_n$ を

$$\boldsymbol{e}_1=\begin{bmatrix}1\\0\\\vdots\\0\end{bmatrix},\quad \boldsymbol{e}_2=\begin{bmatrix}0\\1\\\vdots\\0\end{bmatrix},\quad \cdots,\quad \boldsymbol{e}_n=\begin{bmatrix}0\\\vdots\\0\\1\end{bmatrix}$$

とおくと，仮定により $A\boldsymbol{x}=\boldsymbol{e}_1,\ A\boldsymbol{x}=\boldsymbol{e}_2,\ \cdots,\ A\boldsymbol{x}=\boldsymbol{e}_n$ は解をもつ．その解を各々 $\boldsymbol{x}=\boldsymbol{c}_1,\ \boldsymbol{x}=\boldsymbol{c}_2,\ \cdots,\ \boldsymbol{x}=\boldsymbol{c}_n$ とし

$$C=[\boldsymbol{c}_1\ \boldsymbol{c}_2\ \cdots\ \boldsymbol{c}_n]$$

とおくと，C は n 次正方行列で

$$\begin{aligned}AC&=A[\boldsymbol{c}_1\ \boldsymbol{c}_2\ \cdots\ \boldsymbol{c}_n]=[A\boldsymbol{c}_1\ A\boldsymbol{c}_2\ \cdots\ A\boldsymbol{c}_n]\\&=[\boldsymbol{e}_1\ \boldsymbol{e}_2\ \cdots\ \boldsymbol{e}_n]=E_n\end{aligned}$$

となる．定理 2.4.1 により，C は A の逆行列であり A は正則行列である．

(5)⇒(4)　$A\boldsymbol{x}=\boldsymbol{0}$ ならば，この両辺に左から A^{-1} を掛けると

$$A^{-1}A\boldsymbol{x}=A^{-1}\boldsymbol{0}$$

となり $A^{-1}A\boldsymbol{x}=E\boldsymbol{x}=\boldsymbol{x},\ A^{-1}\boldsymbol{0}=\boldsymbol{0}$ であるから $\boldsymbol{x}=\boldsymbol{0}$．よって(4)が成り立つ．

(3)と(4)は同値であるから，以上により(5)と(1)～(4)の同値も示された．　終

逆行列の計算　逆行列を計算するには定理 2.4.2 の(3)⇒(5)の証明で示したように，n 個の連立 1 次方程式

$$A\boldsymbol{x}=\boldsymbol{e}_1,\ \cdots,\ A\boldsymbol{x}=\boldsymbol{e}_n$$

の解を各々 $\boldsymbol{x}=\boldsymbol{c}_1,\ \boldsymbol{x}=\boldsymbol{c}_2,\ \cdots,\ \boldsymbol{x}=\boldsymbol{c}_n$ とすると

$$A^{-1}=[\boldsymbol{c}_1\ \cdots\ \boldsymbol{c}_n]$$

である．このとき $[A \,\vdots\, \boldsymbol{e}_i]$ の簡約化は $[E \,\vdots\, \boldsymbol{c}_i]$ であるが，n 個の行列

$$[A \,\vdots\, \boldsymbol{e}_i]\quad (1\leqq i\leqq n)$$

の簡約化を同時に行うと $[A \,\vdots\, \boldsymbol{e}_1\ \cdots\ \boldsymbol{e}_n]$ の簡約化が $[E \,\vdots\, \boldsymbol{c}_1\ \cdots\ \boldsymbol{c}_n]$ となることがわかる．すなわち，$n\times 2n$ 行列 $[A \,\vdots\, E]$ を簡約化すると

$$[A \,\vdots\, E]\to[E \,\vdots\, A^{-1}]\quad (簡約化)$$

と，その簡約化の右半分に A の逆行列 A^{-1} が現れるのである．

例題2.4.1

次の行列の逆行列を求めよ．

$$A=\begin{bmatrix}1&2&1\\2&3&1\\1&2&2\end{bmatrix}.$$

解答　3×6 行列 $[A \mid E]$ を簡約化する．

1	2	1	1	0	0	
2	3	1	0	1	0	
1	2	2	0	0	1	
1	2	1	1	0	0	
0	−1	−1	−2	1	0	②+①×(−2)
0	0	1	−1	0	1	③+①×(−1)
1	2	0	2	0	−1	①+③×(−1)
0	−1	0	−3	1	1	②+③
0	0	1	−1	0	1	
1	2	0	2	0	−1	
0	1	0	3	−1	−1	②×(−1)
0	0	1	−1	0	1	
1	0	0	−4	2	1	①+②×(−2)
0	1	0	3	−1	−1	
0	0	1	−1	0	1	

よって A は正則行列で，逆行列は $A^{-1}=\begin{bmatrix}-4&2&1\\3&-1&-1\\-1&0&1\end{bmatrix}$.

注意　正方行列 A に対し $[A \mid E]$ を簡約化したとき，簡約化が $[E \mid *]$ の形にならなければ A は正則行列ではないので，逆行列は存在しない．

問題 2.4

1. 次の行列の逆行列を求めよ.

(1) $\begin{bmatrix} 2 & -1 & 0 \\ 2 & -1 & -1 \\ 1 & 0 & -1 \end{bmatrix}$ (2) $\begin{bmatrix} -3 & -6 & 2 \\ 3 & 5 & -2 \\ 1 & 3 & -1 \end{bmatrix}$ (3) $\begin{bmatrix} 1 & -1 & -3 \\ 1 & 1 & -1 \\ -1 & 1 & 5 \end{bmatrix}$

(4) $\begin{bmatrix} 1 & 1 & 1 & 1 \\ 0 & 1 & 1 & 1 \\ 0 & 0 & 1 & 1 \\ 0 & 0 & 0 & 1 \end{bmatrix}$ (5) $\begin{bmatrix} 2 & 0 & 1 & 0 \\ 0 & -1 & 1 & -2 \\ 1 & 0 & 1 & 0 \\ 0 & 1 & -1 & 3 \end{bmatrix}$

2. 逆行列を用いて次の連立方程式を解け.

(1) $\begin{bmatrix} 5 & -2 & 2 \\ 3 & -1 & 2 \\ -2 & 1 & -1 \end{bmatrix}\begin{bmatrix} x_1 \\ x_2 \\ x_3 \end{bmatrix}=\begin{bmatrix} -1 \\ 0 \\ 3 \end{bmatrix}$ (2) $\begin{bmatrix} 4 & 1 & -1 \\ 5 & 3 & -1 \\ 1 & 1 & 0 \end{bmatrix}\begin{bmatrix} x_1 \\ x_2 \\ x_3 \end{bmatrix}=\begin{bmatrix} a \\ b \\ c \end{bmatrix}$

3. $a \neq 0$ のとき次の行列の逆行列を求めよ.

(1) $\begin{bmatrix} a & 1 & 1 \\ 0 & a & 1 \\ 0 & 0 & a \end{bmatrix}$ (2) $\begin{bmatrix} 1 & 1 & -a+1 \\ 2 & 3 & 2a \\ 1 & 1 & 1 \end{bmatrix}$

4. 次を示せ.

(1) A が正則ならば, A^{-1} も正則で $(A^{-1})^{-1}=A$.

(2) A が正則ならば, ${}^tA$ も正則で $({}^tA)^{-1}={}^t(A^{-1})$.
(よってこの行列を ${}^tA^{-1}$ と書いてよい)

(3) A, B が正則ならば, AB も正則で $(AB)^{-1}=B^{-1}A^{-1}$.

5. A, B が可換ならば, 次の行列の組も可換であることを示せ.

(1) A^{-1}, B (2) A^{-1}, B^{-1} (3) ${}^tA, {}^tB$

6. $AB=O$ となる $B(\neq O)$ が存在するならば, A は正則でないことを示せ.

7. A がべき零行列ならば $E+A$, $E-A$ は共に正則行列であることを示せ.
また, その逆行列を求めよ.

8. A が m 次正則行列, D が n 次正則行列ならば, 任意の $m\times n$ 行列 B, $n\times m$ 行列 C に対し, 次の行列 X, Y, Z は正則であることを示せ. また X^{-1}, Y^{-1}, Z^{-1} を求めよ.

$$X=\begin{bmatrix} A & B \\ O & D \end{bmatrix},\quad Y=\begin{bmatrix} A & O \\ C & D \end{bmatrix},\quad Z=\begin{bmatrix} B & A \\ D & O \end{bmatrix}$$

3 行 列 式

3.1 置 換

置換 n 個の文字 $\{1, 2, \cdots\cdots, n\}$ から自分自身，すなわち $\{1, 2, \cdots\cdots, n\}$ への1対1の写像を n 文字の置換という．n 文字の置換 σ が

$$1 \to k_1,\ 2 \to k_2,\ \cdots,\ n \to k_n$$

という写像のときに σ を

$$\sigma = \begin{pmatrix} 1 & 2 & \cdots & n \\ k_1 & k_2 & \cdots & k_n \end{pmatrix}$$

と表す．つまり下の数字は上の数字の行き先を示す．

例1 $\sigma = \begin{pmatrix} 1 & 2 & 3 & 4 \\ 3 & 1 & 4 & 2 \end{pmatrix}$ とすると $\sigma(1)=3,\ \sigma(2)=1,\ \sigma(3)=4,\ \sigma(4)=2$ である．

この書き方は，上下の組合せが変わらないかぎり順序は換えてもよい．また動かさない文字は省略してもよい．

例2 $\begin{pmatrix} 1 & 2 & 3 & 4 \\ 3 & 2 & 4 & 1 \end{pmatrix} = \begin{pmatrix} 2 & 4 & 1 & 3 \\ 2 & 1 & 3 & 4 \end{pmatrix} = \begin{pmatrix} 1 & 3 & 4 \\ 3 & 4 & 1 \end{pmatrix}$

置換の積 2つの n 文字の置換 $\sigma,\ \tau$ の積 $\sigma\tau$ を

$$\sigma\tau(i) = \sigma(\tau(i)) \quad (i = 1,\ 2,\ \cdots,\ n)$$

と定義する．

例 3　$\sigma=\begin{pmatrix}1&2&3&4\\4&3&1&2\end{pmatrix}$, $\tau=\begin{pmatrix}1&2&3&4\\2&3&4&1\end{pmatrix}$ のとき,

$$\sigma\tau(1)=\sigma(2)=3,\ \sigma\tau(2)=\sigma(3)=1$$
$$\sigma\tau(3)=\sigma(4)=2,\ \sigma\tau(4)=\sigma(1)=4$$

となるから

$$\sigma\tau=\begin{pmatrix}1&2&3&4\\3&1&2&4\end{pmatrix}.$$

単位置換, 逆置換　全ての文字を動かさない置換を ε と書き, 単位置換という. また置換 $\sigma=\begin{pmatrix}1&2&\cdots&n\\k_1&k_2&\cdots&k_n\end{pmatrix}$ に対して

$$\sigma^{-1}=\begin{pmatrix}k_1&k_2&\cdots&k_n\\1&2&\cdots&n\end{pmatrix}$$

とおき, σ の逆置換という. このとき

$$\sigma^{-1}\sigma=\sigma\sigma^{-1}=\varepsilon$$

が成り立つ.

例 4　$\sigma=\begin{pmatrix}1&2&3&4&5\\4&5&1&3&2\end{pmatrix}$ ならば

$$\sigma^{-1}=\begin{pmatrix}4&5&1&3&2\\1&2&3&4&5\end{pmatrix}=\begin{pmatrix}1&2&3&4&5\\3&5&4&1&2\end{pmatrix}.$$

巡回置換　$\{1, 2, \cdots, n\}$ のうち $k_1, k_2, \cdots, k_r$ 以外は動かさないで, $k_1, k_2, \cdots, k_r$ のみを $k_1\to k_2$, $k_2\to k_3$, $\cdots$, $k_r\to k_1$ と順にずらす置換 $\sigma=\begin{pmatrix}k_1&k_2&\cdots&k_r\\k_2&k_3&\cdots&k_1\end{pmatrix}$ を巡回置換といい

$$\sigma=(k_1\quad k_2\quad\cdots\quad k_r)$$

と書く.

例 5　$\sigma=(2\quad 5\quad 3)$ とすると

$$\sigma: 2\to 5,\ 5\to 3,\ 3\to 2,\ \text{他の文字は動かさない}$$

この巡回置換 σ は $\sigma=(5\quad 3\quad 2)=(3\quad 2\quad 5)$ とも書ける.

任意の置換は次の例題にみるように, 巡回置換の積で表される.

例題3.1.1

$\sigma=\begin{pmatrix}1 & 2 & 3 & 4 & 5 & 6 & 7\\ 4 & 1 & 6 & 2 & 7 & 5 & 3\end{pmatrix}$ を巡回置換の積に表せ.

解答 まず何か1つの文字，例えば1を取り，それがどう移っていくか見る.

$$1\to 4,\ 4\to 2,\ 2\to 1$$

であるから σ と巡回置換 $(1\quad 4\quad 2)$ は1, 4, 2については同じ変換を引き起こす. 次に1, 4, 2以外の文字，例えば3を取り，それがどのように動いていくか調べると

$$3\to 6,\ 6\to 5,\ 5\to 7,\ 7\to 3$$

となる. よって3, 6, 5, 7については σ と $(3\quad 6\quad 5\quad 7)$ は同じ変換を与える. σ が動かす文字については全て調べたから(もしまだ残っている文字があれば上の操作を繰り返せばよい)

$$\sigma=(3\quad 6\quad 5\quad 7)(1\quad 4\quad 2).$$

互換 巡回置換のうち特に2文字の巡回置換 $(i\quad j)$ を互換という. つまり互換とは2文字 i と j とを入れ替え他の文字は動かさない置換のことである. すべての置換は巡回置換の積で表され，任意の巡回置換は

$$(k_1\quad k_2\quad \cdots\cdots\quad k_r)=(k_1\quad k_r)\cdots(k_1\quad k_3)(k_1\quad k_2)$$

と表されるので，全ての置換は互換の積で表されることがわかる.

置換の符号 置換 σ が m 個の互換の積で表されるとき

$$\mathrm{sgn}(\sigma)=(-1)^m$$

とおき σ の符号という. 置換 σ の互換の積への分解は1通りではない. 例えば

$$\begin{aligned}(1\quad 2\quad 3\quad 4)&=(1\quad 4)(1\quad 3)(1\quad 2)\\ &=(1\quad 3)(1\quad 4)(3\quad 4)(2\quad 3)(1\quad 3)\end{aligned}$$

などと幾通りにも表される. しかし置換 σ の符号 $\mathrm{sgn}(\sigma)$ は互換の積の表し方によらず決まる(問題3.1-8). 単位置換 ε については

$$\mathrm{sgn}(\varepsilon)=1$$

とする. $\varepsilon=(1\quad 2)(1\quad 2)$ であるから $\mathrm{sgn}(\varepsilon)=(-1)^2=1$ と考えてもよい. 置換 σ が k 個，τ が l 個の互換の積で表されるならば $\sigma\tau$ は $k+l$ 個の互換の積で表されるから

$$\mathrm{sgn}(\sigma\tau)=\mathrm{sgn}(\sigma)\,\mathrm{sgn}(\tau)$$

となることがわかる．これと $\sigma\sigma^{-1}=\varepsilon$ に用いると，$\mathrm{sgn}(\sigma)\mathrm{sgn}(\sigma^{-1})=\mathrm{sgn}(\varepsilon)$ $=1$ であるが $\mathrm{sgn}(\sigma)=\pm 1$ だから

$$\mathrm{sgn}(\sigma^{-1})=\mathrm{sgn}(\sigma)$$

が得られる．

偶置換，奇置換　$\mathrm{sgn}(\sigma)=1$ となる σ を偶置換，$\mathrm{sgn}(\sigma)=-1$ となる σ を奇置換という．

例題3.1.2

次の置換 σ を互換の積に分解し，符号を求めよ．

$$\sigma=\begin{pmatrix}1 & 2 & 3 & 4 & 5 & 6 & 7 & 8 & 9\\ 7 & 6 & 8 & 2 & 1 & 4 & 9 & 3 & 5\end{pmatrix}$$

解答　まず巡回置換の積に分解する．

$$1\to 7\to 9\to 5\to 1,\quad 2\to 6\to 4\to 2,\quad 3\to 8\to 3$$

であるから

$$\sigma=(3\ \ 8)(2\ \ 6\ \ 4)(1\ \ 7\ \ 9\ \ 5).$$

更に，各巡回置換を互換の積に分解して

$$\sigma=(3\ \ 8)(2\ \ 4)(2\ \ 6)(1\ \ 5)(1\ \ 9)(1\ \ 7)$$

となる．よって

$$\mathrm{sgn}(\sigma)=(-1)^6=1.$$

置換全体の集合　n 文字の置換全体を S_n と書く．n 文字の置換

$$\sigma=\begin{pmatrix}1 & 2 & \cdots & n\\ k_1 & k_2 & \cdots & k_n\end{pmatrix}$$

は $k_1, k_2, \cdots, k_n$ が定まれば一意的に決まるから，S_n の元の個数は n 個の順列の個数に等しく，$n!$ である．

例 6　$S_3=\{\varepsilon,\ (1\ \ 2),\ (2\ \ 3),\ (1\ \ 3),\ (1\ \ 2\ \ 3),\ (1\ \ 3\ \ 2)\}$ である．また $(1\ \ 2\ \ 3)=(1\ \ 3)(1\ \ 2)$, $(1\ \ 3\ \ 2)=(1\ \ 2)(1\ \ 3)$ であるから，

$\varepsilon,\ (1\ \ 2\ \ 3),\ (1\ \ 3\ \ 2)$ は偶置換，

$(1\ \ 2),\ (2\ \ 3),\ (1\ \ 3)$ は奇置換．

問題3.1

1. 次の置換の積を計算せよ.

(1) $\begin{pmatrix} 1 & 2 & 3 \\ 3 & 1 & 2 \end{pmatrix}\begin{pmatrix} 1 & 2 & 3 \\ 3 & 1 & 2 \end{pmatrix}$ (2) $\begin{pmatrix} 1 & 2 & 3 & 4 \\ 3 & 4 & 2 & 1 \end{pmatrix}\begin{pmatrix} 1 & 2 & 3 & 4 \\ 4 & 3 & 2 & 1 \end{pmatrix}$

(3) $(1\ \ 3)(2\ \ 3)(2\ \ 4)$ (4) $(1\ \ 4)(2\ \ 3)(1\ \ 2\ \ 4\ \ 3)(2\ \ 3)$

2. 次の置換を巡回置換の積に分解せよ.

(1) $\begin{pmatrix} 1 & 2 & 3 & 4 & 5 & 6 & 7 \\ 4 & 7 & 6 & 5 & 1 & 2 & 3 \end{pmatrix}$ (2) $\begin{pmatrix} 1 & 2 & 3 & 4 & 5 & 6 & 7 & 8 \\ 3 & 1 & 5 & 8 & 2 & 4 & 6 & 7 \end{pmatrix}$

3. 次の置換を互換の積に分解せよ. また各々の置換の符号を求めよ.

(1) $(1\ \ 3\ \ 6\ \ 4)$ (2) $(1\ \ 2\ \ 5\ \ 3\ \ 4)$ (3) $(2\ \ 4\ \ 6)$

(4) $\begin{pmatrix} 1 & 2 & 3 & 4 & 5 & 6 & 7 \\ 3 & 7 & 4 & 1 & 2 & 5 & 6 \end{pmatrix}$ (5) $\begin{pmatrix} 1 & 2 & 3 & 4 & 5 & 6 & 7 & 8 & 9 \\ 3 & 4 & 1 & 9 & 8 & 6 & 5 & 7 & 2 \end{pmatrix}$

4. S_4 の元を全て求め, 偶置換と奇置換に分けよ.

5. n 変数 $x_1, x_2, \cdots, x_n$ の多項式 $f(x_1, \cdots, x_n)$ と $\sigma \in S_n$ に対して

$$\sigma f(x_1, \cdots, x_n) = f(x_{\sigma(1)}, \cdots, x_{\sigma(n)})$$

と定義する. 次の σ と f の組に対して σf を求めよ.

(1) $\sigma = (1\ \ 2)$, $f = x_1x_2 + 2x_2 + 3x_3$

(2) $\sigma = (1\ \ 2\ \ 3)$, $f = x_1x_2 + 2x_2 + 3x_3$

(3) $\sigma = (2\ \ 3)$, $f = (x_1 - x_2)(x_1 - x_3)(x_2 - x_3)$

(4) $\sigma = (1\ \ 2\ \ 3)$, $f = (x_1 - x_2)(x_1 - x_3)(x_2 - x_3)$

6. n 変数 $x_1, x_2, \cdots, x_n$ の多項式 $\Delta(x_1, \cdots, x_n)$ を

$$\Delta(x_1, \cdots, x_n) = \prod_{1 \leqq i < j \leqq n} (x_i - x_j)$$

とおき, n 変数の**差積**という(Πは積を表す. p. 60 の注意参照). $\sigma\ (\in S_n)$ が互換ならば

$$\sigma\Delta(x_1, \cdots, x_n) = -\Delta(x_1, \cdots, x_n)$$

であることを示せ.

7. $\sigma, \tau \in S_n$ のとき $(\sigma\tau)f(x_1, \cdots, x_n) = \sigma(\tau f)(x_1, \cdots, x_n)$ を示せ.

8. 問 6, 問 7 を用いて, $\sigma \in S_n$ に対して

$$\sigma\Delta(x_1, \cdots, x_n) = (-1)^m \Delta(x_1, \cdots, x_n)$$

を示せ. ここで m は σ を互換の積に分解したときの互換の個数である. また, これを用いて $\mathrm{sgn}(\sigma)$ は σ を互換の積で表したときの表し方によらないことを示せ.

3.2 行列式の定義と性質(1)

行列式 n 次正方行列 $A=[a_{ij}]$ に対し

$$\det(A)=\sum_{\sigma\in S_n}\mathrm{sgn}(\sigma)a_{1\sigma(1)}a_{2\sigma(2)}\cdots a_{n\sigma(n)}$$

とおき, A の行列式と呼ぶ. A の行列式は

$$|A|,\ |a_{ij}|,\ \det\begin{bmatrix} a_{11} & \cdots & a_{1n} \\ a_{21} & \cdots & a_{2n} \\ & \cdots\cdots & \\ a_{n1} & \cdots & a_{nn}\end{bmatrix},\ \begin{vmatrix} a_{11} & \cdots & a_{1n} \\ a_{21} & \cdots & a_{2n} \\ & \cdots\cdots & \\ a_{n1} & \cdots & a_{nn}\end{vmatrix}$$

とも書き表す.

例 1 $S_2=\{\varepsilon,\ (1\ \ 2)\}$ であり $\mathrm{sgn}(\varepsilon)=1$, $\mathrm{sgn}((1\ \ 2))=-1$ であるから

$$\begin{vmatrix} a_{11} & a_{12} \\ a_{21} & a_{22}\end{vmatrix}=\mathrm{sgn}(\varepsilon)a_{11}a_{22}+\mathrm{sgn}((1\ \ 2))a_{12}a_{21}$$
$$=a_{11}a_{22}-a_{12}a_{21}$$

例 2 $S_3=\{\varepsilon,\ (1\ \ 2),\ (2\ \ 3),\ (1\ \ 3),\ (1\ \ 2\ \ 3),\ (1\ \ 3\ \ 2)\}$ で

$$\mathrm{sgn}(\varepsilon)=\mathrm{sgn}((1\ \ 2\ \ 3))=\mathrm{sgn}((1\ \ 3\ \ 2))=1,$$
$$\mathrm{sgn}((1\ \ 2))=\mathrm{sgn}((2\ \ 3))=\mathrm{sgn}((1\ \ 3))=-1$$

であるから

$$\begin{vmatrix} a_{11} & a_{12} & a_{13} \\ a_{21} & a_{22} & a_{23} \\ a_{31} & a_{32} & a_{33}\end{vmatrix}=a_{11}a_{22}a_{33}+a_{12}a_{23}a_{31}+a_{13}a_{21}a_{32}$$
$$-a_{12}a_{21}a_{33}-a_{11}a_{23}a_{32}-a_{13}a_{22}a_{31}.$$

サラスの方法 2次および3次の正方行列の行列式は, 例 1, 例 2 のように左上から右下への成分の積は"+", 右上から左下への積は"−"として和を取ったものである. これをサラスの方法という.

2次

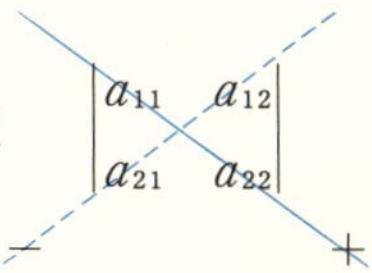

3次

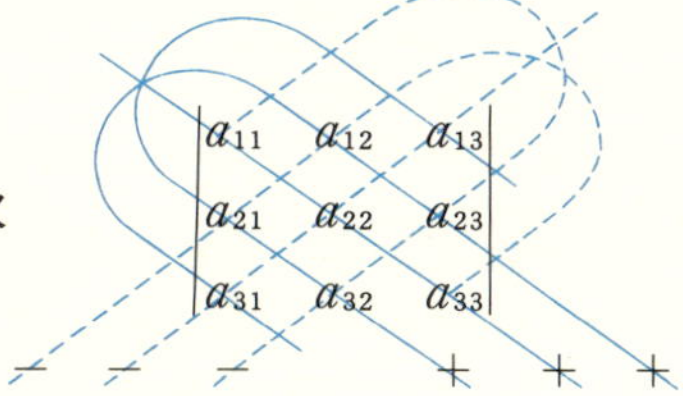

4次以上の行列の行列式についてはこのように簡単ではない．次の定理は4次以上の行列式の計算において基本的である．

定理 3.2.1

$$\begin{vmatrix} a_{11} & a_{12} & \cdots & a_{1n} \\ 0 & a_{22} & \cdots & a_{2n} \\ \vdots & \vdots & & \vdots \\ 0 & a_{n2} & \cdots & a_{nn} \end{vmatrix} = a_{11} \begin{vmatrix} a_{22} & \cdots & a_{2n} \\ \vdots & & \vdots \\ a_{n2} & \cdots & a_{nn} \end{vmatrix}$$

証明 $A=[a_{ij}]$, $a_{21}=a_{31}=\cdots=a_{n1}=0$ とおく．$\sigma\in S_n$ に対し $\sigma(1)\neq 1$ ならば，$\sigma(k)=1$ となる $k\neq 1$ がある．仮定より $a_{k\sigma(k)}=a_{k1}=0$ であるから

$$a_{1\sigma(1)}a_{2\sigma(2)}\cdots a_{n\sigma(n)}=0$$

である．よって $\sigma(1)\neq 1$ となる項に関する和は0だから

$$\begin{aligned}\det(A)&=\sum_{\sigma}\mathrm{sgn}(\sigma)a_{1\sigma(1)}a_{2\sigma(2)}\cdots a_{n\sigma(n)}\\ &=\sum_{\sigma(1)=1}\mathrm{sgn}(\sigma)a_{1\sigma(1)}a_{2\sigma(2)}\cdots a_{n\sigma(n)}\\ &=a_{11}\sum_{\sigma(1)=1}\mathrm{sgn}(\sigma)a_{2\sigma(2)}\cdots a_{n\sigma(n)}.\end{aligned}$$

$\sigma(1)=1$ とは σ が $\{2, 3, \cdots, n\}$ の置換であることから

$$= a_{11} \begin{vmatrix} a_{22} & \cdots & a_{2n} \\ \vdots & & \vdots \\ a_{n2} & \cdots & a_{nn} \end{vmatrix}.$$

終

例 3 $\begin{vmatrix} 3 & 1 & 2 \\ 0 & 2 & 3 \\ 0 & 1 & 4 \end{vmatrix} = 3\begin{vmatrix} 2 & 3 \\ 1 & 4 \end{vmatrix} = 3(2\cdot 4-1\cdot 3)=15.$

例 4 （上三角行列の行列式）

$$\begin{vmatrix} a_{11} & a_{12} & \cdots\cdots & a_{1n} \\ 0 & a_{22} & \cdots\cdots & a_{2n} \\ 0 & 0 & \ddots & \vdots \\ \vdots & \vdots & \ddots & \vdots \\ 0 & 0 & \cdots \ 0 & a_{nn} \end{vmatrix} = a_{11} \begin{vmatrix} a_{22} & \cdots & a_{2n} \\ 0 & \ddots & \vdots \\ \vdots & \ddots & \vdots \\ 0 \cdots & 0 & a_{nn} \end{vmatrix} = \cdots = a_{11}a_{22}\cdots a_{nn}.$$

例 5 例4より，特に $|E|=1$.

定理3.2.2

(1) 1つの行を c 倍すると行列式は c 倍になる.

$$\begin{vmatrix} a_{11} & \cdots & a_{1n} \\ \vdots & & \vdots \\ ca_{i1} & \cdots & ca_{in} \\ \vdots & & \vdots \\ a_{n1} & \cdots & a_{nn} \end{vmatrix} = c \begin{vmatrix} a_{11} & \cdots & a_{1n} \\ \vdots & & \vdots \\ a_{i1} & \cdots & a_{in} \\ \vdots & & \vdots \\ a_{n1} & \cdots & a_{nn} \end{vmatrix}$$

(2) 第 i 行が2つの行ベクトルの和である行列の行列式は，他の行は同じで第 i 行に各々の行ベクトルをとった行列の行列式の和になる.

$$\begin{vmatrix} a_{11} & \cdots & a_{1n} \\ \vdots & & \vdots \\ b_{i1}+c_{i1} & \cdots & b_{in}+c_{in} \\ \vdots & & \vdots \\ a_{n1} & \cdots & a_{nn} \end{vmatrix} = \begin{vmatrix} a_{11} & \cdots & a_{1n} \\ \vdots & & \vdots \\ b_{i1} & \cdots & b_{in} \\ \vdots & & \vdots \\ a_{n1} & \cdots & a_{nn} \end{vmatrix} + \begin{vmatrix} a_{11} & \cdots & a_{1n} \\ \vdots & & \vdots \\ c_{i1} & \cdots & c_{in} \\ \vdots & & \vdots \\ a_{n1} & \cdots & a_{nn} \end{vmatrix}$$

証明 (1) 左辺 $= \sum_{\sigma} \mathrm{sgn}(\sigma) a_{1\sigma(1)} \cdots (ca_{i\sigma(i)}) \cdots a_{n\sigma(n)}$

$= c \sum_{\sigma} \mathrm{sgn}(\sigma) a_{1\sigma(1)} \cdots a_{i\sigma(i)} \cdots a_{n\sigma(n)}$

$=$ 右辺

(2) 左辺 $= \sum_{\sigma} \mathrm{sgn}(\sigma) a_{1\sigma(1)} \cdots (b_{i\sigma(i)} + c_{i\sigma(i)}) \cdots a_{n\sigma(n)}$

$= \sum_{\sigma} \mathrm{sgn}(\sigma) a_{1\sigma(1)} \cdots b_{i\sigma(i)} \cdots a_{n\sigma(n)}$

$+ \sum_{\sigma} \mathrm{sgn}(\sigma) a_{1\sigma(1)} \cdots c_{i\sigma(i)} \cdots a_{n\sigma(n)}$

$=$ 右辺 終

例 6. $$\begin{vmatrix} -1 & 2 & 0 \\ a+3 & b+6 & c+9 \\ 7 & 2 & 4 \end{vmatrix} = \begin{vmatrix} -1 & 2 & 0 \\ a & b & c \\ 7 & 2 & 4 \end{vmatrix} + \begin{vmatrix} -1 & 2 & 0 \\ 3 & 6 & 9 \\ 7 & 2 & 4 \end{vmatrix}$$

(定理 3.2.2(2))

$$= \begin{vmatrix} -1 & 2 & 0 \\ a & b & c \\ 7 & 2 & 4 \end{vmatrix} + 3 \begin{vmatrix} -1 & 2 & 0 \\ 1 & 2 & 3 \\ 7 & 2 & 4 \end{vmatrix}.$$

(定理 3.2.2(1))

定理 3.2.3

（1） 2つの行を入れ替えると行列式は -1 倍になる．

$$
\begin{array}{r}
\\ \\ i\rightarrow \\ \\ j\rightarrow \\ \\ \\
\end{array}
\begin{vmatrix}
a_{11} & \cdots & a_{1n} \\
 & \cdots\cdots & \\
a_{j1} & \cdots & a_{jn} \\
 & \cdots\cdots & \\
a_{i1} & \cdots & a_{in} \\
 & \cdots\cdots & \\
a_{n1} & \cdots & a_{nn}
\end{vmatrix}
= -
\begin{vmatrix}
a_{11} & \cdots & a_{1n} \\
 & \cdots\cdots & \\
a_{i1} & \cdots & a_{in} \\
 & \cdots\cdots & \\
a_{j1} & \cdots & a_{jn} \\
 & \cdots\cdots & \\
a_{n1} & \cdots & a_{nn}
\end{vmatrix}
\begin{array}{l}
\\ \\ \leftarrow i \\ \\ \leftarrow j \\ \\ \\
\end{array}
$$

（2） 2つの行が等しい行列の行列式は 0 である．

証明 （1） n 文字の各置換 σ に対し $\tau=\sigma(i\quad j)$ とおくと

$$\tau(i)=\sigma(j),\ \tau(j)=\sigma(i),\ \tau(k)=\sigma(k)\quad(k\neq i,j)$$

となる．また σ が S_n 全体を動くと，τ も S_n 全体を動く．さらに

$$\mathrm{sgn}(\tau)=\mathrm{sgn}(\sigma(i\quad j))=-\mathrm{sgn}(\sigma)$$

である．よって

$$
\begin{aligned}
\text{左辺} &= \sum_{\sigma}\mathrm{sgn}(\sigma)a_{1\sigma(1)}\cdots a_{j\sigma(i)}\cdots a_{i\sigma(j)}\cdots a_{n\sigma(n)} \\
&= \sum_{\tau}(-\mathrm{sgn}(\tau))a_{1\tau(1)}\cdots a_{j\tau(j)}\cdots a_{i\tau(i)}\cdots a_{n\tau(n)} \\
&= -\sum_{\tau}\mathrm{sgn}(\tau)a_{1\tau(1)}\cdots a_{i\tau(i)}\cdots a_{j\tau(j)}\cdots a_{n\tau(n)} \\
&= \text{右辺}.
\end{aligned}
$$

（2） A の2つの行が等しいとする．A の等しい2つの行を入れ替えても A は変わらない．一方，(1)より2つの行を入れ替えると行列式の値は -1 倍である．よって

$$\det(A)=-\det(A)$$

となるから，$2\det(A)=0$，すなわち $\det(A)=0$ である． 終

例 7 $\begin{vmatrix} 2 & 3 & 1 \\ 4 & 6 & 2 \\ 1 & 6 & 7 \end{vmatrix} = 2\begin{vmatrix} 2 & 3 & 1 \\ 2 & 3 & 1 \\ 1 & 6 & 7 \end{vmatrix} = 0.$

（第2行を2でくくる） （第1行＝第2行）

例 8 $\begin{vmatrix} 0 & 0 & 1 \\ 0 & 2 & 2 \\ 3 & -1 & 1 \end{vmatrix} = -\begin{vmatrix} 3 & -1 & 1 \\ 0 & 2 & 2 \\ 0 & 0 & 1 \end{vmatrix} = -6.$

（第1行と第3行を入れ替え） （例4）

定理 3.2.4

行列の1つの行に他の行の何倍かを加えても，行列式の値は変わらない．

$$
\begin{array}{r}
\\ \\ i\rightarrow \\ \\ j\rightarrow \\ \\ \\
\end{array}
\begin{vmatrix}
a_{11} & \cdots & a_{1n} \\
 & \cdots\cdots\cdots & \\
a_{i1}+ca_{j1} & \cdots & a_{in}+ca_{jn} \\
 & \cdots\cdots\cdots & \\
a_{j1} & \cdots & a_{jn} \\
 & \cdots\cdots\cdots & \\
a_{n1} & \cdots & a_{nn}
\end{vmatrix}
=
\begin{vmatrix}
a_{11} & \cdots & a_{1n} \\
 & \cdots\cdots & \\
a_{i1} & \cdots & a_{in} \\
 & \cdots\cdots & \\
a_{j1} & \cdots & a_{jn} \\
 & \cdots\cdots & \\
a_{n1} & \cdots & a_{nn}
\end{vmatrix}
\begin{array}{l}
\\ \\ \leftarrow i \\ \\ \leftarrow j \\ \\ \\
\end{array}
$$

証明　定理 3.2.2 により

$$
\begin{array}{r}
\\ \\ i\rightarrow \\ \\ j\rightarrow \\ \\ \\
\end{array}
\begin{vmatrix}
a_{11} & \cdots & a_{1n} \\
 & \cdots\cdots\cdots & \\
a_{i1}+ca_{j1} & \cdots & a_{in}+ca_{jn} \\
 & \cdots\cdots\cdots & \\
a_{j1} & \cdots & a_{jn} \\
 & \cdots\cdots\cdots & \\
a_{n1} & \cdots & a_{nn}
\end{vmatrix}
=
\begin{vmatrix}
a_{11} & \cdots & a_{1n} \\
 & \cdots\cdots & \\
a_{i1} & \cdots & a_{in} \\
 & \cdots\cdots & \\
a_{j1} & \cdots & a_{jn} \\
 & \cdots\cdots & \\
a_{n1} & \cdots & a_{nn}
\end{vmatrix}
+c
\begin{vmatrix}
a_{11} & \cdots & a_{1n} \\
 & \cdots\cdots & \\
a_{j1} & \cdots & a_{jn} \\
 & \cdots\cdots & \\
a_{j1} & \cdots & a_{jn} \\
 & \cdots\cdots & \\
a_{n1} & \cdots & a_{nn}
\end{vmatrix}
\begin{array}{l}
\\ \\ \leftarrow i \\ \\ \leftarrow j \\ \\ \\
\end{array}
$$

となるが，この最後の行列式は第 i 行と第 j 行が等しいから 0 である．よって

$$
=\begin{vmatrix}
a_{11} & \cdots & a_{1n} \\
 & \cdots\cdots & \\
a_{i1} & \cdots & a_{in} \\
 & \cdots\cdots & \\
a_{j1} & \cdots & a_{jn} \\
 & \cdots\cdots & \\
a_{n1} & \cdots & a_{nn}
\end{vmatrix}.
$$

終

定理 3.2.1～定理 3.2.4 から行列式を計算するのは，行列の簡約化の計算に似ていることがわかる．

例 9

$$
\begin{vmatrix} 1 & 3 & 4 \\ -2 & -5 & 7 \\ -3 & 2 & -1 \end{vmatrix}
= \underset{\substack{②+①\times 2 \\ ③+①\times 3}}{\begin{vmatrix} 1 & 3 & 4 \\ 0 & 1 & 15 \\ 0 & 11 & 11 \end{vmatrix}}
= \begin{vmatrix} 1 & 15 \\ 11 & 11 \end{vmatrix}
= 11\begin{vmatrix} 1 & 15 \\ 1 & 1 \end{vmatrix}
$$

$$
= 11\underset{②+①\times(-1)}{\begin{vmatrix} 1 & 15 \\ 0 & -14 \end{vmatrix}} = 11\cdot(-14) = -154.
$$

問題3.2

1. 次の2次，3次の行列式をサラスの方法を用いて求めよ.

(1) $\begin{vmatrix} 1 & 3 \\ 2 & 4 \end{vmatrix}$ (2) $\begin{vmatrix} a & b \\ c & d \end{vmatrix}$ (3) $\begin{vmatrix} 1 & 2 & 3 \\ 0 & 5 & 2 \\ 7 & 1 & 6 \end{vmatrix}$ (4) $\begin{vmatrix} 3 & -2 & -5 \\ 2 & 3 & 4 \\ 6 & -1 & 6 \end{vmatrix}$

2. 次の行列式の値を求めよ.

(1) $\begin{vmatrix} 0 & 0 & 4 \\ 0 & -5 & 7 \\ 3 & 2 & 1 \end{vmatrix}$ (2) $\begin{vmatrix} 2 & 3 & 5 \\ 8 & 13 & -1 \\ 6 & -9 & 6 \end{vmatrix}$ (3) $\begin{vmatrix} 12 & 16 & 32 \\ -6 & 13 & 4 \\ 15 & 10 & -20 \end{vmatrix}$

(4) $\begin{vmatrix} 2 & -4 & -5 & 3 \\ -6 & 13 & 14 & 1 \\ 1 & -2 & -2 & -8 \\ 2 & -5 & 0 & 5 \end{vmatrix}$ (5) $\begin{vmatrix} 0 & -3 & -6 & 15 \\ -2 & 5 & 14 & 4 \\ 1 & -3 & -2 & 5 \\ 15 & 10 & 10 & -5 \end{vmatrix}$

(6) $\begin{vmatrix} 1/4 & 1/6 & 2/3 \\ 1/12 & 1/6 & 1/4 \\ 1/4 & 0 & 1/6 \end{vmatrix}$ (7) $\begin{vmatrix} 99 & 100 & 101 \\ 100 & 99 & 100 \\ 101 & 101 & 99 \end{vmatrix}$

(8) $\begin{vmatrix} 0 & 0 & 0 & 0 & 3 \\ 0 & 2 & 0 & 0 & 5 \\ 0 & 13 & -2 & 0 & -4 \\ 0 & -6 & 1 & 2 & 2 \\ 8 & 1 & 2 & 3 & 4 \end{vmatrix}$ (9) $\begin{vmatrix} 1 & -1 & -1 & 1 & -1 \\ 1 & -1 & 1 & 1 & 1 \\ 1 & 1 & -1 & 1 & -1 \\ -1 & 1 & 1 & 1 & 1 \\ 1 & 1 & 1 & -1 & -1 \end{vmatrix}$

(10) $\begin{vmatrix} 0 & 0 & \cdots & 0 & 1 \\ 0 & 0 & \cdots & 1 & 0 \\ \vdots & \vdots & & \vdots & \vdots \\ 0 & 1 & \cdots & 0 & 0 \\ 1 & 0 & \cdots & 0 & 0 \end{vmatrix}$ (n 次) (11) $\begin{vmatrix} 1 & 0 & 0 & 1 & 1 \\ 0 & 1 & 0 & 1 & 2 \\ 0 & 0 & 1 & -1 & 0 \\ 2 & 1 & 3 & 1 & 0 \\ 1 & 1 & -2 & 0 & 0 \end{vmatrix}$

3.3 行列式の性質(2)

前節では行に関する変形で行列式がどう変わるか調べた．次の定理3.3.1を用いると，全く同じ性質が列に対しても成り立つ．これにより行列式の計算はさらに簡単になる．

定理 3.3.1

$$\det({}^tA)=\det(A)$$

証明　$A=[a_{ij}]$, ${}^tA=[b_{ij}]$ とおくと，$b_{ij}=a_{ji}$ である．よって

$$\det({}^tA)=\sum_{\sigma}\mathrm{sgn}(\sigma)b_{1\sigma(1)}b_{2\sigma(2)}\cdots b_{n\sigma(n)}$$
$$=\sum_{\sigma}\mathrm{sgn}(\sigma)a_{\sigma(1)1}a_{\sigma(2)2}\cdots a_{\sigma(n)n}$$

となるが，$\{\sigma(1), \sigma(2), \cdots, \sigma(n)\}$ は全体として $\{1, 2, \cdots, n\}$ に一致するから順序を入れ替えると

$$a_{\sigma(1)1}a_{\sigma(2)2}\cdots a_{\sigma(n)n}=a_{1\sigma^{-1}(1)}a_{2\sigma^{-1}(2)}\cdots a_{n\sigma^{-1}(n)}$$

である．さらに $\mathrm{sgn}(\sigma^{-1})=\mathrm{sgn}(\sigma)$ であるから

$$\det({}^tA)=\sum_{\sigma}\mathrm{sgn}(\sigma^{-1})a_{1\sigma^{-1}(1)}a_{2\sigma^{-1}(2)}\cdots a_{n\sigma^{-1}(n)}$$

となるが，σ が S_n を動くとき σ^{-1} も S_n を動くから σ^{-1} を τ と書き換えると

$$=\sum_{\tau}\mathrm{sgn}(\tau)a_{1\tau(1)}a_{2\tau(2)}\cdots a_{n\tau(n)}=\det(A).$$

終

定理 3.3.2

$$\begin{vmatrix} a_{11} & 0 & \cdots & 0 \\ a_{21} & a_{22} & \cdots & a_{2n} \\ \vdots & \vdots & & \vdots \\ a_{n1} & a_{n2} & \cdots & a_{nn} \end{vmatrix} = a_{11}\begin{vmatrix} a_{22} & \cdots & a_{2n} \\ \vdots & & \vdots \\ a_{n2} & \cdots & a_{nn} \end{vmatrix}$$

証明

$$\begin{vmatrix} a_{11} & 0 & \cdots & 0 \\ a_{21} & a_{22} & \cdots & a_{2n} \\ \vdots & \vdots & & \vdots \\ a_{n1} & a_{n2} & \cdots & a_{nn} \end{vmatrix} \underset{(\text{定理 }3.3.1)}{=} \begin{vmatrix} a_{11} & a_{21} & \cdots & a_{n1} \\ 0 & a_{22} & \cdots & a_{n2} \\ \vdots & \vdots & & \vdots \\ 0 & a_{2n} & \cdots & a_{nn} \end{vmatrix} \underset{(\text{定理 }3.2.1)}{=} a_{11}\begin{vmatrix} a_{22} & \cdots & a_{n2} \\ \vdots & & \vdots \\ a_{2n} & \cdots & a_{nn} \end{vmatrix}$$

$$\underset{(\text{定理 }3.3.1)}{=} a_{11}\begin{vmatrix} a_{22} & \cdots & a_{2n} \\ \vdots & & \vdots \\ a_{n2} & \cdots & a_{nn} \end{vmatrix}.$$

終

次に述べる行列式の列に関する性質は，定理 3.3.2 の証明と同様に転置行列をとり，行に関する性質に帰着することにより証明される．

定理 3.3.3

（1） 1つの列を c 倍すると，行列式は c 倍になる．

（2） 1つの列が2つの列ベクトルの和である行列の行列式は，他の列は同じでその列に各々の列ベクトルをとった行列の行列式の和となる．

（3） 2つの列を入れ替えると行列式は -1 倍になる．

（4） 2つの列が等しい行列の行列式は0である．

（5） 1つの列に他の列の何倍かを加えても行列式は変わらない．

今までの行列式の性質を用いて行列式を計算しよう．

例 1

$$\begin{vmatrix} 3 & 0 & 1 & -7 \\ 2 & 3 & 4 & -4 \\ 1 & 2 & 1 & 3 \\ 1 & 1 & 2 & -5 \end{vmatrix} = \begin{vmatrix} 0 & -3 & -5 & 8 \\ 0 & 1 & 0 & 6 \\ 0 & 1 & -1 & 8 \\ 1 & 1 & 2 & -5 \end{vmatrix} \begin{matrix} \text{第1行+第4行×(−3)} \\ \text{第2行+第4行×(−2)} \\ \text{第3行+第4行×(−1)} \\ \ \end{matrix}$$

$$= -\begin{vmatrix} 1 & 1 & 2 & -5 \\ 0 & 1 & 0 & 6 \\ 0 & 1 & -1 & 8 \\ 0 & -3 & -5 & 8 \end{vmatrix} = -\begin{vmatrix} 1 & 0 & 6 \\ 1 & -1 & 8 \\ -3 & -5 & 8 \end{vmatrix} = \begin{vmatrix} 1 & 0 & 6 \\ 1 & 1 & 8 \\ -3 & 5 & 8 \end{vmatrix}$$

（第1行と第4行を入れ替え）　（定理 3.2.1）　（第2列を−1でくくる）

$$=2\begin{vmatrix} 1 & 0 & 3 \\ 1 & 1 & 4 \\ -3 & 5 & 4 \end{vmatrix} = 2\begin{vmatrix} 1 & 0 & 0 \\ 1 & 1 & 1 \\ -3 & 5 & 13 \end{vmatrix} = 2\begin{vmatrix} 1 & 1 \\ 5 & 13 \end{vmatrix} = 2\begin{vmatrix} 1 & 0 \\ 5 & 8 \end{vmatrix} = 2\times 8 = 16.$$

（第3列を2でくくる）　（第3列+第1列×(−3)）　（定理 3.3.2）　（第2列+第1列×(−1)）

例 2

$$\begin{vmatrix} 1 & 0 & -1 & 0 \\ 3 & 0 & 1 & 0 \\ -1 & 3 & 3 & 4 \\ 1 & 6 & 1 & 4 \end{vmatrix} = \begin{vmatrix} 1 & 0 & 0 & 0 \\ 3 & 0 & 4 & 0 \\ -1 & 3 & 2 & 4 \\ 1 & 6 & 2 & 4 \end{vmatrix} = \begin{vmatrix} 0 & 4 & 0 \\ 3 & 2 & 4 \\ 6 & 2 & 4 \end{vmatrix}$$

（第3列+第1列）

$$=24\begin{vmatrix} 0 & 2 & 0 \\ 1 & 1 & 1 \\ 2 & 1 & 1 \end{vmatrix} = -24\begin{vmatrix} 2 & 0 & 0 \\ 1 & 1 & 1 \\ 1 & 2 & 1 \end{vmatrix}$$

$$=-48\begin{vmatrix} 1 & 1 \\ 2 & 1 \end{vmatrix} = 48.$$

次の定理は定理 3.2.1 および定理 3.3.2 の一般化である.

定理 3.3.4

A が r 次正方行列, D が s 次正方行列ならば

$$\det\begin{bmatrix} A & B \\ O & D \end{bmatrix} = \det\begin{bmatrix} A & O \\ C & D \end{bmatrix} = \det(A)\det(D).$$

証明 定理 3.3.1 によりいずれか一方を示せばよい. $n=r+s$ とし行列を

$$X=\begin{bmatrix} A & O \\ C & D \end{bmatrix}=[a_{ij}]$$

とおく. 定義より

$$\det(X)=\sum_{\sigma}\operatorname{sgn}(\sigma)a_{1\sigma(1)}\cdots a_{r\sigma(r)}a_{r+1\,\sigma(r+1)}\cdots a_{n\sigma(n)}$$

である. 仮定から $a_{ij}=0\,(1\leqq i\leqq r,\ r+1\leqq j\leqq n)$ であるので $\{\sigma(1),\ \sigma(2),\ \cdots,\ \sigma(r)\}$ の中に r より大きな数があれば

$$a_{1\sigma(1)}\cdots a_{r\sigma(r)}a_{r+1\,\sigma(r+1)}\cdots a_{n\sigma(n)}=0$$

となる. よって σ に関する和は $\{\sigma(1),\ \cdots,\ \sigma(r)\}=\{1,\cdots,r\}$ となるものについてのみを取ればよい. このときには

$$\{\sigma(r+1),\ \cdots,\ \sigma(n)\}=\{r+1,\ \cdots,\ n\}$$

となるから, $\{1,\cdots,r\}$ の置換 τ と $\{r+1,\cdots,n\}$ の置換 ρ を

$$\tau=\begin{pmatrix} 1 & \cdots & r \\ \sigma(1) & \cdots & \sigma(r) \end{pmatrix},\quad \rho=\begin{pmatrix} r+1 & \cdots & n \\ \sigma(r+1) & \cdots & \sigma(n) \end{pmatrix}$$

と定義すると, $\sigma=\tau\rho$ で τ,ρ は各々 S_r と S_{n-r} の元を全て動く. また,

$$\operatorname{sgn}(\sigma)=\operatorname{sgn}(\tau\rho)=\operatorname{sgn}(\tau)\operatorname{sgn}(\rho)$$

であるから

$$\begin{aligned}\det(X)&=\sum_{\tau,\rho}\operatorname{sgn}(\tau\rho)a_{1\tau(1)}\cdots a_{r\tau(r)}a_{r+1\rho(r+1)}\cdots a_{n\rho(n)}\\&=\Bigl(\sum_{\tau}\operatorname{sgn}(\tau)a_{1\tau(1)}\cdots a_{r\tau(r)}\Bigr)\Bigl(\sum_{\rho}\operatorname{sgn}(\rho)a_{r+1\rho(r+1)}\cdots a_{n\rho(n)}\Bigr)\\&=\det(A)\det(D).\end{aligned}$$

終

例 3

$$\begin{vmatrix} 2 & 7 & 13 & 5 \\ 5 & 3 & 8 & 2 \\ 0 & 0 & 9 & 4 \\ 0 & 0 & -2 & 1 \end{vmatrix} = \begin{vmatrix} 2 & 7 \\ 5 & 3 \end{vmatrix}\begin{vmatrix} 9 & 4 \\ -2 & 1 \end{vmatrix} = -29\cdot 17 = -493.$$

定理3.3.5

n 次正方行列 A, B に対して

$$\det(AB)=\det(A)\det(B).$$

証明 $2n$ 次の行列の行列式 $\det\begin{bmatrix} A & O \\ -E & B \end{bmatrix}$ を2通りに計算する.

まず定理3.3.4により

$$\det\begin{bmatrix} A & O \\ -E & B \end{bmatrix}=\det(A)\det(B).$$

次に $A=[a_{ij}]$, $B=[b_{ij}]$ とおく. $\det\begin{bmatrix} A & O \\ -E & B \end{bmatrix}$ において, 第1列に b_{1k}, 第2列に b_{2k}, $\cdots$, 第 n 列に b_{nk} を掛けて第 $n+k$ 列に加える操作を $k=1, 2, \cdots, n$ について行うと ($n=2$ のときは例5)

$$\begin{aligned}\det\begin{bmatrix} A & O \\ -E & B \end{bmatrix}&=\det\begin{bmatrix} A & AB \\ -E & O \end{bmatrix}\\ &=(-1)^n\det\begin{bmatrix} -E & O \\ A & AB \end{bmatrix} \quad \left(\begin{array}{l} i=1, \cdots, n \text{ に対して第 } i \text{ 行と} \\ \text{第 } n+i \text{ 行とを入れ替える}\end{array}\right)\\ &=(-1)^n\det(-E)\det(AB)=\det(AB).\end{aligned}$$

よって2つの式を比較して定理を得る. 終

例4

$$\begin{bmatrix} ac-bd & ad+bc \\ -(ad+bc) & ac-bd \end{bmatrix}=\begin{bmatrix} a & b \\ -b & a \end{bmatrix}\begin{bmatrix} c & d \\ -d & c \end{bmatrix}$$

の両辺の行列式をとると

$$(ac-bd)^2+(ad+bc)^2=(a^2+b^2)(c^2+d^2)$$

となりこの右辺は左辺の因数分解を与える.

例5 定理3.3.5の証明中の操作を $n=2$ のとき具体的に書いてみると

$$\begin{vmatrix} a_{11} & a_{12} & 0 & 0 \\ a_{21} & a_{22} & 0 & 0 \\ -1 & 0 & b_{11} & b_{12} \\ 0 & -1 & b_{21} & b_{22} \end{vmatrix}=\begin{vmatrix} a_{11} & a_{12} & a_{11}b_{11}+a_{12}b_{21} & 0 \\ a_{21} & a_{22} & a_{21}b_{11}+a_{22}b_{21} & 0 \\ -1 & 0 & 0 & b_{12} \\ 0 & -1 & 0 & b_{22} \end{vmatrix}$$

(第3列＋第1列×b_{11}＋第2列×b_{21})

$$=\begin{vmatrix} a_{11} & a_{12} & a_{11}b_{11}+a_{12}b_{21} & a_{11}b_{12}+a_{12}b_{22} \\ a_{21} & a_{22} & a_{21}b_{11}+a_{22}b_{21} & a_{21}b_{12}+a_{22}b_{22} \\ -1 & 0 & 0 & 0 \\ 0 & -1 & 0 & 0 \end{vmatrix}.$$

(第4列＋第1列×b_{12}＋第2列×b_{22})

問題3.3

1．次の行列式の値を求めよ．

(1) $\begin{vmatrix} 5 & -3 & 14 \\ -5 & 6 & 7 \\ 10 & 3 & -7 \end{vmatrix}$　　(2) $\begin{vmatrix} 2 & 16 & 3 \\ 4 & 8 & -6 \\ 8 & 8 & 12 \end{vmatrix}$

(3) $\begin{vmatrix} 5 & 4 & 7 & 9 \\ -1 & 3 & 9 & -2 \\ 1 & -3 & -8 & 1 \\ 5 & 4 & 2 & 11 \end{vmatrix}$　　(4) $\begin{vmatrix} 1 & -1 & 2 & 1 \\ 2 & -1 & 1 & 2 \\ -1 & 1 & 2 & 1 \\ 2 & 1 & 1 & 1 \end{vmatrix}$

(5) $\begin{vmatrix} 3 & 1 & 3 & 5 \\ 6 & 2 & 2 & 6 \\ -3 & 1 & 0 & 1 \\ 3 & 1 & 1 & 6 \end{vmatrix}$　　(6) $\begin{vmatrix} -1 & -4 & 3 & 4 \\ 1 & 2 & -3 & -2 \\ 7 & 9 & 4 & 2 \\ -9 & 7 & -3 & 6 \end{vmatrix}$

(7) $\begin{vmatrix} 3 & 5 & 1 & 2 & -1 \\ 2 & 6 & 0 & 9 & 1 \\ 0 & 0 & 7 & 1 & 2 \\ 0 & 0 & 3 & 2 & 5 \\ 0 & 0 & 0 & 0 & -6 \end{vmatrix}$　　(8) $\begin{vmatrix} 3 & 5 & 1 & 2 & 1 \\ 2 & 6 & 0 & 9 & 3 \\ 3 & 6 & 7 & 1 & 2 \\ 2 & 7 & 0 & 0 & 0 \\ 1 & 5 & 0 & 0 & 0 \end{vmatrix}$

2．A が正則行列ならば，$\det(A) \neq 0$ であり，$\det(A^{-1}) = \det(A)^{-1}$ であることを示せ．

3．定理 3.3.3 を証明せよ．

4．$\begin{vmatrix} a & b \\ b & a \end{vmatrix}\begin{vmatrix} c & d \\ d & c \end{vmatrix}$ を 2 通り計算することにより，次の等式を示せ．

$$(a^2-b^2)(c^2-d^2) = (ac+bd)^2 - (ad+bc)^2$$

5．A, B, C が n 次正方行列のとき，$\begin{vmatrix} A & B \\ C & O \end{vmatrix}$ を求めよ．

6．A, B が n 次正方行列のとき，$\begin{vmatrix} A & B \\ B & A \end{vmatrix} = |A+B||A-B|$ を示せ．

7．m が奇数のとき $A^m = E$ ならば $|A| = 1$ であることを示せ．

3.4 余因子行列とクラーメルの公式

n 次正方行列 $A=[a_{ij}]$ の第 i 行と第 j 列を取り除いて得られる $n-1$ 次正方行列を A_{ij} と書く．すなわち

$$A_{ij}=\begin{bmatrix} a_{11} & \cdots & a_{1j} & \cdots & a_{1n} \\ \vdots & & \vdots & & \vdots \\ a_{i1} & \cdots & a_{ij} & \cdots & a_{in} \\ \vdots & & \vdots & & \vdots \\ a_{n1} & \cdots & a_{nj} & \cdots & a_{nn} \end{bmatrix} \quad \text{（網を掛けた部分を除く）.}$$

例 1 $A=\begin{bmatrix} 3 & 1 & -2 \\ 4 & -3 & 0 \\ 2 & 6 & 5 \end{bmatrix}$ とすると $A_{12}=\begin{bmatrix} 4 & 0 \\ 2 & 5 \end{bmatrix}$, $A_{22}=\begin{bmatrix} 3 & -2 \\ 2 & 5 \end{bmatrix}$.

余因子展開 行列 $A=[a_{ij}]$ の第 j 列は

$$\begin{bmatrix} a_{1j} \\ a_{2j} \\ \vdots \\ a_{nj} \end{bmatrix}=\begin{bmatrix} a_{1j} \\ 0 \\ \vdots \\ 0 \end{bmatrix}+\begin{bmatrix} 0 \\ a_{2j} \\ \vdots \\ 0 \end{bmatrix}+\cdots+\begin{bmatrix} 0 \\ \vdots \\ 0 \\ a_{nj} \end{bmatrix}$$

と n 個の列ベクトルの和で書けるから，定理 3.3.3(2)により，A の行列式は

$$(*) \quad |A|=\begin{vmatrix} a_{11}\cdots a_{1j}\cdots a_{1n} \\ a_{21}\cdots 0 \cdots a_{2n} \\ \vdots \quad\quad \vdots \quad\quad \vdots \\ a_{n1}\cdots 0 \cdots a_{nn} \end{vmatrix}+\begin{vmatrix} a_{11}\cdots 0 \cdots a_{1n} \\ a_{21}\cdots a_{2j}\cdots a_{2n} \\ \vdots \quad\quad \vdots \quad\quad \vdots \\ a_{n1}\cdots 0 \cdots a_{nn} \end{vmatrix}+\cdots+\begin{vmatrix} a_{11}\cdots 0 \cdots a_{1n} \\ a_{21}\cdots 0 \cdots a_{2n} \\ \vdots \quad\quad \vdots \quad\quad \vdots \\ a_{n1}\cdots a_{nj}\cdots a_{nn} \end{vmatrix}$$

と書ける．この右辺の i 番目の行列式を計算しよう．まず第 i 行を順に 1 つ上の行と入れ替える操作で 1 番上に移動させる．次に第 j 列を順に 1 つ左の列と入れ替える操作で 1 番左の列に移動させる操作を行う．

$$\begin{vmatrix} a_{11} & \cdots & 0 & \cdots & a_{1n} \\ \vdots & & \vdots & & \vdots \\ a_{i1} & \cdots & a_{ij} & \cdots & a_{in} \\ \vdots & & \vdots & & \vdots \\ a_{n1} & \cdots & 0 & \cdots & a_{nn} \end{vmatrix}=(-1)^{i-1}\begin{vmatrix} a_{i1} & \cdots & a_{ij} & \cdots & a_{in} \\ a_{11} & \cdots & 0 & \cdots & a_{1n} \\ \vdots & & 0 & & \vdots \\ \vdots & & \vdots & & \vdots \\ a_{n1} & \cdots & 0 & \cdots & a_{nn} \end{vmatrix} \quad \left(\begin{matrix}\text{第 } i \text{ 行を} \\ \text{上に移動}\end{matrix}\right)$$

$$= (-1)^{i+j-2}\begin{vmatrix} a_{ij} & a_{i1} & \cdots & a_{in} \\ 0 & a_{11} & \cdots & a_{1n} \\ \vdots & \vdots & & \vdots \\ \vdots & \vdots & & \vdots \\ 0 & a_{n1} & \cdots & a_{nn} \end{vmatrix} \quad \left(\begin{matrix}\text{第} j \text{列を} \\ \text{左に移動}\end{matrix}\right)$$

$$= (-1)^{i+j} a_{ij} |A_{ij}|.$$

これを(∗)の右辺の n 個の行列式の各々に代入すると

$$|A| = (-1)^{1+j} a_{1j} |A_{1j}| + \cdots + (-1)^{n+j} a_{nj} |A_{nj}|$$

となる．これを A の行列式 $|A|$ の**第 j 列に関する余因子展開**という．また，第 j 列の代わりに第 i 行をとっても同様にして

$$|A| = (-1)^{i+1} a_{i1} |A_{i1}| + \cdots + (-1)^{i+n} a_{in} |A_{in}|$$

を得る．これを**第 i 行に関する余因子展開**という．

例 2（第 2 列に関する余因子展開）

$$\begin{vmatrix} 2 & 7 & 4 \\ 3 & 2 & 0 \\ 1 & 5 & 3 \end{vmatrix} = -7\begin{vmatrix} 3 & 0 \\ 1 & 3 \end{vmatrix} + 2\begin{vmatrix} 2 & 4 \\ 1 & 3 \end{vmatrix} - 5\begin{vmatrix} 2 & 4 \\ 3 & 0 \end{vmatrix}.$$

行列の成分に 0 が多いときには，行列式の計算に余因子展開が有効である．

例 3　（第 2 行に関する余因子展開）

$$\begin{vmatrix} 4 & 5 & 2 \\ 0 & 0 & 2 \\ 7 & 8 & 3 \end{vmatrix} = -0\begin{vmatrix} 5 & 2 \\ 8 & 3 \end{vmatrix} + 0\begin{vmatrix} 4 & 2 \\ 7 & 3 \end{vmatrix} - 2\begin{vmatrix} 4 & 5 \\ 7 & 8 \end{vmatrix} = -2\begin{vmatrix} 4 & 5 \\ 7 & 8 \end{vmatrix} = 6.$$

例 4

$$\begin{vmatrix} a & 0 & 0 & \cdots & 0 & b \\ b & a & 0 & & \cdots & 0 \\ 0 & b & \ddots & \ddots & & \vdots \\ \vdots & \ddots & \ddots & \ddots & 0 & 0 \\ \vdots & & \ddots & b & a & 0 \\ 0 & \cdots & & 0 & b & a \end{vmatrix} = a\begin{vmatrix} a & 0 & 0 & \cdots & 0 \\ b & a & \ddots & \ddots & \vdots \\ 0 & \ddots & \ddots & \ddots & 0 \\ \vdots & \ddots & \ddots & a & 0 \\ 0 & \cdots & 0 & b & a \end{vmatrix} + (-1)^{n+1} b\begin{vmatrix} b & a & 0 & \cdots & 0 \\ 0 & b & \ddots & \ddots & \vdots \\ \vdots & \ddots & \ddots & \ddots & 0 \\ \vdots & & \ddots & \ddots & a \\ 0 & \cdots & & 0 & b \end{vmatrix}$$

（第 1 行に関する余因子展開を行う）

$$= a^n + (-1)^{n+1} b^n.$$

余因子行列 n 次正方行列 $[a_{ij}]$ に対し

$$a^*_{ij}=(-1)^{i+j}|A_{ji}|$$

とおく（a^*_{ij} の添字と A_{ji} の添字が逆になっていることに注意！）．さらに

$$\tilde{A}=[a^*_{ij}]$$

とおき A の余因子行列という．

定理3.4.1

正方行列 A の余因子行列を $\tilde{A}$ とすると

$$A\tilde{A}=\tilde{A}A=dE \qquad (d=\det(A)).$$

証明 $A=[a_{ij}]$, $\tilde{A}=[a^*_{ij}]$, $A\tilde{A}=[c_{ij}]$ とおくと

$$c_{ij}=a_{i1}a^*_{1j}+\cdots+a_{in}a^*_{nj}.$$

第 i 行に関する余因子展開を a^*_{ij} を用いて書きなおしてみると

$$\begin{aligned}&a_{i1}a^*_{1i}+\cdots+a_{in}a^*_{ni}\\&\quad=(-1)^{i+1}a_{i1}|A_{i1}|+\cdots+(-1)^{i+n}a_{in}|A_{in}|=|A|.\end{aligned}$$

次に第 j 行以外は A と同じで，第 j 行として A の第 i 行 $(i\neq j)$ をとった行列を B とする．定理 3.2.3(2) により，$|B|=0$ である．また定義から

$$b_{j1}=a_{i1},\ \cdots,\ b_{jn}=a_{in};\qquad B_{j1}=A_{j1},\ \cdots,\ B_{jn}=A_{jn}.$$

これと B の第 j 行に関する余因子展開を用いると

$$\begin{aligned}a_{i1}a^*_{1j}+\cdots+a_{in}a^*_{nj}&=(-1)^{j+1}a_{i1}|A_{j1}|+\cdots+(-1)^{j+n}a_{in}|A_{jn}|\\&=(-1)^{j+1}b_{j1}|B_{j1}|+\cdots+(-1)^{j+n}b_{jn}|B_{jn}|\\&=|B|=0.\end{aligned}$$

よって

$$c_{ij}=\begin{cases}|A|=d & (i=j),\\ 0 & (i\neq j).\end{cases}$$

これは $A\tilde{A}=dE$ を意味する．$\tilde{A}A=dE$ も同様に示される． 終

定理 3.4.2

$$A:\text{正則行列} \iff \det(A)\neq 0.$$

このとき，$A^{-1}=\dfrac{1}{d}\tilde{A}$ となる．ここで，$d=\det(A)$ である．

証明 (⇒) A が正則行列ならば，A に逆行列が存在する．$AA^{-1}=E$ となるから，$\det(A)\neq 0$ である．

(⇐) 実際，$B=\dfrac{1}{d}\tilde{A}$ とおくと，$AB=\dfrac{1}{d}A\tilde{A}=\dfrac{1}{d}dE=E$ となる．同様に，$BA=E$ となるから，B は A の逆行列である． 終

逆行列を計算するのに一般的には，§2.4の掃き出し法の方が容易である．しかし，理論的な場合や行列に文字が含まれる場合などには定理3.4.2が有効である．また定理3.4.2を用いて以前予告した定理2.4.1が示される．

定理2.4.1（"$AB=E$"⇒"B は A の逆行列"）の証明

$AB=E$ とすると，$|A||B|=|AB|=|E|=1$．よって $|A|\neq 0$．従って，定理3.4.2により，A は正則で逆行列 A^{-1} をもつ．さらに

$$B=(A^{-1}A)B=A^{-1}(AB)=A^{-1}.$$

終

例題 3.4.1

$A=\begin{bmatrix} 1 & 2 & 3 \\ 1 & 1 & -1 \\ 4 & 1 & 5 \end{bmatrix}$ の余因子行列と逆行列を求めよ．

解答　$\tilde{A}=[a_{ij}^*]$ とすると $a_{ij}^*=(-1)^{i+j}|A_{ji}|$ である．よって

$$a_{11}^*=(-1)^{1+1}\begin{vmatrix} 1 & -1 \\ 1 & 5 \end{vmatrix}=6, \qquad a_{12}^*=(-1)^{1+2}\begin{vmatrix} 2 & 3 \\ 1 & 5 \end{vmatrix}=-7,$$

$$a_{13}^*=(-1)^{1+3}\begin{vmatrix} 2 & 3 \\ 1 & -1 \end{vmatrix}=-5, \qquad a_{21}^*=(-1)^{2+1}\begin{vmatrix} 1 & -1 \\ 4 & 5 \end{vmatrix}=-9,$$

$$a_{22}^*=(-1)^{2+2}\begin{vmatrix} 1 & 3 \\ 4 & 5 \end{vmatrix}=-7, \qquad a_{23}^*=(-1)^{2+3}\begin{vmatrix} 1 & 3 \\ 1 & -1 \end{vmatrix}=4.$$

他の成分も同様に計算すると

$$a_{31}^*=-3, \quad a_{32}^*=7, \quad a_{33}^*=-1.$$

また

$$|A|=-21$$

であるから，余因子行列，逆行列は次のようになる．

$$\tilde{A}=\begin{bmatrix} 6 & -7 & -5 \\ -9 & -7 & 4 \\ -3 & 7 & -1 \end{bmatrix}, \quad A^{-1}=\frac{1}{-21}\begin{bmatrix} 6 & -7 & -5 \\ -9 & -7 & 4 \\ -3 & 7 & -1 \end{bmatrix}.$$

係数行列が正則行列となる連立1次方程式は，次のクラーメルの公式を用いても解くことができる．クラーメルの公式は理論的に重要であるが，実際に連立1次方程式の解を求めるのには掃き出し法の方が早く計算できる．

定理 3.4.3 ―― **クラーメルの公式**

A が n 次正則行列であるとき，連立1次方程式

$$A\boldsymbol{x}=\boldsymbol{b}$$

の解は次のように与えられる．

$$\boldsymbol{x}=\begin{bmatrix} x_1 \\ \vdots \\ x_n \end{bmatrix}, \quad x_i=\frac{\det[\boldsymbol{a}_1 \cdots \overset{i}{\boldsymbol{b}} \cdots \boldsymbol{a}_n]}{\det(A)}.$$

$[\boldsymbol{a}_1 \cdots \overset{i}{\boldsymbol{b}} \cdots \boldsymbol{a}_n]$ は A の第 i 列を列ベクトル $\boldsymbol{b}$ で置き換えた行列である．

証明 A が正則ならば定理 2.4.2 により解がただ1つ存在する．A の列ベクトルを $\boldsymbol{a}_1, \cdots, \boldsymbol{a}_n$ とすると

$$\begin{aligned}\boldsymbol{b}=A\boldsymbol{x}&=[\boldsymbol{a}_1 \cdots \boldsymbol{a}_n]\boldsymbol{x} \\ &=x_1\boldsymbol{a}_1+\cdots+x_n\boldsymbol{a}_n\end{aligned}$$

と書き表される．従って

$$|\boldsymbol{a}_1 \cdots \overset{i}{\boldsymbol{b}} \cdots \boldsymbol{a}_n|=|\boldsymbol{a}_1 \cdots x_1\boldsymbol{a}_1+\cdots+x_n\boldsymbol{a}_n \cdots \boldsymbol{a}_n|$$

$$=x_1|\boldsymbol{a}_1 \cdots \overset{i}{\boldsymbol{a}_1} \cdots \boldsymbol{a}_n|+\cdots+x_i|\boldsymbol{a}_1 \cdots \overset{i}{\boldsymbol{a}_i} \cdots \boldsymbol{a}_n|+\cdots+x_n|\boldsymbol{a}_1 \cdots \overset{i}{\boldsymbol{a}_n} \cdots \boldsymbol{a}_n|$$

$$=x_i|\boldsymbol{a}_1 \cdots \overset{i}{\boldsymbol{a}_i} \cdots \boldsymbol{a}_n|=x_i|A|.$$

よって両辺を $|A|(\neq 0)$ で割って，定理を得る． 終

例題 3.4.2

次の連立1次方程式をクラーメルの公式を用いて解け．

$$\begin{bmatrix} 5 & 1 \\ 3 & 2 \end{bmatrix}\begin{bmatrix} x_1 \\ x_2 \end{bmatrix}=\begin{bmatrix} 3 \\ 2 \end{bmatrix}$$

解答

$$x_1=\frac{\begin{vmatrix} 3 & 1 \\ 2 & 2 \end{vmatrix}}{\begin{vmatrix} 5 & 1 \\ 3 & 2 \end{vmatrix}}=\frac{4}{7}, \quad x_2=\frac{\begin{vmatrix} 5 & 3 \\ 3 & 2 \end{vmatrix}}{\begin{vmatrix} 5 & 1 \\ 3 & 2 \end{vmatrix}}=\frac{1}{7}.$$

(答) $\begin{bmatrix} x_1 \\ x_2 \end{bmatrix}=\begin{bmatrix} 4/7 \\ 1/7 \end{bmatrix}.$

問題 3.4

1. 次の行列の余因子行列を求めよ．またそれを用いて逆行列を求めよ．

(1) $\begin{bmatrix} 1 & -2 & 2 \\ 4 & 1 & -1 \\ 2 & -1 & 3 \end{bmatrix}$ (2) $\begin{bmatrix} 2 & 4 & 1 \\ 1 & -2 & 1 \\ 0 & 5 & -1 \end{bmatrix}$ (3) $\begin{bmatrix} 2 & -1 & -2 \\ -1 & 0 & 3 \\ 3 & -2 & 5 \end{bmatrix}$

(4) $\begin{bmatrix} a & 0 & 0 \\ d & b & 0 \\ e & f & c \end{bmatrix}$ (5) $\begin{bmatrix} x-2 & 1 & 1 \\ 0 & 2x-1 & x-1 \\ -2 & 1 & 1 \end{bmatrix}$

2. 次の連立1次方程式をクラーメルの公式を用いて解け．

(1) $\begin{bmatrix} 1 & -2 & 1 \\ 1 & 1 & -1 \\ 2 & -1 & 3 \end{bmatrix}\begin{bmatrix} x_1 \\ x_2 \\ x_3 \end{bmatrix}=\begin{bmatrix} 0 \\ 1 \\ 2 \end{bmatrix}$ (2) $\begin{bmatrix} 2 & -1 & -1 \\ 3 & 1 & 5 \\ 1 & 1 & 3 \end{bmatrix}\begin{bmatrix} x_1 \\ x_2 \\ x_3 \end{bmatrix}=\begin{bmatrix} 3 \\ 5 \\ 2 \end{bmatrix}$

3. 次の行列の行列式の与えられた行または列に関する余因子展開を書け．

(1) $\begin{bmatrix} 2 & 1 & 3 \\ 1 & 3 & -2 \\ 0 & 6 & 5 \end{bmatrix}$ (第3行) (2) $\begin{bmatrix} 1 & x & -1 \\ 3 & y & 2 \\ 2 & z & 1 \end{bmatrix}$ (第2列)

4. 次の行列式を求めよ．

(1) $\begin{vmatrix} a & 0 & 0 & b \\ c & d & 0 & 0 \\ e & f & g & 0 \\ 0 & 0 & h & i \end{vmatrix}$ (2) $\begin{vmatrix} 0 & b & 0 & 0 & 0 \\ a & 4 & 0 & 1 & d \\ 0 & 1 & 0 & 3 & 7 \\ 1 & 4 & c & 3 & 2 \\ 1 & 2 & 0 & 1 & 1 \end{vmatrix}$

5. A が n 次正方行列で, $\tilde{A}$ が A の余因子行列ならば

$$\det(\tilde{A})=\det(A)^{n-1}$$

であることを示せ．

6. A が対称行列ならば余因子行列 $\tilde{A}$ も対称行列であることを示せ．また A がさらに正則ならば A^{-1} も対称行列であることを示せ．

7. A が交代行列のとき余因子行列 $\tilde{A}$ は交代行列か．

3.5 特別な形の行列式

いくつかの特別な形の行列式の値または求め方を知っていると便利である.

例題 3.5.1　　**ヴァンデルモンドの行列式**

$$\begin{vmatrix} 1 & 1 & \cdots & 1 \\ x_1 & x_2 & \cdots & x_n \\ x_1^2 & x_2^2 & \cdots & x_n^2 \\ \vdots & \vdots & & \vdots \\ x_1^{n-1} & x_2^{n-1} & \cdots & x_n^{n-1} \end{vmatrix} = \prod_{1\leq i<j\leq n}(x_j-x_i)$$

$$=(-1)^{n(n-1)/2}\prod_{1\leq i<j\leq n}(x_i-x_j)$$

解答　n に関する帰納法で示す. $n=2$ のときは明らかに成り立つ. $n-1$ のときに成り立つと仮定する. 与えられた行列式に

第 n 行 − 第 $(n-1)$ 行 $\times x_1$, 第 $(n-1)$ 行 − 第 $(n-2)$ 行 $\times x_1$, $\cdots$, 第 2 行 − 第 1 行 $\times x_1$ という操作を順に行うと

$$与式 = \begin{vmatrix} 1 & 1 & \cdots & 1 \\ 0 & x_2-x_1 & \cdots & x_n-x_1 \\ 0 & x_2(x_2-x_1) & \cdots & x_n(x_n-x_1) \\ \vdots & \vdots & & \vdots \\ 0 & x_2^{n-2}(x_2-x_1) & \cdots & x_n^{n-2}(x_n-x_1) \end{vmatrix}$$

$$=(x_2-x_1)(x_3-x_1)\cdots(x_n-x_1)\begin{vmatrix} 1 & 1 & \cdots & 1 \\ x_2 & x_3 & \cdots & x_n \\ x_2^2 & x_3^2 & \cdots & x_n^2 \\ \vdots & \vdots & & \vdots \\ x_2^{n-2} & x_3^{n-2} & \cdots & x_n^{n-2} \end{vmatrix}$$

$$=(x_2-x_1)(x_3-x_1)\cdots(x_n-x_1)\prod_{2\leq i<j\leq n}(x_j-x_i) \quad \text{(帰納法の仮定)}$$

$$=\prod_{1\leq i<j\leq n}(x_j-x_i)=(-1)^{n(n-1)/2}\prod_{1\leq i<j\leq n}(x_i-x_j).$$

(項の個数は ${}_nC_2=n(n-1)/2$ であることを用いる)

注意　$\prod$ は積を表す. 例えば

$$\prod_{i=1}^{3}x_i=x_1x_2x_3$$

である. 例題 3.5.1 の場合, $n=3$ とすると

$$\prod_{1\leq i<j\leq 3}(x_j-x_i)=(x_3-x_2)(x_3-x_1)(x_2-x_1).$$

例題 3.5.2

$$F=\begin{vmatrix} a_0 & -1 & 0 & \cdots & 0 \\ a_1 & x & -1 & \ddots & \vdots \\ a_2 & 0 & x & \ddots & 0 \\ \vdots & \vdots & \ddots & \ddots & -1 \\ a_n & 0 & \cdots & 0 & x \end{vmatrix}=a_0x^n+a_1x^{n-1}+\cdots+a_n$$

解答　n に関する帰納法で示す．$n=0$ のときは明らかである．$n-1$ まで成り立つとして n のときに成り立つことを示す．F に第 1 行に関する余因子展開を行うと

$$F=a_0\begin{vmatrix} x & -1 & 0 & \cdots & 0 \\ 0 & x & -1 & \ddots & \vdots \\ 0 & 0 & x & \ddots & 0 \\ \vdots & \vdots & \ddots & \ddots & -1 \\ 0 & 0 & \cdots & 0 & x \end{vmatrix}-(-1)\begin{vmatrix} a_1 & -1 & 0 & \cdots & 0 \\ a_2 & x & -1 & \ddots & \vdots \\ a_3 & 0 & x & \ddots & 0 \\ \vdots & \vdots & \ddots & \ddots & -1 \\ a_n & 0 & \cdots & 0 & x \end{vmatrix}$$

$$=a_0x^n+(a_1x^{n-1}+a_2x^{n-2}+\cdots+a_n) \quad \text{(帰納法の仮定)}$$

$$=a_0x^n+a_1x^{n-1}+a_2x^{n-2}+\cdots+a_n.$$

例題 3.5.3

$$\begin{vmatrix} 1 & a & b & c+d \\ 1 & b & c & d+a \\ 1 & c & d & a+b \\ 1 & d & a & b+c \end{vmatrix}=0$$

解答

$$\begin{vmatrix} 1 & a & b & c+d \\ 1 & b & c & d+a \\ 1 & c & d & a+b \\ 1 & d & a & b+c \end{vmatrix}=\begin{vmatrix} 1 & a & b & a+b+c+d \\ 1 & b & c & b+c+d+a \\ 1 & c & d & c+d+a+b \\ 1 & d & a & d+a+b+c \end{vmatrix}$$

（第 4 列に第 2 列，第 3 列を加える）

$$=(a+b+c+d)\begin{vmatrix} 1 & a & b & 1 \\ 1 & b & c & 1 \\ 1 & c & d & 1 \\ 1 & d & a & 1 \end{vmatrix}=0.$$

（第 1 列と第 4 列が等しい）

問題3.5

1. 次の行列式の値を求めよ.

(1) $\begin{vmatrix} 1 & 1 & 1 & 1 \\ 3 & 2 & 5 & 7 \\ 3^2 & 2^2 & 5^2 & 7^2 \\ 3^3 & 2^3 & 5^3 & 7^3 \end{vmatrix}$　(2) $\begin{vmatrix} 3 & 2^2 & 1 & 1 \\ 3^2 & 2^3 & 1 & 7 \\ 3^3 & 2^4 & 1 & 7^2 \\ 3^4 & 2^5 & 1 & 7^3 \end{vmatrix}$

(3) $\begin{vmatrix} 2^3 & 1 & 2^2 & 2 \\ -3^3 & 1 & 3^2 & -3 \\ 7^3 & 1 & 7^2 & 7 \\ 5^3 & 1 & 5^2 & 5 \end{vmatrix}$　(4) $\begin{vmatrix} 1 & 4 & 4^3 & 4^2 \\ 2^2 & 2^3 & 2^5 & 2^4 \\ 1 & 1 & 1 & 1 \\ 2 & -2^2 & -2^4 & 2^3 \end{vmatrix}$

2. 次の等式を示せ.

(1) $\begin{vmatrix} 1 & 1 & 1 & 1 \\ x & a & a & a \\ x & y & b & b \\ x & y & z & c \end{vmatrix} = -(x-a)(y-b)(z-c)$

(2) $\begin{vmatrix} a & b & b & b \\ a & b & a & a \\ a & a & b & a \\ b & b & b & a \end{vmatrix} = -(a-b)^4$

(3) $\begin{vmatrix} 1+x^2 & x & 0 & \cdots & \cdots & 0 \\ x & 1+x^2 & \ddots & \ddots & & \vdots \\ 0 & \ddots & \ddots & \ddots & \ddots & \vdots \\ \vdots & & \ddots & \ddots & \ddots & 0 \\ \vdots & & & \ddots & 1+x^2 & x \\ 0 & \cdots & \cdots & 0 & x & 1+x^2 \end{vmatrix} = 1+x^2+x^4+\cdots+x^{2n}$ （n 次）

(4) $\begin{vmatrix} 0 & a & b & c \\ -a & 0 & d & e \\ -b & -d & 0 & f \\ -c & -e & -f & 0 \end{vmatrix} = (af-be+cd)^2$

4 ベクトル空間

4.1 ベクトル空間

第3章までは，扱っている行列なり数ベクトルなりの成分個々が主として問題になって，その数をどういう数全体の中で考えているかということはあまり問題にならなかった．しかしこの章以降では考える“数全体”は何であるか決めておく必要がある．

実数体 数の集合で四則がその中で行えるものを**体**という．例えば有理数全体，実数全体，複素数全体は体である．しかし整数全体は体ではない．なぜならば，整数を整数で割ったものは，整数になるとは限らないからである．実数全体のなす体を**実数体**，複素数全体のなす体を**複素数体**という．実数体を $\boldsymbol{R}$，複素数体を $\boldsymbol{C}$ で表す．過度の抽象化を避けるため実数体 $\boldsymbol{R}$ にのみ限って議論するが，この章の内容は実数体の代わりに複素数体 $\boldsymbol{C}$ や一般の体を取っても同様に成り立つ．

ベクトル空間 m 次の列ベクトル全体には，ベクトルの和とスカラー倍という 2 つの演算が定義された．このように集合 V に次のような 2 つの演算

(ベクトルの和)　$\boldsymbol{u}+\boldsymbol{v}$　$(\boldsymbol{u}, \boldsymbol{v} \in V)$,

(ベクトルのスカラー倍)　$a\boldsymbol{u}$　$(\boldsymbol{u} \in V,\ a \in \boldsymbol{R})$

が定義され，欄外の(1)～(8)の性質を満たすとき，V を $\boldsymbol{R}$ 上のベクトル空間であるといい，V の元を**ベクトル**という．(1)～(8)の性質は和とスカラー倍の定義が自然なものであるならば，一般に成り立つのであまり神経質になる必要はない．

ベクトル空間の性質 $(\boldsymbol{u}, \boldsymbol{v}, \boldsymbol{w} \in V,\ a, b \in \boldsymbol{R})$

(1) $\boldsymbol{u}+\boldsymbol{v}=\boldsymbol{v}+\boldsymbol{u}$

(2) $(\boldsymbol{u}+\boldsymbol{v})+\boldsymbol{w}=\boldsymbol{u}+(\boldsymbol{v}+\boldsymbol{w})$

(3) $\boldsymbol{u}+\boldsymbol{0}=\boldsymbol{0}+\boldsymbol{u}=\boldsymbol{u}$ となるベクトル $\boldsymbol{0}$ が存在する．

(4) $a(b\boldsymbol{u})=(ab)\boldsymbol{u}$

(5) $(a+b)\boldsymbol{u}=a\boldsymbol{u}+b\boldsymbol{u}$

(6) $a(\boldsymbol{u}+\boldsymbol{v})=a\boldsymbol{u}+a\boldsymbol{v}$

(7) $1\boldsymbol{u}=\boldsymbol{u}$

(8) $0\boldsymbol{u}=\boldsymbol{0}$

以下断らないかぎり，$\boldsymbol{R}$ 上のベクトル空間のみを考えるので，“$\boldsymbol{R}$ 上の”という言葉を省略して単にベクトル空間ということがある．

零ベクトル　ベクトル空間 V の次の性質を満たすベクトル $\mathbf{0}$ を V の零ベクトルという(ベクトル空間の性質(3))．

$$\boldsymbol{u}+\mathbf{0}=\mathbf{0}+\boldsymbol{u}=\boldsymbol{u} \quad (\boldsymbol{u}\in V).$$

ベクトル空間 V の零ベクトルと明示したいときには $\mathbf{0}_V$ と書く．

ベクトル空間の例　(1)　実数を成分とする n 次の列ベクトル全体を $\boldsymbol{R}^n$ と書く．すなわち

$$\boldsymbol{R}^n=\left\{\boldsymbol{a}=\begin{bmatrix} a_1 \\ \vdots \\ a_n \end{bmatrix} \middle| \ a_1, \cdots, a_n\in \boldsymbol{R}\right\}.$$

$\boldsymbol{R}^n$ は行列としての和およびスカラー倍によって $\boldsymbol{R}$ 上のベクトル空間となる．

(2)　実数を成分とする n 次の行ベクトル全体を $\boldsymbol{R}_n$ と書く．すなわち

$$\boldsymbol{R}_n=\{\boldsymbol{a}=[a_1 \ \ a_2 \ \ \cdots \ \ a_n] \mid a_1, \cdots, a_n\in \boldsymbol{R}\}.$$

$\boldsymbol{R}_n$ は行列としての和およびスカラー倍によって $\boldsymbol{R}$ 上のベクトル空間となる．

(3)　実数を係数とする高々 n 次の多項式全体を $\boldsymbol{R}[x]_n$ と書く．$\boldsymbol{R}[x]_n$ は普通の多項式の和と定数倍によって $\boldsymbol{R}$ 上のベクトル空間となる．

(4)　区間 (a, b) で連続な実数値関数全体を $C(a, b)$ と書く．$C(a, b)$ は関数の和と関数の定数倍によって $\boldsymbol{R}$ 上のベクトル空間となる．

部分空間　ベクトル空間 V の部分集合 W が V の和とスカラー倍によってベクトル空間となるとき，W を V の部分空間という．

定理 4.1.1

ベクトル空間 V の部分集合 W が部分空間である必要十分条件は，次の (i), (ii), (iii) が満たされることである．

(i)　$\mathbf{0}\in W$.

(ii)　$\boldsymbol{u}, \boldsymbol{v}\in W$ ならば $\boldsymbol{u}+\boldsymbol{v}\in W$.

(iii)　$\boldsymbol{u}\in W$, $c\in \boldsymbol{R}$ ならば $c\boldsymbol{u}\in W$.

証明　必要であることは明らかである．十分を示す．条件(ii), (iii)より W は V の和とスカラー倍に関して閉じている．また条件(i)より W は零ベクトルを含む．W の元は V の元でもあるから，前頁の欄外のベクトル空間の他の性質は当然満たされる．よって W は V の部分空間である．　終

注意　条件(i)は“W は空集合でない”で置き換えてもよい．(問題 4.1-3)

例題 4.1.1

A が $m\times n$ 行列のとき，次の W は $\boldsymbol{R}^n$ の部分空間であることを示せ．

$$W=\{\boldsymbol{x}\in\boldsymbol{R}^n \mid A\boldsymbol{x}=\boldsymbol{0}\}$$

解答　定理 4.1.1 の 3 条件を確かめればよい．

（i）　$A\boldsymbol{0}=\boldsymbol{0}$ であるから，$\boldsymbol{0}\in W$ である．

（ii）　$\boldsymbol{x},\boldsymbol{y}\in W$ とすると

$$A(\boldsymbol{x}+\boldsymbol{y})=A\boldsymbol{x}+A\boldsymbol{y}=\boldsymbol{0}+\boldsymbol{0}=\boldsymbol{0}.$$

よって $\boldsymbol{x}+\boldsymbol{y}\in W$．

（iii）　$\boldsymbol{x}\in W,\ c\in\boldsymbol{R}$ とすると

$$A(c\boldsymbol{x})=c(A\boldsymbol{x})=c\boldsymbol{0}=\boldsymbol{0}.$$

よって $c\boldsymbol{x}\in W$．　終

解空間　例題 4.1.1 は同次形の連立 1 次方程式の解の全体は $\boldsymbol{R}^n$ の部分空間をなしていることを示している．この W を同次形の連立 1 次方程式 $A\boldsymbol{x}=\boldsymbol{0}$ の解空間という．

例題 4.1.2

次の W は $\boldsymbol{R}^3$ の部分空間となるかどうか調べよ．

（1）　$W=\left\{\boldsymbol{x}\in\boldsymbol{R}^3 \;\middle|\; \begin{array}{r} 2x_1+3x_2-\ x_3=0 \\ x_1-2x_2+3x_3=0 \end{array}\right\}$

（2）　$W=\left\{\boldsymbol{x}\in\boldsymbol{R}^3 \;\middle|\; \begin{array}{r} 2x_1+3x_2-\ x_3=1 \\ x_1-2x_2+3x_3=2 \end{array}\right\}$

解答

（1）　$A=\begin{bmatrix} 2 & 3 & -1 \\ 1 & -2 & 3 \end{bmatrix}$ とおくと

$$W=\{\boldsymbol{x}\in\boldsymbol{R}^3 \mid A\boldsymbol{x}=\boldsymbol{0}\}$$

と書けるから，例題 4.1.1 により W は部分空間である（例題 4.1.1 の解答のように直接定理 4.1.1 の 3 条件を確かめてもよい）．

（2）　もし W が部分空間ならば，W は $\boldsymbol{R}^3$ の零ベクトルを含まねばならない（定理 4.1.1 の条件（i））．しかし $A\boldsymbol{0}=\boldsymbol{0}\neq\begin{bmatrix}1\\2\end{bmatrix}$ だから $\boldsymbol{0}\notin W$ である．よって W は部分空間ではない．

例題4.1.3

次の W は $\boldsymbol{R}[x]_3$ の部分空間となるかどうか調べよ.

（1）　$W=\{f(x)\in\boldsymbol{R}[x]_3 \mid f(1)=0,\ f(-1)=0\}$

（2）　$W=\{f(x)\in\boldsymbol{R}[x]_3 \mid f(1)=1\}$

（3）　$W=\{f(x)\in\boldsymbol{R}[x]_3 \mid xf'(x)=2f(x)\}$

解答　（1）　部分空間である. 実際, 定理 4.1.1 の 3 条件を確かめればよい.

（i）　$f_0=0$ (多項式としての 0) とすると

$$f_0(1)=0,\ f_0(-1)=0$$

であるから, $R[x]_3$ の零ベクトル f_0 は W の元である.

（ii）　$f, g\in W$ とすると $f(1)=f(-1)=g(1)=g(-1)=0$ である. よって

$$(f+g)(1)=f(1)+g(1)=0+0=0,$$
$$(f+g)(-1)=f(-1)+g(-1)=0+0=0$$

となるので $f+g\in W$.

（iii）　$f\in W$, $c\in\boldsymbol{R}$ とすると

$$(cf)(1)=cf(1)=c\cdot 0=0,$$
$$(cf)(-1)=cf(-1)=c\cdot 0=0.$$

よって $cf\in W$.

（2）　部分空間ではない. 実際 $f_0=0$ とすると, f_0 は $\boldsymbol{R}[x]_3$ の零ベクトルである. f が W に入る条件は $f(1)=1$ であるが, f_0 は恒等的に 0 であるから $f_0(1)=0\neq 1$ となるので W の元ではない. よって W は定理 4.1.1 の条件(i)を満たさない.

（3）　部分空間である. 定理 4.1.1 の 3 条件を確かめる.

（i）　$f_0=0$ とすると $f_0'=0$ だから $xf_0'=0=2f_0$ となり, f_0 が W の元であることがわかる.

（ii）　$f, g\in W$ とすると $xf'=2f$, $xg'=2g$ である. よって

$$x(f+g)'=xf'+xg'=2f+2g=2(f+g)$$

となるので $f+g\in W$.

（iii）　$f\in W$, $c\in\boldsymbol{R}$ とすると

$$x(cf)'=xcf'=cxf'=c(2f)=2(cf).$$

よって $cf\in W$.

問題 4.1

1.　次の W はベクトル空間 $\boldsymbol{R}^3$ の部分空間かどうか調べよ.

（1）　$W=\left\{\boldsymbol{x}\in\boldsymbol{R}^3 \;\middle|\; \begin{matrix} x_1+x_2-x_3=0 \\ 3x_1+x_2+2x_3=0 \end{matrix}\right\}$

（2）　$W=\left\{\boldsymbol{x}\in\boldsymbol{R}^3 \;\middle|\; \begin{matrix} 2x_1-3x_2+x_3\leqq 1 \\ 3x_1+x_2+2x_3\leqq 1 \end{matrix}\right\}$

（3）　$W=\left\{\boldsymbol{x}\in\boldsymbol{R}^3 \;\middle|\; \begin{matrix} x_3=2x_1-3x_2 \\ 3x_3=x_1+2x_2 \end{matrix}\right\}$

（4）　$W=\left\{\boldsymbol{x}\in\boldsymbol{R}^3 \;\middle|\; \begin{matrix} x_1^2+x_2^2-x_3^2=0 \\ x_1-x_2+2x_3=1 \end{matrix}\right\}$

（5）　$W=\{\boldsymbol{x}\in\boldsymbol{R}^3 \mid 2x_1+x_2-2x_3=0\}$

（6）　$W=\left\{\boldsymbol{x}\in\boldsymbol{R}^3 \;\middle|\; \begin{matrix} x_1+3x_2-x_3=0 \\ x_1-2x_2+3x_3=0 \end{matrix}\right\}$

2.　次の W はベクトル空間 $\boldsymbol{R}[x]_3$ の部分空間となるかどうか調べよ.

（1）　$W=\{f(x)\in\boldsymbol{R}[x]_3 \mid f(0)=0,\ f(1)=0\}$

（2）　$W=\{f(x)\in\boldsymbol{R}[x]_3 \mid f(0)=1,\ f(1)=0\}$

（3）　$W=\{f(x)\in\boldsymbol{R}[x]_3 \mid f(3)=0,\ f(2)=0\}$

（4）　$W=\{f(x)\in\boldsymbol{R}[x]_3 \mid f(1)\leqq 0,\ f(2)=0\}$

（5）　$W=\{f(x)\in\boldsymbol{R}[x]_3 \mid f'(3)=0,\ f(1)=0\}$

（6）　$W=\{f(x)\in\boldsymbol{R}[x]_3 \mid f''(x)-2xf'(x)=0\}$

3.　定理 4.1.1 は条件(i)を次の条件(i′)で置き換えても成り立つことを示せ.

(i′)　W は空集合でない.

4.　V はベクトル空間とする. W_1, W_2 が V の部分空間ならば $W_1\cap W_2$ も V の部分空間であることを示せ.

5.　V はベクトル空間, W_1, W_2 が V の部分空間とする. $W_1\cup W_2$ が V の部分空間ならば, $W_1\subset W_2$ または $W_1\supset W_2$ となることを示せ.

4.2 1次独立と1次従属

§1.4で述べた数ベクトルの1次結合は一般のベクトル空間に拡張される．

1次結合 V のベクトル $\boldsymbol{v}$ が V のベクトル $\boldsymbol{u}_1, \boldsymbol{u}_2, \cdots, \boldsymbol{u}_n$ を用いて

$$\boldsymbol{v}=c_1\boldsymbol{u}_1+c_2\boldsymbol{u}_2+\cdots+c_n\boldsymbol{u}_n \quad (c_i \in \boldsymbol{R})$$

と書けるとき，ベクトル $\boldsymbol{v}$ は $\boldsymbol{u}_1, \boldsymbol{u}_2, \cdots, \boldsymbol{u}_n$ の1次結合で書けるという．

1次関係 ベクトル $\boldsymbol{u}_1, \boldsymbol{u}_2, \cdots, \boldsymbol{u}_n$ が

$$(*) \qquad c_1\boldsymbol{u}_1+c_2\boldsymbol{u}_2+\cdots+c_n\boldsymbol{u}_n=\boldsymbol{0} \quad (c_i \in \boldsymbol{R})$$

を満たすとき，これをベクトル $\boldsymbol{u}_1, \boldsymbol{u}_2, \cdots, \boldsymbol{u}_n$ の1次関係という．

1次独立 $\boldsymbol{u}_1, \boldsymbol{u}_2, \cdots, \boldsymbol{u}_n$ が自明でない1次関係を持たない，すなわち(＊)を満たす $c_1, c_2, \cdots, c_n$ は $c_1=0,\ c_2=0,\ \cdots,\ c_n=0$ に限るときに $\boldsymbol{u}_1, \boldsymbol{u}_2, \cdots, \boldsymbol{u}_n$ は1次独立であるという．$\boldsymbol{u}_1, \boldsymbol{u}_2, \cdots, \boldsymbol{u}_n$ が1次独立でないとき，$\boldsymbol{u}_1, \boldsymbol{u}_2, \cdots, \boldsymbol{u}_n$ は1次従属であるという．

例1　$V=\boldsymbol{R}^n$ とする．§2.4でも用いた次のベクトルは1次独立である．

$$\boldsymbol{e}_1=\begin{bmatrix}1\\0\\ \vdots\\0\end{bmatrix}, \quad \boldsymbol{e}_2=\begin{bmatrix}0\\1\\ \vdots\\0\end{bmatrix}, \quad \cdots, \quad \boldsymbol{e}_n=\begin{bmatrix}0\\ \vdots\\0\\1\end{bmatrix}.$$

実際 $c_1\boldsymbol{e}_1+c_2\boldsymbol{e}_2+\cdots+c_n\boldsymbol{e}_n=\boldsymbol{0}$ とすると

$$\begin{bmatrix}c_1\\c_2\\ \vdots\\c_n\end{bmatrix}=c_1\boldsymbol{e}_1+c_2\boldsymbol{e}_2+\cdots+c_n\boldsymbol{e}_n=\boldsymbol{0}.$$

よって $c_1=c_2=\cdots=c_n=0$．$\boldsymbol{e}_1, \boldsymbol{e}_2, \cdots, \boldsymbol{e}_n$ を $\boldsymbol{R}^n$ の基本ベクトルという．

例2　$V=\boldsymbol{R}[x]_n$ とする．次の $n+1$ 個のベクトルは1次独立である．

$$1, x, \cdots, x^n$$

実際

$$c_0\cdot 1+c_1x+\cdots+c_nx^n=0$$

であると仮定する．この等式に $x=0$ を代入すると $c_0=0$．つぎにこの両辺を微分すると

$$c_1\cdot 1+2c_2x+\cdots+nc_nx^{n-1}=0.$$

この等式に $x=0$ を代入し $c_1=0$．これを繰り返し $c_0=c_1=\cdots=c_n=0$．

例題 4.2.1

$\boldsymbol{R}^4$ の次のベクトルは1次独立か，1次従属か調べよ．

$$\boldsymbol{a}_1=\begin{bmatrix}2\\1\\-3\\1\end{bmatrix},\quad \boldsymbol{a}_2=\begin{bmatrix}1\\0\\1\\0\end{bmatrix},\quad \boldsymbol{a}_3=\begin{bmatrix}3\\1\\2\\2\end{bmatrix}.$$

解答

$$c_1\begin{bmatrix}2\\1\\-3\\1\end{bmatrix}+c_2\begin{bmatrix}1\\0\\1\\0\end{bmatrix}+c_3\begin{bmatrix}3\\1\\2\\2\end{bmatrix}=\mathbf{0}$$

とおく．この c_1, c_2, c_3 を求めることは，§1.4 で示したように，次の連立1次方程式を解くことと同じである．

$$\begin{bmatrix}2&1&3\\1&0&1\\-3&1&2\\1&0&2\end{bmatrix}\begin{bmatrix}c_1\\c_2\\c_3\end{bmatrix}=\begin{bmatrix}0\\0\\0\\0\end{bmatrix}.$$

右のように係数行列を簡約化すると

係数行列の階数 = 変数の個数 (=3)

がわかる．よって c_1, c_2, c_3 は自明なものに限る(定理 2.3.3)．あるいは直接解いても $c_1=c_2=c_3=0$ である．従って

$\boldsymbol{a}_1, \boldsymbol{a}_2, \boldsymbol{a}_3$ は1次独立である．

2	1	3	
1	0	1	
−3	1	2	
1	0	2	
0	1	1	①+②×(−2)
1	0	1	
0	1	5	③+②×3
0	0	1	④+②×(−1)
0	1	1	
1	0	1	
0	0	4	③+①×(−1)
0	0	1	
0	1	0	①+④×(−1)
1	0	0	②+④×(−1)
0	0	0	③+④×(−4)
0	0	1	
1	0	0	②
0	1	0	①
0	0	1	④
0	0	0	③

注意　上の連立1次方程式が $c_1=c_2=c_3=0$ 以外の解を持つならば，$\boldsymbol{a}_1, \boldsymbol{a}_2, \boldsymbol{a}_3$ は1次従属である．

定理4.2.1

V のベクトル $\boldsymbol{u}_1, \boldsymbol{u}_2, \cdots, \boldsymbol{u}_n$ が1次従属である必要十分条件は，$\boldsymbol{u}_1, \boldsymbol{u}_2, \cdots, \boldsymbol{u}_n$ のうち少なくとも1個のベクトルが他の $n-1$ 個のベクトルの1次結合で書けることである．

証明　（必要）仮定より少なくとも1つは0でない定数 $c_1, c_2, \cdots, c_n$ で

$$c_1\boldsymbol{u}_1+c_2\boldsymbol{u}_2+\cdots+c_n\boldsymbol{u}_n=\boldsymbol{0}$$

を満たすものが存在する．例えば $c_1\neq 0$ とすると

$$\boldsymbol{u}_1=-(c_2/c_1)\boldsymbol{u}_2-\cdots-(c_n/c_1)\boldsymbol{u}_n$$

となり，$\boldsymbol{u}_1$ が他の $n-1$ 個のベクトルの1次結合で書けることがわかった．

（十分）例えば，$\boldsymbol{u}_1$ が他の $n-1$ 個のベクトルの1次結合で

$$\boldsymbol{u}_1=c_2\boldsymbol{u}_2+\cdots+c_n\boldsymbol{u}_n \quad (c_i\in \boldsymbol{R})$$

と書けたとする．これを整理すると

$$(-1)\boldsymbol{u}_1+c_2\boldsymbol{u}_2+\cdots+c_n\boldsymbol{u}_n=\boldsymbol{0}.$$

$c_1=-1$ とおくと $c_1\neq 0$ だから

$$c_1\boldsymbol{u}_1+c_2\boldsymbol{u}_2+\cdots+c_n\boldsymbol{u}_n=\boldsymbol{0}$$

を満たす自明でない $c_1, c_2, \cdots, c_n(\in \boldsymbol{R})$ の存在がわかる．よって $\boldsymbol{u}_1, \boldsymbol{u}_2, \cdots, \boldsymbol{u}_n$ は1次従属である．　［終］

定理4.2.2

$\boldsymbol{u}_1, \boldsymbol{u}_2, \cdots, \boldsymbol{u}_n$ が1次独立で，$\boldsymbol{u}, \boldsymbol{u}_1, \boldsymbol{u}_2, \cdots, \boldsymbol{u}_n$ が1次従属ならば $\boldsymbol{u}$ は $\boldsymbol{u}_1, \boldsymbol{u}_2, \cdots, \boldsymbol{u}_n$ の1次結合で書ける．

証明　仮定より，少なくとも1個は0でない $n+1$ 個の実数 $c, c_1, c_2, \cdots, c_n$ で

$$c\boldsymbol{u}+c_1\boldsymbol{u}_1+c_2\boldsymbol{u}_2+\cdots+c_n\boldsymbol{u}_n=\boldsymbol{0}$$

を満たすものがある．もし $c=0$ ならば $c_1, \cdots, c_n$ の中の少なくとも1つは0でなく

$$c_1\boldsymbol{u}_1+c_2\boldsymbol{u}_2+\cdots+c_n\boldsymbol{u}_n=\boldsymbol{0}$$

となる．故に $\boldsymbol{u}_1, \boldsymbol{u}_2, \cdots, \boldsymbol{u}_n$ が1次独立であることに矛盾する．よって $c\neq 0$ であり

$$\boldsymbol{u}=-(c_1/c)\boldsymbol{u}_1-\cdots-(c_n/c)\boldsymbol{u}_n$$

となるから $\boldsymbol{u}$ は $\boldsymbol{u}_1, \boldsymbol{u}_2, \cdots, \boldsymbol{u}_n$ の1次結合で書ける．　［終］

1次結合の記法　V の m 個のベクトルの組 $\boldsymbol{u}_1, \boldsymbol{u}_2, \cdots, \boldsymbol{u}_m$ と $m\times n$ 行列 $A=[a_{ij}]$ に対し

$$(\boldsymbol{u}_1, \cdots, \boldsymbol{u}_m)A=(\boldsymbol{u}_1, \boldsymbol{u}_2, \cdots, \boldsymbol{u}_m)\begin{bmatrix} a_{11} & \cdots & a_{1n} \\ \vdots & & \vdots \\ a_{m1} & \cdots & a_{mn} \end{bmatrix}$$

$$=(a_{11}\boldsymbol{u}_1+\cdots+a_{m1}\boldsymbol{u}_m, \cdots, a_{1n}\boldsymbol{u}_1+\cdots+a_{mn}\boldsymbol{u}_m)$$

と定義する．これはベクトルの組$(\boldsymbol{u}_1, \boldsymbol{u}_2, \cdots, \boldsymbol{u}_m)$をあたかもベクトルを成分とする行ベクトルであるかのように考えた，行列の積である．

例 3

$$(\boldsymbol{u}_1, \boldsymbol{u}_2)\begin{bmatrix} 3 & 2 & 1 \\ 1 & -1 & 4 \end{bmatrix}=(3\boldsymbol{u}_1+\boldsymbol{u}_2,\ 2\boldsymbol{u}_1-\boldsymbol{u}_2,\ \boldsymbol{u}_1+4\boldsymbol{u}_2).$$

定理4.2.3

V のベクトルの2つの組 $\boldsymbol{v}_1, \boldsymbol{v}_2, \cdots, \boldsymbol{v}_n$ と $\boldsymbol{u}_1, \boldsymbol{u}_2, \cdots, \boldsymbol{u}_m$ に対し

(1)　$\boldsymbol{v}_1, \boldsymbol{v}_2, \cdots, \boldsymbol{v}_n$ の各ベクトルは $\boldsymbol{u}_1, \boldsymbol{u}_2, \cdots, \boldsymbol{u}_m$ の1次結合で書ける，

(2)　$n>m$

ならば $\boldsymbol{v}_1, \boldsymbol{v}_2, \cdots, \boldsymbol{v}_n$ は1次従属である．

証明

$$c_1\boldsymbol{v}_1+c_2\boldsymbol{v}_2+\cdots+c_n\boldsymbol{v}_n=\boldsymbol{0}$$

となる自明でない $c_1, c_2, \cdots, c_n$ の存在を示す．条件(1)より

$$(\boldsymbol{v}_1, \boldsymbol{v}_2, \cdots, \boldsymbol{v}_n)=(\boldsymbol{u}_1, \boldsymbol{u}_2, \cdots, \boldsymbol{u}_m)A$$

となる $m\times n$ 行列 A が存在する．条件(2)と定理2.3.3より連立1次方程式

$$A\boldsymbol{x}=\boldsymbol{0}$$

は自明でない解をもつ．それを

$$\boldsymbol{x}=\boldsymbol{c}=\begin{bmatrix} c_1 \\ c_2 \\ \vdots \\ c_n \end{bmatrix}\ (\neq\boldsymbol{0})$$

とおくと

$$c_1\boldsymbol{v}_1+c_2\boldsymbol{v}_2+\cdots+c_n\boldsymbol{v}_n$$
$$=(\boldsymbol{v}_1, \boldsymbol{v}_2, \cdots, \boldsymbol{v}_n)\boldsymbol{c}$$
$$=(\boldsymbol{u}_1, \boldsymbol{u}_2, \cdots, \boldsymbol{u}_m)A\boldsymbol{c}=\boldsymbol{0}$$

よって，$\boldsymbol{v}_1, \boldsymbol{v}_2, \cdots, \boldsymbol{v}_n$ は1次従属である．　終

例 4 $\boldsymbol{R}^2$ のベクトル $\begin{bmatrix} 2 \\ 1 \end{bmatrix}$, $\begin{bmatrix} 4 \\ 3 \end{bmatrix}$, $\begin{bmatrix} 5 \\ -1 \end{bmatrix}$ は1次従属である.

実際, この3個のベクトルは, 2個のベクトル $\boldsymbol{e}_1 = \begin{bmatrix} 1 \\ 0 \end{bmatrix}$, $\boldsymbol{e}_2 = \begin{bmatrix} 0 \\ 1 \end{bmatrix}$ の1次結合で書けているから1次従属である.

定理 4.2.4

$\boldsymbol{u}_1, \boldsymbol{u}_2, \cdots, \boldsymbol{u}_m$ が1次独立なベクトルで, A が $m \times n$ 行列のとき

$$(\boldsymbol{u}_1, \boldsymbol{u}_2, \cdots, \boldsymbol{u}_m)A = (\boldsymbol{0}, \boldsymbol{0}, \cdots, \boldsymbol{0})$$

ならば $A = O$.

証明 $A = [a_{ij}]$ とおくと

$$(\boldsymbol{u}_1, \boldsymbol{u}_2, \cdots, \boldsymbol{u}_m)\begin{bmatrix} a_{11} & \cdots & a_{1n} \\ \vdots & & \vdots \\ a_{m1} & \cdots & a_{mn} \end{bmatrix} = (\boldsymbol{0}, \boldsymbol{0}, \cdots, \boldsymbol{0}).$$

この左辺の積を取り, 第1成分を比較すると

$$a_{11}\boldsymbol{u}_1 + a_{21}\boldsymbol{u}_2 + \cdots + a_{m1}\boldsymbol{u}_m = \boldsymbol{0}.$$

$\boldsymbol{u}_1, \boldsymbol{u}_2, \cdots, \boldsymbol{u}_m$ が1次独立であるから

$$a_{11} = a_{21} = \cdots = a_{m1} = 0.$$

第2成分, $\cdots$, 第 n 成分についても同様に比較して

$$a_{ij} = 0 \quad (1 \leqq i \leqq m,\ 1 \leqq j \leqq n).$$

すなわち $A = O$ を得る. 終

定理 4.2.5

$\boldsymbol{u}_1, \boldsymbol{u}_2, \cdots, \boldsymbol{u}_m$ は1次独立なベクトルとする. 2つの $m \times n$ 行列 A, B に対し

$$(\boldsymbol{u}_1, \boldsymbol{u}_2, \cdots, \boldsymbol{u}_m)A = (\boldsymbol{u}_1, \boldsymbol{u}_2, \cdots, \boldsymbol{u}_m)B$$

ならば $A = B$ である.

証明 右辺を左辺に移項すると,

$$(\boldsymbol{u}_1, \boldsymbol{u}_2, \cdots, \boldsymbol{u}_m)(A - B) = (\boldsymbol{0}, \boldsymbol{0}, \cdots, \boldsymbol{0}).$$

よって定理 4.2.4 により $A - B = O$. すなわち $A = B$ である. 終

例題 4.2.2

(1) 次のベクトル $\boldsymbol{v}_1, \boldsymbol{v}_2, \boldsymbol{v}_3, \boldsymbol{v}_4$ を行列を用いて $\boldsymbol{u}_1, \boldsymbol{u}_2, \boldsymbol{u}_3, \boldsymbol{u}_4$ の1次結合で表せ.

(2) また $\boldsymbol{u}_1, \boldsymbol{u}_2, \boldsymbol{u}_3, \boldsymbol{u}_4$ が1次独立のとき, $\boldsymbol{v}_1, \boldsymbol{v}_2, \boldsymbol{v}_3, \boldsymbol{v}_4$ が1次独立か1次従属か調べよ.

$$\boldsymbol{v}_1 = \boldsymbol{u}_1 - \boldsymbol{u}_2 + 3\boldsymbol{u}_3, \qquad \boldsymbol{v}_2 = 2\boldsymbol{u}_1 - \boldsymbol{u}_2 + 6\boldsymbol{u}_3 + \boldsymbol{u}_4,$$
$$\boldsymbol{v}_3 = 2\boldsymbol{u}_1 - 2\boldsymbol{u}_2 + \boldsymbol{u}_3 - \boldsymbol{u}_4, \qquad \boldsymbol{v}_4 = \boldsymbol{u}_1 - \boldsymbol{u}_3 + 3\boldsymbol{u}_4$$

解答

(1)
$$(\boldsymbol{v}_1, \boldsymbol{v}_2, \boldsymbol{v}_3, \boldsymbol{v}_4) = (\boldsymbol{u}_1, \boldsymbol{u}_2, \boldsymbol{u}_3, \boldsymbol{u}_4)\begin{bmatrix} 1 & 2 & 2 & 1 \\ -1 & -1 & -2 & 0 \\ 3 & 6 & 1 & -1 \\ 0 & 1 & -1 & 3 \end{bmatrix}.$$

(2) $\boldsymbol{v}_1, \boldsymbol{v}_2, \boldsymbol{v}_3, \boldsymbol{v}_4$ の1次関係を

$$c_1\boldsymbol{v}_1 + c_2\boldsymbol{v}_2 + c_3\boldsymbol{v}_3 + c_4\boldsymbol{v}_4 = \boldsymbol{0}$$

とすると

$$\boldsymbol{0} = c_1\boldsymbol{v}_1 + c_2\boldsymbol{v}_2 + c_3\boldsymbol{v}_3 + c_4\boldsymbol{v}_4 = (\boldsymbol{v}_1, \boldsymbol{v}_2, \boldsymbol{v}_3, \boldsymbol{v}_4)\begin{bmatrix} c_1 \\ c_2 \\ c_3 \\ c_4 \end{bmatrix}$$

$$= (\boldsymbol{u}_1, \boldsymbol{u}_2, \boldsymbol{u}_3, \boldsymbol{u}_4)\begin{bmatrix} 1 & 2 & 2 & 1 \\ -1 & -1 & -2 & 0 \\ 3 & 6 & 1 & -1 \\ 0 & 1 & -1 & 3 \end{bmatrix}\begin{bmatrix} c_1 \\ c_2 \\ c_3 \\ c_4 \end{bmatrix}$$

となる. $\boldsymbol{u}_1, \boldsymbol{u}_2, \boldsymbol{u}_3, \boldsymbol{u}_4$ が1次独立だから定理 4.2.4 により

(＊)
$$\begin{bmatrix} 1 & 2 & 2 & 1 \\ -1 & -1 & -2 & 0 \\ 3 & 6 & 1 & -1 \\ 0 & 1 & -1 & 3 \end{bmatrix}\begin{bmatrix} c_1 \\ c_2 \\ c_3 \\ c_4 \end{bmatrix} = \begin{bmatrix} 0 \\ 0 \\ 0 \\ 0 \end{bmatrix}$$

である. これを解いて $c_1 = c_2 = c_3 = c_4 = 0$ となるから

$\boldsymbol{v}_1, \boldsymbol{v}_2, \boldsymbol{v}_3, \boldsymbol{v}_4$ は1次独立である.

注意 (＊)を解いたとき, 自明でない解が存在すれば, $\boldsymbol{v}_1, \boldsymbol{v}_2, \boldsymbol{v}_3, \boldsymbol{v}_4$ は1次従属である.

問題4.2

1．次のベクトルは1次独立か1次従属か調べよ．

（1）$\begin{bmatrix}1\\1\\1\end{bmatrix}, \begin{bmatrix}0\\1\\1\end{bmatrix}, \begin{bmatrix}0\\0\\1\end{bmatrix}$　　（2）$\begin{bmatrix}3\\2\\1\end{bmatrix}, \begin{bmatrix}2\\1\\3\end{bmatrix}, \begin{bmatrix}5\\4\\-3\end{bmatrix}$

（3）$\begin{bmatrix}2\\4\\1\end{bmatrix}, \begin{bmatrix}3\\1\\2\end{bmatrix}, \begin{bmatrix}5\\1\\1\end{bmatrix}, \begin{bmatrix}2\\0\\3\end{bmatrix}$　　（4）$\begin{bmatrix}2\\1\\1\end{bmatrix}, \begin{bmatrix}1\\1\\2\end{bmatrix}, \begin{bmatrix}1\\2\\1\end{bmatrix}$

（5）$\begin{bmatrix}2\\1\\1\\4\end{bmatrix}, \begin{bmatrix}3\\2\\1\\1\end{bmatrix}, \begin{bmatrix}5\\4\\1\\-5\end{bmatrix}$　　（6）$\begin{bmatrix}1\\0\\2\\4\end{bmatrix}, \begin{bmatrix}1\\1\\0\\3\end{bmatrix}, \begin{bmatrix}2\\1\\3\\0\end{bmatrix}, \begin{bmatrix}-2\\0\\-1\\1\end{bmatrix}$

（7）$f_1(x)=1+x+x^2,\ f_2(x)=2-x+2x^2,\ f_3(x)=-1+2x+x^2$

2．次のベクトル $\boldsymbol{v}_1, \boldsymbol{v}_2, \cdots, \boldsymbol{v}_n$ を行列を用いて $\boldsymbol{u}_1, \boldsymbol{u}_2, \cdots, \boldsymbol{u}_m$ の1次結合で表せ．

（1）$\boldsymbol{v}_1=2\boldsymbol{u}_1+\boldsymbol{u}_2-3\boldsymbol{u}_3,\ \boldsymbol{v}_2=\boldsymbol{u}_1-\boldsymbol{u}_2+\boldsymbol{u}_3,\ \boldsymbol{v}_3=\boldsymbol{u}_1+2\boldsymbol{u}_2+4\boldsymbol{u}_3$

（2）$\boldsymbol{v}_1=2\boldsymbol{u}_1+\boldsymbol{u}_2-\boldsymbol{u}_3-\boldsymbol{u}_4,\quad \boldsymbol{v}_2=\boldsymbol{u}_1-\boldsymbol{u}_2+2\boldsymbol{u}_3+\boldsymbol{u}_4,$

$\boldsymbol{v}_3=\boldsymbol{u}_1-\boldsymbol{u}_2+\boldsymbol{u}_3-\boldsymbol{u}_4,\quad \boldsymbol{v}_4=2\boldsymbol{u}_1+\boldsymbol{u}_2-2\boldsymbol{u}_3-3\boldsymbol{u}_4$

（3）$\boldsymbol{v}_1=\boldsymbol{u}_1+\boldsymbol{u}_2-\boldsymbol{u}_3-2\boldsymbol{u}_5,\quad \boldsymbol{v}_2=2\boldsymbol{u}_1-\boldsymbol{u}_2+\boldsymbol{u}_3-\boldsymbol{u}_4+\boldsymbol{u}_5,$

$\boldsymbol{v}_3=2\boldsymbol{u}_1-\boldsymbol{u}_3+\boldsymbol{u}_4-3\boldsymbol{u}_5,\quad \boldsymbol{v}_4=\boldsymbol{u}_1+\boldsymbol{u}_2-3\boldsymbol{u}_4-2\boldsymbol{u}_5$

3．問2において $\boldsymbol{u}_1, \boldsymbol{u}_2, \cdots, \boldsymbol{u}_m$ が1次独立のとき，$\boldsymbol{v}_1, \boldsymbol{v}_2, \cdots, \boldsymbol{v}_n$ は1次独立か1次従属か調べよ．

4．次の命題の正否を調べ，証明または反例をあげよ．

（1）$\boldsymbol{u}_1$ と $\boldsymbol{u}_2$，$\boldsymbol{u}_2$ と $\boldsymbol{u}_3$，$\boldsymbol{u}_1$ と $\boldsymbol{u}_3$ が1次独立ならば $\boldsymbol{u}_1, \boldsymbol{u}_2, \boldsymbol{u}_3$ は1次独立．

（2）$\boldsymbol{u}_1$，$\boldsymbol{u}_1+\boldsymbol{u}_2$，$\boldsymbol{u}_1+\boldsymbol{u}_2+\boldsymbol{u}_3$ が1次独立ならば $\boldsymbol{u}_1, \boldsymbol{u}_2, \boldsymbol{u}_3$ は1次独立．

（3）$\boldsymbol{u}_1, \boldsymbol{u}_2, \cdots, \boldsymbol{u}_m$ の中に零ベクトルがあれば $\boldsymbol{u}_1, \boldsymbol{u}_2, \cdots, \boldsymbol{u}_m$ は1次従属．

5．$\boldsymbol{u}_1, \boldsymbol{u}_2, \cdots, \boldsymbol{u}_m$ が1次独立ならば，$\boldsymbol{u}_1, \boldsymbol{u}_2, \cdots, \boldsymbol{u}_r\,(1\leqq r\leqq m-1)$ も1次独立であることを示せ．

6．$\boldsymbol{u}_1, \boldsymbol{u}_2, \cdots, \boldsymbol{u}_m$ が1次独立で $\boldsymbol{v}$ が $\boldsymbol{v}=c_1\boldsymbol{u}_1+c_2\boldsymbol{u}_2+\cdots+c_m\boldsymbol{u}_m$ と $\boldsymbol{u}_1, \boldsymbol{u}_2, \cdots, \boldsymbol{u}_m$ の1次結合で表されるとき，$c_1, c_2, \cdots, c_m$ は唯一通りに決まることを示せ．

4.3 ベクトルの1次独立な最大個数

1次独立な最大個数　ベクトルの集合 X の中に r 個の1次独立なベクトルがあり，X のどの $r+1$ 個のベクトルも1次従属であるとき，r を集合 X のベクトルの1次独立な最大個数という．

定理4.3.1

> V のベクトルの2つの組 $\{\boldsymbol{v}_1, \boldsymbol{v}_2, \cdots, \boldsymbol{v}_n\}$, $\{\boldsymbol{u}_1, \boldsymbol{u}_2, \cdots, \boldsymbol{u}_m\}$ に対し，$\boldsymbol{v}_1, \boldsymbol{v}_2, \cdots, \boldsymbol{v}_n$ の各ベクトルが $\boldsymbol{u}_1, \boldsymbol{u}_2, \cdots, \boldsymbol{u}_m$ の1次結合で書けるならば
>
> $\{\boldsymbol{v}_1, \boldsymbol{v}_2, \cdots, \boldsymbol{v}_n\}$ の1次独立な最大個数
>
> $\leqq \{\boldsymbol{u}_1, \boldsymbol{u}_2, \cdots, \boldsymbol{u}_m\}$ の1次独立な最大個数.

証明　$\{\boldsymbol{u}_1, \cdots, \boldsymbol{u}_m\}$ の1次独立な最大個数を r とし，必要なら順序を変えて，$\boldsymbol{u}_1, \cdots, \boldsymbol{u}_r$ が1次独立であるとする．
$\Rightarrow$ 定理4.2.2により $\boldsymbol{u}_{r+1}, \cdots, \boldsymbol{u}_m$ は $\boldsymbol{u}_1, \cdots, \boldsymbol{u}_r$ の1次結合で書ける．
$\Rightarrow$ $\boldsymbol{v}_1, \boldsymbol{v}_2, \cdots, \boldsymbol{v}_n$ の各ベクトルは $\boldsymbol{u}_1, \cdots, \boldsymbol{u}_m$ の1次結合で書けるから，$\boldsymbol{v}_1, \cdots, \boldsymbol{v}_n$ の各ベクトルは r 個のベクトル $\boldsymbol{u}_1, \cdots, \boldsymbol{u}_r$ の1次結合で書ける．
$\Rightarrow$ 定理4.2.3により $\boldsymbol{v}_1, \cdots, \boldsymbol{v}_n$ の $r+1$ 個以上のベクトルは1次従属.　終

定理4.3.2

> $\boldsymbol{u}_1, \boldsymbol{u}_2, \cdots, \boldsymbol{u}_m$ の1次独立な最大個数 $=r$
>
> $\Longleftrightarrow$ $\boldsymbol{u}_1, \boldsymbol{u}_2, \cdots, \boldsymbol{u}_m$ の中に r 個の1次独立なベクトルがあり，他の $m-r$ 個のベクトルはこの r 個のベクトルの1次結合で書ける．

証明　($\Rightarrow$) r 個の1次独立なベクトルを例えば $\boldsymbol{u}_1, \boldsymbol{u}_2, \cdots, \boldsymbol{u}_r$ とする．$r<t\leqq m$ とすると $\boldsymbol{u}_1, \boldsymbol{u}_2, \cdots, \boldsymbol{u}_r, \boldsymbol{u}_t$ は1次従属であるから定理4.2.2により，$\boldsymbol{u}_t$ は $\boldsymbol{u}_1, \boldsymbol{u}_2, \cdots, \boldsymbol{u}_r$ の1次結合で書ける．
($\Leftarrow$) 例えば $\boldsymbol{u}_1, \boldsymbol{u}_2, \cdots, \boldsymbol{u}_r$ が1次独立で，他の $m-r$ 個のベクトルは $\boldsymbol{u}_1, \boldsymbol{u}_2, \cdots, \boldsymbol{u}_r$ の1次結合で書けるとすると，

$$r \leqq \{\boldsymbol{u}_1, \cdots, \boldsymbol{u}_m\} \text{ の1次独立な最大個数}$$

である．また $\boldsymbol{u}_1, \boldsymbol{u}_2, \cdots, \boldsymbol{u}_m$ は $\boldsymbol{u}_1, \boldsymbol{u}_2, \cdots, \boldsymbol{u}_r$ の1次結合で書けるから定理4.3.1により

$$\{\boldsymbol{u}_1, \boldsymbol{u}_2, \cdots, \boldsymbol{u}_m\} \text{ の1次独立な最大個数} \leqq r.$$

よって $\{\boldsymbol{u}_1, \cdots, \boldsymbol{u}_m\}$ の1次独立な最大個数は r である．　終

例題 4.3.1

次の列ベクトルの1次独立な最大個数 r と r 個の1次独立なベクトルを一組求め，他のベクトルをこれらの1次結合で表せ．

$$\boldsymbol{a}_1=\begin{bmatrix}1\\1\\3\\0\end{bmatrix},\ \boldsymbol{a}_2=\begin{bmatrix}1\\2\\0\\-1\end{bmatrix},\ \boldsymbol{a}_3=\begin{bmatrix}1\\3\\-3\\-2\end{bmatrix},\ \boldsymbol{a}_4=\begin{bmatrix}-2\\-4\\1\\-1\end{bmatrix},\ \boldsymbol{a}_5=\begin{bmatrix}-1\\-4\\7\\0\end{bmatrix}$$

解答

$$A=[\boldsymbol{a}_1\ \boldsymbol{a}_2\ \boldsymbol{a}_3\ \boldsymbol{a}_4\ \boldsymbol{a}_5]$$

とおき A を簡約化した行列を

$$B=[\boldsymbol{b}_1\ \boldsymbol{b}_2\ \boldsymbol{b}_3\ \boldsymbol{b}_4\ \boldsymbol{b}_5]$$

と書く．$\boldsymbol{x}\in\boldsymbol{R}^5$ に対して

$$A\boldsymbol{x}=\boldsymbol{0}\Leftrightarrow B\boldsymbol{x}=\boldsymbol{0},$$

すなわち

$$x_1\boldsymbol{a}_1+x_2\boldsymbol{a}_2+\cdots+x_5\boldsymbol{a}_5=\boldsymbol{0}$$

$$\Updownarrow$$

$$x_1\boldsymbol{b}_1+x_2\boldsymbol{b}_2+\cdots+x_5\boldsymbol{b}_5=\boldsymbol{0}$$

であるから

$$\boldsymbol{a}_1,\ \boldsymbol{a}_2,\ \boldsymbol{a}_3,\ \boldsymbol{a}_4,\ \boldsymbol{a}_5$$

の間の1次関係と

$$\boldsymbol{b}_1,\ \boldsymbol{b}_2,\ \boldsymbol{b}_3,\ \boldsymbol{b}_4,\ \boldsymbol{b}_5$$

の間の1次関係は同じである．右で計算した $\boldsymbol{b}_1, \boldsymbol{b}_2, \boldsymbol{b}_3, \boldsymbol{b}_4, \boldsymbol{b}_5$ の具体的な形より，$\boldsymbol{b}_1, \boldsymbol{b}_2, \boldsymbol{b}_4$ は1次独立で $\boldsymbol{b}_3, \boldsymbol{b}_5$ は

$$\boldsymbol{b}_3=-\boldsymbol{b}_1+2\boldsymbol{b}_2$$

$$\boldsymbol{b}_5=2\boldsymbol{b}_1-\boldsymbol{b}_2+\boldsymbol{b}_4$$

と書ける．よって

$\boldsymbol{a}_1$	$\boldsymbol{a}_2$	$\boldsymbol{a}_3$	$\boldsymbol{a}_4$	$\boldsymbol{a}_5$	
1	1	1	−2	−1	
1	2	3	−4	−4	
3	0	−3	1	7	
0	−1	−2	−1	0	
1	1	1	−2	−1	
0	1	2	−2	−3	②+①×(−1)
0	−3	−6	7	10	③+①×(−3)
0	−1	−2	−1	0	
1	0	−1	0	2	①+②×(−1)
0	1	2	−2	−3	
0	0	0	1	1	③+②×3
0	0	0	−3	−3	④+②
1	0	−1	0	2	
0	1	2	0	−1	②+③×2
0	0	0	1	1	
0	0	0	0	0	④+③×3
$\boldsymbol{b}_1$	$\boldsymbol{b}_2$	$\boldsymbol{b}_3$	$\boldsymbol{b}_4$	$\boldsymbol{b}_5$	

(答)
- $\boldsymbol{a}_1, \boldsymbol{a}_2, \boldsymbol{a}_3, \boldsymbol{a}_4, \boldsymbol{a}_5$ の1次独立な最大個数 $r=3$.
- $\boldsymbol{a}_1, \boldsymbol{a}_2, \boldsymbol{a}_4$ は1次独立.
- $\boldsymbol{a}_3=-\boldsymbol{a}_1+2\boldsymbol{a}_2,\ \boldsymbol{a}_5=2\boldsymbol{a}_1-\boldsymbol{a}_2+\boldsymbol{a}_4$.

行列 A の簡約化を B とする．A, B の列ベクトルへの分割を

$$A=[\boldsymbol{a}_1\ \ \boldsymbol{a}_2\ \ \cdots\ \ \boldsymbol{a}_n],\ B=[\boldsymbol{b}_1\ \ \boldsymbol{b}_2\ \ \cdots\ \ \boldsymbol{b}_n]$$

と書いたとき，$\boldsymbol{x}\in\boldsymbol{R}^n$ に対して

$$A\boldsymbol{x}=\boldsymbol{0}\Leftrightarrow B\boldsymbol{x}=\boldsymbol{0}$$

であったから例題 4.3.1 の解答の中で述べたように，$\boldsymbol{a}_1, \boldsymbol{a}_2, \cdots, \boldsymbol{a}_n$ の1次関係は $\boldsymbol{b}_1, \boldsymbol{b}_2, \cdots, \boldsymbol{b}_n$ にも成り立ち，また逆に $\boldsymbol{b}_1, \boldsymbol{b}_2, \cdots, \boldsymbol{b}_n$ の1次関係は $\boldsymbol{a}_1, \boldsymbol{a}_2, \cdots, \boldsymbol{a}_n$ にも成り立つ．定義により

$$\mathrm{rank}(A)=B \text{ の行の主成分を含む列の個数}$$

であり，B の列のうち1次独立な最大個数を与えるものとして B の列のうち行の主成分を含む列が取れるから，次の定理の最初の等号がわかる．

定理 4.3.3

$$\mathrm{rank}(A)=A \text{ の列ベクトルの1次独立な最大個数}$$
$$=A \text{ の行ベクトルの1次独立な最大個数.}$$

証明　前半はすでに示したから後半を示す．

A の簡約化を B とし，A と B の行ベクトルの1次独立な最大個数を各々 r, s とする．(行)基本変形で変形された行列の各行ベクトルは元の行列の行ベクトルの1次結合で書ける．よって B の行ベクトルは A の行ベクトルの1次結合で書ける．従って定理 4.3.1 によって $s\leqq r$ である．

逆に A は B からも基本変形を繰り返して得られるから $r\leqq s$．よって $r=s$．簡約な行列 B の零ベクトルでない行ベクトルは1次独立であるから

$$r=s=B \text{ の零ベクトルでない行ベクトルの個数 }=\mathrm{rank}(A).$$ 終

定理 4.3.4

n 次正方行列について，次の3条件は同値である．

(1)　A は正則行列である．

(2)　A の n 個の列ベクトルは1次独立である．

(3)　A の n 個の行ベクトルは1次独立である．

証明　定理 2.4.2 により A が正則である必要十分条件は，$\mathrm{rank}(A)=n$ である．定理 4.3.3 により，これは列ベクトルの1次独立な最大個数が n, すなわち列ベクトルが1次独立であることと同値である．行ベクトルに関しても列ベクトルの場合と全く同様に示される．　終

定理4.3.5

行列の簡約化は唯一通り決まる.

証明　行列 A の簡約化を B とし, 行列 A, B を $A=[\boldsymbol{a}_1 \ \cdots \ \boldsymbol{a}_n]$, $B=[\boldsymbol{b}_1 \ \cdots \ \boldsymbol{b}_n]$ と列ベクトル表示する. $\boldsymbol{b}_k(1\leqq k\leqq n)$ が唯一通り決まることを示す. $k=1$ のときは, $\boldsymbol{a}_1=0$ ならば, $\boldsymbol{b}_1=0$ であるし, $\boldsymbol{a}_1\neq 0$ ならば, $\boldsymbol{b}_1$ は基本ベクトル $\boldsymbol{e}_1$ である. $\boldsymbol{b}_k(2\leqq k\leqq n)$ については $\boldsymbol{a}_k$ が $\boldsymbol{a}_1, \cdots, \boldsymbol{a}_{k-1}$ の1次結合で書けなければ, $\boldsymbol{b}_k$ は主成分を含む基本ベクトルであり, $\boldsymbol{a}_k$ が $\boldsymbol{a}_1, \cdots, \boldsymbol{a}_{k-1}$ の1次結合で書けるときは, $\boldsymbol{b}_k$ の成分には, $\boldsymbol{a}_k$ を $\boldsymbol{a}_1, \cdots, \boldsymbol{a}_{k-1}$ から順に取った1次独立なベクトルの1次結合で書き表した係数があらわれる. ベクトルを1次独立なベクトルの1次結合で書き表したときの係数は唯一通りである(定理4.2.5または問題4.2-6)から $\boldsymbol{b}_k$ は唯一つ決まる. よって行列 A が与えられたとき, A の簡約化 B は唯一つ決まる. 終

行列の簡約化は, 列ベクトルの1次関係のみならず, 一般のベクトルの1次関係を調べるのにも役立つ.

定理4.3.6

V のベクトル $\boldsymbol{u}_1, \boldsymbol{u}_2, \cdots, \boldsymbol{u}_m$ は1次独立とする. ベクトル $\boldsymbol{v}_1, \boldsymbol{v}_2, \cdots, \boldsymbol{v}_n$ が $m\times n$ 行列 A を用いて

$$(\boldsymbol{v}_1, \boldsymbol{v}_2, \cdots, \boldsymbol{v}_n)=(\boldsymbol{u}_1, \boldsymbol{u}_2, \cdots, \boldsymbol{u}_m)A$$

と書けているとする.

(1)　$\boldsymbol{v}_1, \boldsymbol{v}_2, \cdots, \boldsymbol{v}_n$ と A の列ベクトル $\boldsymbol{a}_1, \boldsymbol{a}_2, \cdots, \boldsymbol{a}_n$ には同じ1次関係が成り立つ.

(2)　$m=n$ のとき

$$\boldsymbol{v}_1, \boldsymbol{v}_2, \cdots, \boldsymbol{v}_n \text{ が1次独立} \iff A \text{ が正則行列.}$$

証明　$\boldsymbol{v}_1, \boldsymbol{v}_2, \cdots, \boldsymbol{v}_n$ が1次関係

$$c_1\boldsymbol{v}_1+c_2\boldsymbol{v}_2+\cdots+c_n\boldsymbol{v}_n=\boldsymbol{0}$$

を満たすとする. $\boldsymbol{c}=\begin{bmatrix} c_1 \\ \vdots \\ c_n \end{bmatrix}$ とおくと

$$\begin{aligned}\boldsymbol{0}&=c_1\boldsymbol{v}_1+c_2\boldsymbol{v}_2+\cdots+c_n\boldsymbol{v}_n=(\boldsymbol{v}_1, \boldsymbol{v}_2, \cdots, \boldsymbol{v}_n)\boldsymbol{c}\\&=(\boldsymbol{u}_1, \boldsymbol{u}_2, \cdots, \boldsymbol{u}_m)A\boldsymbol{c}\end{aligned}$$

となるが, $\boldsymbol{u}_1, \boldsymbol{u}_2, \cdots, \boldsymbol{u}_m$ は1次独立だから定理4.2.4により $A\boldsymbol{c}=\boldsymbol{0}$. よって

$$c_1\boldsymbol{a}_1+c_2\boldsymbol{a}_2+\cdots+c_n\boldsymbol{a}_n=\boldsymbol{0}.$$

逆は明らかである. (2)は(1)と定理4.3.4よりわかる. 終

例題4.3.2

次の $\boldsymbol{R}[x]_3$ のベクトルの1次独立な最大個数 r と r 個の1次独立なベクトルを一組求め，他のベクトルをこれらの1次結合で表せ．

$$f_1(x)=1+x+3x^2,\qquad f_2(x)=1+2x-x^3,$$
$$f_3(x)=1+3x-3x^2-2x^3,\quad f_4(x)=-2-4x+x^2-x^3,$$
$$f_5(x)=-1-4x+7x^2$$

解答　$f_1, \cdots, f_5$ を $\boldsymbol{R}[x]_3$ の1次独立なベクトル $\{1, x, x^2, x^3\}$ の1次結合で表すと

$$(f_1, f_2, f_3, f_4, f_5)=(1, x, x^2, x^3)\begin{bmatrix}1 & 1 & 1 & -2 & -1\\ 1 & 2 & 3 & -4 & -4\\ 3 & 0 & -3 & 1 & 7\\ 0 & -1 & -2 & -1 & 0\end{bmatrix}$$

である．この右辺の行列を A とおき，その各列ベクトルを $\boldsymbol{a}_1, \cdots, \boldsymbol{a}_5$ とする．$\{1, x, x^2, x^3\}$ は1次独立であるから定理4.3.6により，$f_1, \cdots, f_5$ の1次関係と $\boldsymbol{a}_1, \cdots, \boldsymbol{a}_5$ の1次関係は同じである．従って $f_1, \cdots, f_5$ の1次関係を調べるためには，$\boldsymbol{a}_1, \cdots, \boldsymbol{a}_5$ の1次関係を調べればよい．これは例題4.3.1の結果により（今の場合は例題4.3.1の $\boldsymbol{a}_1, \cdots, \boldsymbol{a}_5$ と全く同じものである．一般には例題4.3.1と同様の計算を行う）

$$\boldsymbol{a}_1, \boldsymbol{a}_2, \boldsymbol{a}_4 \text{ は1次独立で，}$$
$$\boldsymbol{a}_3=-\boldsymbol{a}_1+2\boldsymbol{a}_2,$$
$$\boldsymbol{a}_5=2\boldsymbol{a}_1-\boldsymbol{a}_2+\boldsymbol{a}_4$$

である．よってこれを $f_1, \cdots, f_5$ の関係に言いなおして次の答えを得る．

（答）
- f_1, f_2, f_3, f_4, f_5 の1次独立な最大個数 $r=3$.
- f_1, f_2, f_4 は1次独立.
- $f_3=-f_1+2f_2,\ f_5=2f_1-f_2+f_4$.

注意　上の例題でわかるように，定理4.3.6は数ベクトル以外のベクトルについて，1次独立や1次従属などの1次関係を調べることを数ベクトルの場合に帰着する方法を示しているのである．

問題 4.3

1. 次の各組のベクトルに対して問いに答えよ．
 (i) 1次独立な最大個数 r を求めよ．
 (ii) r 個の1次独立なベクトルを前のほうから順に求めよ．
 (iii) 他のベクトルを(ii)のベクトルの1次結合で書き表せ．

(1) $\boldsymbol{a}_1=\begin{bmatrix}2\\1\\4\\3\end{bmatrix},\ \boldsymbol{a}_2=\begin{bmatrix}1\\0\\2\\1\end{bmatrix},\ \boldsymbol{a}_3=\begin{bmatrix}5\\3\\10\\8\end{bmatrix},\ \boldsymbol{a}_4=\begin{bmatrix}1\\1\\1\\2\end{bmatrix},\ \boldsymbol{a}_5=\begin{bmatrix}1\\0\\1\\1\end{bmatrix}$

(2) $\boldsymbol{a}_1=\begin{bmatrix}1\\0\\1\\1\end{bmatrix},\ \boldsymbol{a}_2=\begin{bmatrix}2\\1\\0\\1\end{bmatrix},\ \boldsymbol{a}_3=\begin{bmatrix}1\\0\\-1\\2\end{bmatrix},\ \boldsymbol{a}_4=\begin{bmatrix}2\\-1\\2\\4\end{bmatrix},\ \boldsymbol{a}_5=\begin{bmatrix}3\\2\\3\\-1\end{bmatrix}$

(3) $f_1=1+2x$
 $f_2=2+3x-x^3$
 $f_3=1-x+2x^2$
 $f_4=1+x-x^3$
 $f_5=3x-2x^2$

(4) $f_1=1+x-x^2+2x^3+x^4$
 $f_2=1+x^2+x^3$
 $f_3=3+5x-7x^2+8x^3+5x^4$
 $f_4=1-2x+5x^2-x^3-2x^4$
 $f_5=x+2x^2+x^3+x^4$

2. A が $l\times m$ 行列，B が $m\times n$ 行列のとき，次を示せ．
 (1) $\mathrm{rank}(AB)\leqq\mathrm{rank}(A)$ (2) $\mathrm{rank}(AB)\leqq\mathrm{rank}(B)$

3. 行列 A からいくつかの行といくつかの列を取り除いて得られる行列を A の**小行列**という．行列 A に対し次を示せ．

$\mathrm{rank}(A)=r \Leftrightarrow A$ の小行列のうち行列式が0でないものの最大次数は r である．

4. 次の行列の階数 r を求めよ．また r 次の正則な小行列を1つ求めよ．

$$\begin{bmatrix}1&2&4&3&1\\-1&1&-1&0&0\\-2&-1&-5&-3&-1\\1&-1&1&0&2\end{bmatrix}$$

4.4 ベクトル空間の基と次元

ベクトル空間 V のベクトル $\boldsymbol{u}_1, \boldsymbol{u}_2, \cdots, \boldsymbol{u}_n$ が V を生成するとは，V の全てのベクトルが $\boldsymbol{u}_1, \boldsymbol{u}_2, \cdots, \boldsymbol{u}_n$ の1次結合で表されるときにいう．

例1　$\boldsymbol{R}^n$ の基本ベクトル $\boldsymbol{e}_1, \boldsymbol{e}_2, \cdots, \boldsymbol{e}_n$ は $\boldsymbol{R}^n$ を生成する．実際 $\boldsymbol{R}^n$ の任意のベクトルは

$$\begin{bmatrix} a_1 \\ a_2 \\ \vdots \\ a_n \end{bmatrix} = a_1\boldsymbol{e}_1 + a_2\boldsymbol{e}_2 + \cdots + a_n\boldsymbol{e}_n$$

と $\boldsymbol{e}_1, \boldsymbol{e}_2, \cdots, \boldsymbol{e}_n$ の1次結合で書けている．

ベクトル空間の基　ベクトル空間 V のベクトルの組 $\{\boldsymbol{u}_1, \boldsymbol{u}_2, \cdots, \boldsymbol{u}_n\}$ が次の2つの条件を満たすときに V の基(き)，または基底という．

（1）　$\boldsymbol{u}_1, \boldsymbol{u}_2, \cdots, \boldsymbol{u}_n$ は1次独立である．

（2）　$\boldsymbol{u}_1, \boldsymbol{u}_2, \cdots, \boldsymbol{u}_n$ は V を生成する．

例2　$\boldsymbol{R}^n$ の基本ベクトル $\{\boldsymbol{e}_1, \boldsymbol{e}_2, \cdots, \boldsymbol{e}_n\}$ は $\boldsymbol{R}^n$ の基である．実際§4.2の例1より $\boldsymbol{e}_1, \boldsymbol{e}_2, \cdots, \boldsymbol{e}_n$ は1次独立であり，上の例1より $\boldsymbol{R}^n$ を生成しているからである．この $\boldsymbol{R}^n$ の基 $\{\boldsymbol{e}_1, \boldsymbol{e}_2, \cdots, \boldsymbol{e}_n\}$ を $\boldsymbol{R}^n$ の標準基という．

ベクトル空間の基は一般には1つではなく沢山存在する．しかし次の定理にみるように，各基を構成するベクトルの個数は一定である．

定理 4.4.1

ベクトル空間 V の基に含まれるベクトルの個数は，基の取り方によらず一定である．

証明　$\{\boldsymbol{u}_1, \boldsymbol{u}_2, \cdots, \boldsymbol{u}_m\}$ と $\{\boldsymbol{v}_1, \boldsymbol{v}_2, \cdots, \boldsymbol{v}_n\}$ が共に V の基であるとする．$\boldsymbol{v}_1, \boldsymbol{v}_2, \cdots, \boldsymbol{v}_n$ は V の元だから $\boldsymbol{u}_1, \boldsymbol{u}_2, \cdots, \boldsymbol{u}_m$ の1次結合で書ける．もし $n > m$ ならば定理4.2.3により $\boldsymbol{v}_1, \boldsymbol{v}_2, \cdots, \boldsymbol{v}_n$ は1次従属となり $\{\boldsymbol{v}_1, \boldsymbol{v}_2, \cdots, \boldsymbol{v}_n\}$ が基であることに矛盾する．よって $n \leqq m$ である．また $\{\boldsymbol{u}_1, \boldsymbol{u}_2, \cdots, \boldsymbol{u}_m\}$ と $\{\boldsymbol{v}_1, \boldsymbol{v}_2, \cdots, \boldsymbol{v}_n\}$ を取り替えると全く同様の議論で $m \leqq n$ であることがわかる．よって $m = n$ である．すなわち基に含まれるベクトルの個数は一定である．　終

ベクトル空間の次元　零ベクトルのみからなるベクトル空間を零 (ベクトル) 空間という．零空間および有限個のベクトルからなる基をもつベクトル空間を有限次元ベクトル空間という．このとき，Vの1組の基を構成するベクトルの個数をVの ($\boldsymbol{R}$上の) 次元といい，$\dim(V)$ とか $\dim_R(V)$ などと書く．ただし，Vが零空間であるときはVの次元は0, すなわち $\dim(V)=0$ とする. 定理 4.4.1 によりVの次元は基の取り方によらない.

例 3　$\boldsymbol{R}^n$ の基本ベクトルの集合 $\{\boldsymbol{e}_1, \boldsymbol{e}_2, \cdots, \boldsymbol{e}_n\}$ は $\boldsymbol{R}^n$ の基であるから

$$\dim(\boldsymbol{R}^n) = n.$$

例 4　$\boldsymbol{R}[x]_n$ の元 $1, x, \cdots, x^n$ は明らかに $\boldsymbol{R}[x]_n$ を生成し，§4.2 例 2 より，1 次独立である．よって，$\{1, x, \cdots, x^n\}$ は $\boldsymbol{R}[x]_n$ の基となる．従って

$$\dim(\boldsymbol{R}[x]_n) = n+1.$$

ベクトル空間の基とか次元といった概念は最初はわかりにくいものである. $\boldsymbol{R}^n$ のベクトルならば実数を並べたものであるから，連立 1 次方程式や行数の理論が使える．一方，関数の空間のように抽象的なベクトル空間はそのままでは取り扱いにくい．しかし，地図に緯度や経度の目盛りを入れれば位置がわかりやすいように，一般のベクトル空間にも “座標” を入れれば $\boldsymbol{R}^n$ と同様な取り扱いができて，行列の理論や計算を応用できる．その “座標系” の基本単位となるのがベクトル空間の基であり，次元とは “座標” を入れるのに必要なベクトルの個数のことである.

定理 4.4.2 ——— **次元と 1 次独立な最大個数**

ベクトル空間Vが有限次元である必要十分条件はVのベクトルの 1 次独立な最大個数が有限であることである．このとき

$$\dim(V) = V\text{のベクトルの 1 次独立な最大個数}.$$

証明　$\dim(V)=n$ とすると，Vにはn個のベクトルからなる基が存在する. Vの任意の $n+1$ 個以上のベクトルはこれらのn個のベクトルの 1 次結合で書けるから，定理 4.2.3 により，1 次従属である．従って，Vのベクトルの 1 次独立な最大個数はnである.

逆にVの 1 次独立な最大個数がnであるとし，$\boldsymbol{u}_1, \boldsymbol{u}_2, \cdots, \boldsymbol{u}_n$ が 1 次独立であるとする．Vの任意のベクトル $\boldsymbol{u}$ に対して $\boldsymbol{u}, \boldsymbol{u}_1, \boldsymbol{u}_2, \cdots, \boldsymbol{u}_n$ は 1 次従属であるから, 定理 4.2.2 により, $\boldsymbol{u}$ は $\boldsymbol{u}_1, \boldsymbol{u}_2, \cdots, \boldsymbol{u}_n$ の 1 次結合で書ける．よって $\{\boldsymbol{u}_1, \boldsymbol{u}_2, \cdots, \boldsymbol{u}_n\}$ はVの基となり $\dim(V)=n$ である.　終

例題 4.4.4

次の解空間の次元と 1 組の基を求めよ.

$$W = \left\{ \boldsymbol{x} \in \boldsymbol{R}^5 \;\middle|\; \begin{array}{l} x_1 - 2x_2 + \ \ x_3 + 2x_4 + 3x_5 = 0 \\ 2x_1 - 4x_2 + 3x_3 + 3x_4 + 8x_5 = 0 \end{array} \right\}$$

解答 右のように係数行列を簡約化して連立 1 次方程式を解くと

x_1	x_2	x_3	x_4	x_5	
1	−2	1	2	3	
2	−4	3	3	8	
1	−2	1	2	3	
0	0	1	−1	2	②+①×(−2)
1	−2	0	3	1	①+②×(−1)
0	0	1	−1	2	

$$(*)\quad \boldsymbol{x} = \begin{bmatrix} 2c_1 - 3c_2 - c_3 \\ c_1 \\ c_2 - 2c_3 \\ c_2 \\ c_3 \end{bmatrix}$$

$$= c_1 \begin{bmatrix} 2 \\ 1 \\ 0 \\ 0 \\ 0 \end{bmatrix} + c_2 \begin{bmatrix} -3 \\ 0 \\ 1 \\ 1 \\ 0 \end{bmatrix} + c_3 \begin{bmatrix} -1 \\ 0 \\ -2 \\ 0 \\ 1 \end{bmatrix} \qquad (c_1, c_2, c_3 \in \boldsymbol{R}).$$

ここで

$$\boldsymbol{a}_1 = \begin{bmatrix} 2 \\ 1 \\ 0 \\ 0 \\ 0 \end{bmatrix}, \quad \boldsymbol{a}_2 = \begin{bmatrix} -3 \\ 0 \\ 1 \\ 1 \\ 0 \end{bmatrix}, \quad \boldsymbol{a}_3 = \begin{bmatrix} -1 \\ 0 \\ -2 \\ 0 \\ 1 \end{bmatrix}$$

とおくと, (∗)より $\boldsymbol{a}_1, \boldsymbol{a}_2, \boldsymbol{a}_3$ は W を生成する. また明らかに 1 次独立である ($\boldsymbol{a}_1, \boldsymbol{a}_2, \boldsymbol{a}_3$ の色をつけた成分を見ればわかる). よって

$\dim(W) = 3$ で $\{\boldsymbol{a}_1, \boldsymbol{a}_2, \boldsymbol{a}_3\}$ が W の 1 組の基となる.

基本解 同次形の連立 1 次方程式の解空間の 1 組の基を, その連立 1 次方程式の基本解という.

例 5 例題 4.4.1 のベクトル $\boldsymbol{a}_1, \boldsymbol{a}_2, \boldsymbol{a}_3$ は連立 1 次方程式

$$\begin{cases} x_1 - 2x_2 + \ \ x_3 + 2x_4 + 3x_5 = 0 \\ 2x_1 - 4x_2 + 3x_3 + 3x_4 + 8x_5 = 0 \end{cases}$$

の基本解である.

解空間の次元 上の例題4.4.1の連立1次方程式の解空間の次元の計算を一般的に述べておこう．連立1次方程式

$$A\boldsymbol{x}=\boldsymbol{0} \quad (A : m\times n \text{ 行列})$$

の解空間を W とする．係数行列 A の簡約化を B とする．例題4.4.1でみたように W の次元は基本解の個数で，これは変数のうち任意にとれる個数に等しい．すなわち例題4.4.1や例題2.3.3でみたように，変数のうち B の各行の主成分を含まない列に対応する

$$n-\mathrm{rank}(A)$$

個の変数(例題4.4.1の場合は x_2, x_4, x_5)の値を自由に決めると残りの変数の値は決まってしまう．$n-\mathrm{rank}(A)$を**解の自由度**という．よって $\dim(W)=n-\mathrm{rank}(A)$が一般に成り立ち，次の定理を得る．

定理4.4.3

A は $m\times n$ 行列とする．同次形の連立1次方程式 $A\boldsymbol{x}=\boldsymbol{0}$ の解空間

$$W=\{\boldsymbol{x}\in\boldsymbol{R}^n \mid A\boldsymbol{x}=\boldsymbol{0}\}$$

の次元は次のように表される．

$$\dim(W)=n-\mathrm{rank}(A).$$

ベクトルの集合で生成される部分空間 ベクトル空間 V のベクトルで $\boldsymbol{u}_1, \boldsymbol{u}_2, \cdots, \boldsymbol{u}_t$ の1次結合全体のなす集合

$$W=\{c_1\boldsymbol{u}_1+c_2\boldsymbol{u}_2+\cdots+c_t\boldsymbol{u}_t \mid c_i\in\boldsymbol{R}\}$$

は V の部分空間である．この W を

$$\langle\boldsymbol{u}_1, \boldsymbol{u}_2, \cdots, \boldsymbol{u}_t\rangle_R \quad \text{あるいは} \quad \langle\boldsymbol{u}_1, \boldsymbol{u}_2, \cdots, \boldsymbol{u}_t\rangle$$

と書き，$\boldsymbol{u}_1, \boldsymbol{u}_2, \cdots, \boldsymbol{u}_t$ で生成される V の部分空間という．定理4.4.2とその証明より次の定理を得る．

定理4.4.4

$$\dim(\langle\boldsymbol{u}_1, \boldsymbol{u}_2, \cdots, \boldsymbol{u}_t\rangle_R)=\boldsymbol{u}_1, \boldsymbol{u}_2, \cdots, \boldsymbol{u}_t \text{ の1次独立な最大個数}$$

例6 $\boldsymbol{R}^3$ のベクトル $\boldsymbol{a}_1=\begin{bmatrix}1\\1\\0\end{bmatrix}$，$\boldsymbol{a}_2=\begin{bmatrix}2\\2\\1\end{bmatrix}$，$\boldsymbol{a}_3=\begin{bmatrix}-1\\-1\\2\end{bmatrix}$ で生成される $\boldsymbol{R}^3$ の部分空間 $W=\langle\boldsymbol{a}_1, \boldsymbol{a}_2, \boldsymbol{a}_3\rangle_R$ を考える．$\boldsymbol{a}_1, \boldsymbol{a}_2, \boldsymbol{a}_3$ の1次独立な最大個数は2であるから，$\dim(W)=2$ である．

ベクトル空間 V の次元がわかっているとき，ベクトルの集合が基となるには条件の一方が成り立てばよい．すなわち $\dim(V)=n$ であるとき n 個のベクトルが V の基になるためには，次のように1次独立であるか，V を生成するか，いずれか一方が成り立てばよい．

定理 4.4.5

$\dim(V)=n$ とする．V の n 個のベクトル $\boldsymbol{v}_1, \boldsymbol{v}_2, \cdots, \boldsymbol{v}_n$ について，次の3条件は同値である．

(1) $\{\boldsymbol{v}_1, \boldsymbol{v}_2, \cdots, \boldsymbol{v}_n\}$ は V の基である．

(2) $\boldsymbol{v}_1, \boldsymbol{v}_2, \cdots, \boldsymbol{v}_n$ は1次独立である．

(3) $\boldsymbol{v}_1, \boldsymbol{v}_2, \cdots, \boldsymbol{v}_n$ は V を生成する．

証明 条件の(2)と(3)を合わせたものが条件(1)であるから，(1)⇒(2)，(1)⇒(3)は自明である．したがって，(2)⇔(3)を示せばよい．

(2)⇒(3) $\boldsymbol{u}$ を V の任意のベクトルとする．定理4.4.2により

$$\dim(V)=V\text{のベクトルの1次独立な最大個数}$$

であるから，$\boldsymbol{u}, \boldsymbol{v}_1, \boldsymbol{v}_2, \cdots, \boldsymbol{v}_n$ は1次従属である．よって定理4.2.2により，$\boldsymbol{u}$ は $\boldsymbol{v}_1, \boldsymbol{v}_2, \cdots, \boldsymbol{v}_n$ の1次結合で書ける．

(3)⇒(2) $\boldsymbol{v}_1, \boldsymbol{v}_2, \cdots, \boldsymbol{v}_n$ は V を生成するから

$$V=<\boldsymbol{v}_1, \boldsymbol{v}_2, \cdots, \boldsymbol{v}_n>_{\boldsymbol{R}}$$

である．よって定理4.4.4により

$$n=\dim(V)=\boldsymbol{v}_1, \boldsymbol{v}_2, \cdots, \boldsymbol{v}_n\text{の1次独立な最大個数}$$

であるから，$\boldsymbol{v}_1, \boldsymbol{v}_2, \cdots, \boldsymbol{v}_n$ が1次独立であることが示された． 終

例7 $\dim \boldsymbol{R}^3=3$ で，次の3個のベクトルは1次独立だから $\boldsymbol{R}^3$ の1組の基である．

$$\left\{\begin{bmatrix}1\\1\\1\end{bmatrix}, \begin{bmatrix}0\\1\\1\end{bmatrix}, \begin{bmatrix}0\\0\\1\end{bmatrix}\right\}.$$

例8 $\dim \boldsymbol{R}[x]_2=3$ で，$\boldsymbol{R}[x]_2$ の3個のベクトル $x+x^2$，$1-x^2$，x を考えると

$$a+bx+cx^2=(a+c)(x+x^2)+a(1-x^2)+(-a+b-c)x$$

となるから，$\boldsymbol{R}[x]_2$ を生成する．よって，$\{x+x^2, 1-x^2, x\}$ は $\boldsymbol{R}[x]_2$ の基である．

問題4.4

1. 次のベクトル空間 W の次元と1組の基を求めよ.

(1) $W=\left\{\boldsymbol{x}\in\boldsymbol{R}^5 \;\middle|\; \begin{bmatrix} 1 & 1 & 1 & 1 & 1 \\ 1 & -1 & 1 & 0 & 2 \\ 2 & 1 & 2 & -1 & 5 \end{bmatrix}\boldsymbol{x}=\boldsymbol{0}\right\}$

(2) $W=\left\{\boldsymbol{x}\in\boldsymbol{R}^5 \;\middle|\; \begin{bmatrix} 2 & 0 & -1 & 3 & 4 \\ 1 & 2 & 3 & 1 & -5 \\ 3 & 1 & 4 & -7 & 10 \end{bmatrix}\boldsymbol{x}=\boldsymbol{0}\right\}$

(3) $W=\left\{\boldsymbol{x}\in\boldsymbol{R}^3 \;\middle|\; \begin{array}{r} x_1+2x_2-\ x_3=0 \\ 3x_1-3x_2+2x_3=0 \end{array}\right\}$

(4) $W=\left\{\boldsymbol{x}\in\boldsymbol{R}^4 \;\middle|\; \begin{array}{r} x_1+x_2-\ x_3+x_4=0 \\ 3x_1+x_2+2x_3-x_4=0 \end{array}\right\}$

(5) $W=\{f(x)\in\boldsymbol{R}[x]_3 \mid f(1)=0,\ f'(1)=0\}$

(6) $W=\{f(x)\in\boldsymbol{R}[x]_3 \mid f(1)=0,\ f(-1)=0\}$

2. $V=\boldsymbol{R}[x]_2$ の次のベクトルの組 $\{f_1(x), f_2(x), f_3(x)\}$ は V の基であることを示せ.

$$f_1(x)=1-x+x^2,\quad f_2(x)=-1+2x+2x^2,\quad f_3(x)=1-2x-x^2$$

3. $\{\boldsymbol{u}_1, \boldsymbol{u}_2, \boldsymbol{u}_3\}$ がベクトル空間 V の基であるとき, 次のベクトルの組 $\{\boldsymbol{v}_1,\ \boldsymbol{v}_2,\ \boldsymbol{v}_3\}$ は V の基となるか調べよ.

(1) $\boldsymbol{v}_1=2\boldsymbol{u}_1+\boldsymbol{u}_2-\boldsymbol{u}_3,\ \ \boldsymbol{v}_2=\boldsymbol{u}_1+2\boldsymbol{u}_2+\boldsymbol{u}_3,\ \ \boldsymbol{v}_3=\boldsymbol{u}_1+\boldsymbol{u}_2+\boldsymbol{u}_3$

(2) $\boldsymbol{v}_1=\boldsymbol{u}_1-\boldsymbol{u}_2+\boldsymbol{u}_3,\ \ \boldsymbol{v}_2=-\boldsymbol{u}_1+3\boldsymbol{u}_2-\boldsymbol{u}_3,\ \ \boldsymbol{v}_3=\boldsymbol{u}_1+\boldsymbol{u}_3$

4. 次の V のベクトルは1次独立であることを示し, それを含む V の1組の基を求めよ.

(1) $V=\boldsymbol{R}^3$; $\boldsymbol{a}_1=\begin{bmatrix} 1 \\ 2 \\ 1 \end{bmatrix},\ \boldsymbol{a}_2=\begin{bmatrix} 0 \\ 2 \\ 1 \end{bmatrix}$

(2) $V=\boldsymbol{R}[x]_3$;
$f_1=1+x+3x^2,$
$f_2=1+2x+3x^2$

5. $\dim(V)=n$ とする. V のベクトル $\boldsymbol{v}_1, \cdots, \boldsymbol{v}_r\ (r<n)$ が1次独立ならば $\boldsymbol{v}_1, \cdots, \boldsymbol{v}_r$ を含む V の基が存在することを示せ.

6. V が有限次元ベクトル空間で W が V の部分空間であるとき, 次を示せ.

(1) $\dim(W)\leqq\dim(V)$　　(2) $\dim(W)=\dim(V)$ ならば $W=V$

7. $\{\boldsymbol{u}_1, \cdots, \boldsymbol{u}_n\}$ がベクトル空間の基で $(\boldsymbol{v}_1, \cdots, \boldsymbol{v}_n)=(\boldsymbol{u}_1, \cdots, \boldsymbol{u}_n)A$ のとき, $\{\boldsymbol{v}_1, \cdots, \boldsymbol{v}_n\}$ が V の基となる必要十分条件は, A が正則であることを示せ.

5 線形写像

5.1 線形写像

実数全体の集合 $\boldsymbol{R}$ 上で定義された関数のうち最も簡単なものは

$$f(x)=ax$$

で定義される比例式である．これを多変数に拡張したものが次に述べる線形写像である．

線形写像 U, V を $\boldsymbol{R}$ 上のベクトル空間とする．U から V への写像 T が ($\boldsymbol{R}$ 上の)線形写像であるとは，次の(1)，(2)を満たすときにいう．

（1） $T(\boldsymbol{u}+\boldsymbol{v})=T(\boldsymbol{u})+T(\boldsymbol{v}) \qquad (\boldsymbol{u}, \boldsymbol{v}\in U)$,

（2） $T(c\boldsymbol{u})=cT(\boldsymbol{u}) \qquad (\boldsymbol{u}\in U,\ c\in \boldsymbol{R})$.

線形写像は U の零ベクトルを V の零ベクトルにうつす．実際

$$T(\boldsymbol{0}_U)=T(0\cdot\boldsymbol{0}_U)=0\cdot T(\boldsymbol{0}_U)=\boldsymbol{0}_V$$

である．線形写像は1次写像ともいう．U の全てのベクトルを V の零ベクトルにうつす線形写像を零写像といい，O で表す．

最初に述べた $\boldsymbol{R}$ 上の関数 $f(x)=ax$ は $\boldsymbol{R}$ から $\boldsymbol{R}$ への線形写像であることは直ちに確かめられる．この f は次の例1の特別な場合である．

例1　A が $m\times n$ 行列であるとき $\boldsymbol{R}^n$ から $\boldsymbol{R}^m$ への写像 T_A を

$$T_A(\boldsymbol{x})=A\boldsymbol{x} \qquad (\boldsymbol{x}\in \boldsymbol{R}^n)$$

で定義すると，T_A は線形写像である．実際

$$T_A(\boldsymbol{x}+\boldsymbol{y})=A(\boldsymbol{x}+\boldsymbol{y})=A\boldsymbol{x}+A\boldsymbol{y}=T_A(\boldsymbol{x})+T_A(\boldsymbol{y}) \quad (\boldsymbol{x}, \boldsymbol{y}\in \boldsymbol{R}^n),$$

$$T_A(c\boldsymbol{x})=A(c\boldsymbol{x})=cA\boldsymbol{x}=cT_A(\boldsymbol{x}) \qquad (\boldsymbol{x}\in \boldsymbol{R}^n,\ c\in \boldsymbol{R})$$

となり線形写像の定義の(1)，(2)を満たすことが示される．

線形写像の像と核　T がベクトル空間 U から V への線形写像のとき

$$\mathrm{Im}(T)=\{T(\boldsymbol{u})\mid \boldsymbol{u}\in U\}$$

とおき，T の像という．T の像は $T(U)$ とも書く．また

$$\mathrm{Ker}(T)=\{\boldsymbol{u}\in U\mid T(\boldsymbol{u})=\boldsymbol{0}_V\}$$

とおき，T の核という．

定理 5.1.1

T はベクトル空間 U から V への線形写像とする．

（1）　T の像 $\mathrm{Im}(T)$ は V の部分空間である．

（2）　T の核 $\mathrm{Ker}(T)$ は U の部分空間である．

証明　問題 5.1-1.

以下 U，V は有限次元ベクトル空間とする．

線形写像の階数と退化次数　T が U から V への線形写像であるとき

$$\mathrm{rank}(T)=\dim(\mathrm{Im}(T)),$$
$$\mathrm{null}(T)=\dim(\mathrm{Ker}(T))$$

と書き，各々 T の階数，T の退化次数という．

例 2　A を $m\times n$ 行列，T_A を例 1 で定義した $\boldsymbol{R}^n$ から $\boldsymbol{R}^m$ への線形写像とすると $T_A(\boldsymbol{x})=A\boldsymbol{x}$ であるから

$$\mathrm{Ker}(T_A)=\{\boldsymbol{x}\in\boldsymbol{R}^n\mid A\boldsymbol{x}=\boldsymbol{0}\}.$$

すなわち $\mathrm{Ker}(T_A)$ は連立 1 次方程式 $A\boldsymbol{x}=\boldsymbol{0}$ の解空間に他ならない．よって定理 4.4.3 より

$$\mathrm{null}(T_A)=n-\mathrm{rank}(A).$$

次に行列 A を $A=[\boldsymbol{a}_1\ \ \boldsymbol{a}_2\ \ \cdots\ \ \boldsymbol{a}_n]$ と列ベクトルで表すと

$$\begin{aligned}\mathrm{Im}(T_A)&=\{A\boldsymbol{x}\mid \boldsymbol{x}\in\boldsymbol{R}^n\}\\&=\{x_1\boldsymbol{a}_1+x_2\boldsymbol{a}_2+\cdots+x_n\boldsymbol{a}_n\mid x_1,\cdots,x_n\in\boldsymbol{R}\}\end{aligned}$$

となるから $\mathrm{Im}(T_A)$ は A の列ベクトルで生成される $\boldsymbol{R}^m$ の部分空間である．よって定理 4.3.3 と定理 4.4.4 により

$$\mathrm{rank}(T_A)=\mathrm{rank}(A)$$

である．すなわち

$$\mathrm{null}(T_A)+\mathrm{rank}(T_A)=n\,.$$

この例からわかるように，次の定理は定理 4.4.3の一般化である．

定理 5.1.2

U, Vがベクトル空間，TがUからVへの線形写像とすると

$$\mathrm{null}(T)+\mathrm{rank}(T)=\dim(U).$$

証明 $r=\mathrm{null}(T)$, $s=\mathrm{rank}(T)$とおく．$\mathrm{Ker}(T)$の1組の基を$\{\boldsymbol{u}_1, \cdots, \boldsymbol{u}_r\}$, $\mathrm{Im}(T)$の1組の基を$\{\boldsymbol{v}_1, \cdots, \boldsymbol{v}_s\}$とし，$U$のベクトル$\boldsymbol{u}_{r+1}, \cdots, \boldsymbol{u}_{r+s}$を

$$T(\boldsymbol{u}_{r+1})=\boldsymbol{v}_1,\quad T(\boldsymbol{u}_{r+2})=\boldsymbol{v}_2,\quad \cdots,\quad T(\boldsymbol{u}_{r+s})=\boldsymbol{v}_s$$

となるようにとる．これらの$r+s$個のベクトルの組

$$\{\boldsymbol{u}_1, \boldsymbol{u}_2, \cdots, \boldsymbol{u}_r, \boldsymbol{u}_{r+1}, \boldsymbol{u}_{r+2}, \cdots, \boldsymbol{u}_{r+s}\}$$

がUの基となることを示せばよい．

Uを生成すること $\boldsymbol{u}$をUの任意のベクトルとする．$T(\boldsymbol{u})\in \mathrm{Im}(T)$だから

$$T(\boldsymbol{u})=b_1\boldsymbol{v}_1+\cdots+b_s\boldsymbol{v}_s \qquad (b_i\in\boldsymbol{R})$$

と書ける．さて

$$\begin{aligned}&T(\boldsymbol{u}-b_1\boldsymbol{u}_{r+1}-\cdots-b_s\boldsymbol{u}_{r+s})\\&=b_1\boldsymbol{v}_1+\cdots+b_s\boldsymbol{v}_s-(b_1\boldsymbol{v}_1+\cdots+b_s\boldsymbol{v}_s)=\boldsymbol{0}.\end{aligned}$$

よって$\boldsymbol{u}-b_1\boldsymbol{u}_{r+1}-\cdots-b_s\boldsymbol{u}_{r+s}\in \mathrm{Ker}(T)$である．ゆえに

$$\boldsymbol{u}-b_1\boldsymbol{u}_{r+1}-\cdots-b_s\boldsymbol{u}_{r+s}=a_1\boldsymbol{u}_1+\cdots+a_r\boldsymbol{u}_r \qquad (a_i\in\boldsymbol{R})$$

と書くことができる．よって

$$\boldsymbol{u}=a_1\boldsymbol{u}_1+\cdots+a_r\boldsymbol{u}_r+b_1\boldsymbol{u}_{r+1}+\cdots+b_s\boldsymbol{u}_{r+s}$$

となるのでUが$\boldsymbol{u}_1, \cdots, \boldsymbol{u}_r, \boldsymbol{u}_{r+1}, \cdots, \boldsymbol{u}_{r+s}$で生成されることがわかる．

1次独立であること $\boldsymbol{u}_1, \cdots, \boldsymbol{u}_r, \boldsymbol{u}_{r+1}, \cdots, \boldsymbol{u}_{r+s}$の1次関係を

$$a_1\boldsymbol{u}_1+\cdots+a_r\boldsymbol{u}_r+b_1\boldsymbol{u}_{r+1}+\cdots+b_s\boldsymbol{u}_{r+s}=\boldsymbol{0} \qquad (a_i, b_j\in\boldsymbol{R})$$

とおく．両辺にTを施すと，$T(\boldsymbol{u}_i)=\boldsymbol{0}$ $(1\leqq i\leqq r)$だから

$$b_1T(\boldsymbol{u}_{r+1})+\cdots+b_sT(\boldsymbol{u}_{r+s})=\boldsymbol{0}.$$

よって

$$b_1\boldsymbol{v}_1+\cdots+b_s\boldsymbol{v}_s=\boldsymbol{0}.$$

$\boldsymbol{v}_1, \cdots, \boldsymbol{v}_s$は1次独立だから$b_1=\cdots=b_s=0$．よって

$$a_1\boldsymbol{u}_1+\cdots+a_r\boldsymbol{u}_r=\boldsymbol{0}.$$

$\boldsymbol{u}_1, \cdots, \boldsymbol{u}_r$は1次独立だから$a_1=\cdots=a_r=0$となる．すなわち$\boldsymbol{u}_1, \cdots, \boldsymbol{u}_r, \boldsymbol{u}_{r+1}, \cdots, \boldsymbol{u}_{r+s}$の1次関係は自明なものしかないので1次独立である． 終

例題 5.1.1

次の線形写像 T に対し　(1) T の退化次数と $\mathrm{Ker}(T)$ の1組の基，(2) T の階数と $\mathrm{Im}(T)$ の1組の基を求めよ．

$$T:\boldsymbol{R}^5\to\boldsymbol{R}^3,\quad T(\boldsymbol{x})=\begin{bmatrix}2&-1&1&5&0\\1&3&4&-1&7\\1&0&1&2&1\end{bmatrix}\boldsymbol{x}.$$

解答　(1)　$\mathrm{Ker}(T)=\{\boldsymbol{x}\in\boldsymbol{R}^5\mid T(\boldsymbol{x})=\boldsymbol{0}\}$であるから

$$A=\begin{bmatrix}2&-1&1&5&0\\1&3&4&-1&7\\1&0&1&2&1\end{bmatrix}$$

とおくと，$\mathrm{Ker}(T)$は $A\boldsymbol{x}=\boldsymbol{0}$ の解空間に他ならない．A を簡約化すると

$$A=\begin{bmatrix}2&-1&1&5&0\\1&3&4&-1&7\\1&0&1&2&1\end{bmatrix}\to B=\begin{bmatrix}1&0&1&2&1\\0&1&1&-1&2\\0&0&0&0&0\end{bmatrix}.$$

$\mathrm{null}(T)=\dim(\mathrm{Ker}(T))$であるから，例題 4.4.1 と同様にして

$$\mathrm{null}(T)=3 \quad \text{で}\mathrm{Ker}(T)\text{の基として}\left\{\begin{bmatrix}-1\\-1\\1\\0\\0\end{bmatrix},\begin{bmatrix}-2\\1\\0\\1\\0\end{bmatrix},\begin{bmatrix}-1\\-2\\0\\0\\1\end{bmatrix}\right\}\text{が取れる．}$$

(2)　$\mathrm{Im}(T)=\{T(\boldsymbol{x})\mid\boldsymbol{x}\in\boldsymbol{R}^5\}$であるから，$\mathrm{Im}(T)$は A の列ベクトルで生成される $\boldsymbol{R}^3$ の部分空間である．よって $\mathrm{rank}(T)$ $(=\mathrm{Im}(T)$の次元) は A の列ベクトルの1次独立な最大個数であり，1次独立な最大個数を与える A の列ベクトルの組は $\mathrm{Im}(T)$の1組の基である．A の簡約化 B を見ればわかるように A の列ベクトルのうち第1列と第2列は1次独立で，A の他の列ベクトルはこの2つの列ベクトルの1次結合で書ける（例題 4.3.1 参照）．よって

$$\mathrm{rank}(T)=2 \quad \text{であり}\mathrm{Im}(T)\text{の基として}\left\{\begin{bmatrix}2\\1\\1\end{bmatrix},\begin{bmatrix}-1\\3\\0\end{bmatrix}\right\}\text{が取れる．}$$

問題 5.1

1. T はベクトル空間 U から V への線形写像とする.

(1) $\mathrm{Im}(T)$ は V の部分空間であることを示せ.

(2) $\mathrm{Ker}(T)$ は U の部分空間であることを示せ.

2. 次の写像は線形写像かどうか調べよ.

(1) $T(\boldsymbol{x})=\begin{bmatrix} 2x_1+x_2 \\ x_1-5x_2 \end{bmatrix}: \boldsymbol{R}^2 \to \boldsymbol{R}^2$

(2) $T(\boldsymbol{x})=\begin{bmatrix} x_1+x_2+2 \\ 2x_1+3x_2-1 \end{bmatrix}: \boldsymbol{R}^2 \to \boldsymbol{R}^2$

(3) $T(\boldsymbol{x})=\begin{bmatrix} 3x_1-x_2+2x_3 \\ x_1+3x_2-x_3 \end{bmatrix}: \boldsymbol{R}^3 \to \boldsymbol{R}^2$

(4) $T(f(x))=2f'(x)+3f(x): \boldsymbol{R}[x]_3 \to \boldsymbol{R}[x]_3$

3. 次の線形写像 T について, (i), (ii)を求めよ.

(i) $\mathrm{null}(T)$ と $\mathrm{Ker}(T)$ の1組の基 (ii) $\mathrm{rank}(T)$ と $\mathrm{Im}(T)$ の1組の基

(1) $T(\boldsymbol{x})=\begin{bmatrix} 2 & 4 & 3 & 1 \\ 0 & 0 & 1 & 1 \\ 1 & 2 & 1 & 0 \end{bmatrix}\boldsymbol{x}: \boldsymbol{R}^4 \to \boldsymbol{R}^3$

(2) $T(\boldsymbol{x})=\begin{bmatrix} 1 & -2 & 1 & 0 & 0 \\ 1 & -2 & 1 & 0 & 1 \\ -2 & 4 & -2 & 0 & 2 \\ 1 & -1 & 2 & 1 & 1 \end{bmatrix}\boldsymbol{x}: \boldsymbol{R}^5 \to \boldsymbol{R}^4$

(3) $T(\boldsymbol{x})=\begin{bmatrix} 0 & 1 & 1 & 1 & 3 \\ -1 & -2 & -5 & -1 & -4 \\ 1 & 1 & 4 & 0 & 1 \\ 1 & -1 & 2 & -2 & -5 \end{bmatrix}\boldsymbol{x}: \boldsymbol{R}^5 \to \boldsymbol{R}^4$

4. $\boldsymbol{R}^n$ から $\boldsymbol{R}^m$ への線形写像 T は適当な $m\times n$ 行列 A によって

$$T(\boldsymbol{x})=A\boldsymbol{x}$$

と書けることを示せ.

5.2 線形写像の表現行列

一般の線形写像にも行列の理論を適用するために，線形写像と行列を結びつける．

表現行列 T がベクトル空間 U から V への線形写像とする．U の基 $\{\boldsymbol{u}_1, \cdots, \boldsymbol{u}_n\}$，$V$ の基 $\{\boldsymbol{v}_1, \cdots, \boldsymbol{v}_m\}$ を決めておく．$T(\boldsymbol{u}_1), \cdots, T(\boldsymbol{u}_n)$ は V のベクトルであるから，$\boldsymbol{v}_1, \cdots, \boldsymbol{v}_m$ の１次結合で書ける．これを行列を用いて

$$(T(\boldsymbol{u}_1), \cdots, T(\boldsymbol{u}_n))=(\boldsymbol{v}_1, \cdots, \boldsymbol{v}_m)A \quad (A : m\times n \text{ 行列})$$

と表したとき，行列 A を U の基 $\{\boldsymbol{u}_1, \cdots, \boldsymbol{u}_n\}$，$V$ の基 $\{\boldsymbol{v}_1, \cdots, \boldsymbol{v}_m\}$ に関する T の表現行列であるという．

例 1　T を $U=\boldsymbol{R}^2$ から $V=\boldsymbol{R}^3$ への線形写像で

$$T(\boldsymbol{x})=\begin{bmatrix} 2 & 1 \\ 1 & 0 \\ 4 & 3 \end{bmatrix}\boldsymbol{x}$$

で定義されるものとする．$\boldsymbol{R}^2$，$\boldsymbol{R}^3$ の基として標準的なもの，すなわち $\boldsymbol{R}^2$ の基として $\left\{\boldsymbol{e}_1=\begin{bmatrix} 1 \\ 0 \end{bmatrix}, \boldsymbol{e}_2=\begin{bmatrix} 0 \\ 1 \end{bmatrix}\right\}$，$\boldsymbol{R}^3$ の基として

$$\left\{\boldsymbol{e}'_1=\begin{bmatrix} 1 \\ 0 \\ 0 \end{bmatrix}, \boldsymbol{e}'_2=\begin{bmatrix} 0 \\ 1 \\ 0 \end{bmatrix}, \boldsymbol{e}'_3=\begin{bmatrix} 0 \\ 0 \\ 1 \end{bmatrix}\right\}$$

をとると

$$T(\boldsymbol{e}_1)=\begin{bmatrix} 2 \\ 1 \\ 4 \end{bmatrix}=2\boldsymbol{e}'_1+\boldsymbol{e}'_2+4\boldsymbol{e}'_3, \quad T(\boldsymbol{e}_2)=\begin{bmatrix} 1 \\ 0 \\ 3 \end{bmatrix}=\boldsymbol{e}'_1+3\boldsymbol{e}'_3$$

であるから

$$(T(\boldsymbol{e}_1), \ T(\boldsymbol{e}_2))=(\boldsymbol{e}'_1, \boldsymbol{e}'_2, \boldsymbol{e}'_3)\begin{bmatrix} 2 & 1 \\ 1 & 0 \\ 4 & 3 \end{bmatrix}.$$

よって標準基に関する T の表現行列は $A=\begin{bmatrix} 2 & 1 \\ 1 & 0 \\ 4 & 3 \end{bmatrix}$.

例 1 は線形写像 $T=T_A$ についてはベクトル空間の基として標準基をとれば表現行列は A に一致することを示している. 次に一般的な基に関する表現行列を求めよう.

表現行列と基の変換行列　T がベクトル空間 U から V への線形写像とする. $\dim(U)=n$, $\dim(V)=m$ とし U, V の基としてつぎのようなものをとる.

$$U \text{ の基として}\quad \{\boldsymbol{u}_1, \cdots, \boldsymbol{u}_n\},\ \{\boldsymbol{u}'_1, \cdots, \boldsymbol{u}'_n\}$$
$$V \text{ の基として}\quad \{\boldsymbol{v}_1, \cdots, \boldsymbol{v}_m\},\ \{\boldsymbol{v}'_1, \cdots, \boldsymbol{v}'_m\}$$

U と V の各々2つの基の間の関係を

$$(\boldsymbol{u}'_1, \cdots, \boldsymbol{u}'_n)=(\boldsymbol{u}_1, \cdots, \boldsymbol{u}_n)P,\ (\boldsymbol{v}'_1, \cdots, \boldsymbol{v}'_m)=(\boldsymbol{v}_1, \cdots, \boldsymbol{v}_m)Q$$

と表す. 定理 4.3.6(2)より P, Q は正則行列である. 行列 P, Q を基の変換行列という.

定理 5.2.1

> T をベクトル空間 U から V への線形写像とする. 上の記号の下に
>
> T の $\{\boldsymbol{u}_1, \cdots, \boldsymbol{u}_n\}$, $\{\boldsymbol{v}_1, \cdots, \boldsymbol{v}_m\}$ に関する表現行列を A,
>
> T の $\{\boldsymbol{u}'_1, \cdots, \boldsymbol{u}'_n\}$, $\{\boldsymbol{v}'_1, \cdots, \boldsymbol{v}'_m\}$ に関する表現行列を B
>
> とすると
>
> $$B=Q^{-1}AP.$$

証明　$P=[p_{ij}]_{n\times n}$ とおくと, T の線形性と表現行列 A の定義より

$$\begin{aligned}
&(T(\boldsymbol{u}'_1), \cdots, T(\boldsymbol{u}'_n))\\
&=(T(p_{11}\boldsymbol{u}_1+\cdots+p_{n1}\boldsymbol{u}_n), \cdots, T(p_{1n}\boldsymbol{u}_1+\cdots+p_{nn}\boldsymbol{u}_n))\\
&=(p_{11}T(\boldsymbol{u}_1)+\cdots+p_{n1}T(\boldsymbol{u}_n), \cdots, p_{1n}T(\boldsymbol{u}_1)+\cdots+p_{nn}T(\boldsymbol{u}_n))\\
&=(T(\boldsymbol{u}_1), \cdots, T(\boldsymbol{u}_n))P\\
&=(\boldsymbol{v}_1, \cdots, \boldsymbol{v}_m)AP.
\end{aligned}$$

一方, 表現行列 B と基の変換行列 Q の定義により

$$(T(\boldsymbol{u}'_1), \cdots, T(\boldsymbol{u}'_n))=(\boldsymbol{v}'_1, \cdots, \boldsymbol{v}'_m)B=(\boldsymbol{v}_1, \cdots, \boldsymbol{v}_m)QB$$

となるから

$$(\boldsymbol{v}_1, \cdots, \boldsymbol{v}_m)AP=(\boldsymbol{v}_1, \cdots, \boldsymbol{v}_m)QB.$$

$\boldsymbol{v}_1, \cdots, \boldsymbol{v}_m$ は 1 次独立だから定理 4.2.5 により $AP=QB$. よって

$$B=Q^{-1}AP.$$

終

例題 5.2.1

$U=\boldsymbol{R}^3$, $V=\boldsymbol{R}^2$ とし U から V への線形写像を

$$T(\boldsymbol{x})=\begin{bmatrix}2 & 4 & 1\\ 1 & -1 & 0\end{bmatrix}\boldsymbol{x}\quad(\boldsymbol{x}\in U)$$

と定義する．U と V の次の与えられた基に関する T の表現行列 B を求めよ．

$$U\text{ の基}\left\{\boldsymbol{a}_1=\begin{bmatrix}2\\0\\3\end{bmatrix},\ \boldsymbol{a}_2=\begin{bmatrix}0\\1\\1\end{bmatrix},\ \boldsymbol{a}_3=\begin{bmatrix}1\\0\\1\end{bmatrix}\right\},$$

$$V\text{ の基}\left\{\boldsymbol{b}_1=\begin{bmatrix}1\\1\end{bmatrix},\ \boldsymbol{b}_2=\begin{bmatrix}2\\3\end{bmatrix}\right\}.$$

解答　U の標準基 $\{\boldsymbol{e}_1, \boldsymbol{e}_2, \boldsymbol{e}_3\}$, V の標準基 $\{\boldsymbol{e}_1', \boldsymbol{e}_2'\}$ に関する T の表現行列は

$$A=\begin{bmatrix}2 & 4 & 1\\ 1 & -1 & 0\end{bmatrix}$$

である．また基を取り替えると

$$(\boldsymbol{a}_1, \boldsymbol{a}_2, \boldsymbol{a}_3)=(\boldsymbol{e}_1, \boldsymbol{e}_2, \boldsymbol{e}_3)P,\quad P=\begin{bmatrix}2 & 0 & 1\\ 0 & 1 & 0\\ 3 & 1 & 1\end{bmatrix},$$

$$(\boldsymbol{b}_1, \boldsymbol{b}_2)=(\boldsymbol{e}_1', \boldsymbol{e}_2')Q,\quad Q=\begin{bmatrix}1 & 2\\ 1 & 3\end{bmatrix}$$

となるから

$$B=Q^{-1}AP=\begin{bmatrix}3 & -2\\ -1 & 1\end{bmatrix}\begin{bmatrix}2 & 4 & 1\\ 1 & -1 & 0\end{bmatrix}\begin{bmatrix}2 & 0 & 1\\ 0 & 1 & 0\\ 3 & 1 & 1\end{bmatrix}$$

$$=\begin{bmatrix}17 & 17 & 7\\ -5 & -6 & -2\end{bmatrix}.$$

線形変換　特にベクトル空間 U から自分自身への線形写像を U の線形変換という．U の線形変換 T の，U の基 $\{\boldsymbol{u}_1, \cdots, \boldsymbol{u}_n\}$ に関する表現行列 A を

$$(T(\boldsymbol{u}_1), \cdots, T(\boldsymbol{u}_n))=(\boldsymbol{u}_1, \cdots, \boldsymbol{u}_n)A$$

で定義する．定理 5.2.1 において

$$V=U,\ \{\boldsymbol{v}_1, \cdots, \boldsymbol{v}_m\}=\{\boldsymbol{u}_1, \cdots, \boldsymbol{u}_n\},\ \{\boldsymbol{v}'_1, \cdots, \boldsymbol{v}'_m\}=\{\boldsymbol{u}'_1, \cdots, \boldsymbol{u}'_n\}$$

として，次の定理を得る．

定理 5.2.2

ベクトル空間 U の 2 組の基を $\{\boldsymbol{u}_1, \cdots, \boldsymbol{u}_n\}$, $\{\boldsymbol{u}'_1, \cdots, \boldsymbol{u}'_n\}$ とし基の変換行列を P とする．すなわち

$$(\boldsymbol{u}'_1, \cdots, \boldsymbol{u}'_n)=(\boldsymbol{u}_1, \cdots, \boldsymbol{u}_n)P$$

とする．U の線形変換 T の $\{\boldsymbol{u}_1, \cdots, \boldsymbol{u}_n\}$ に関する表現行列を A,
$\{\boldsymbol{u}'_1, \cdots, \boldsymbol{u}'_n\}$ に関する表現行列を B とすると

$$B=P^{-1}AP.$$

例題 5.2.2

$\boldsymbol{R}^2$ の線形変換 $T(\boldsymbol{x})=\begin{bmatrix} 7 & -6 \\ 3 & -2 \end{bmatrix}\boldsymbol{x}$ の次の $\boldsymbol{R}^2$ の基に関する表現行列 B を求めよ．

$$\left\{\boldsymbol{u}_1=\begin{bmatrix} 1 \\ 1 \end{bmatrix},\ \boldsymbol{u}_2=\begin{bmatrix} 2 \\ 1 \end{bmatrix}\right\}$$

解答　$\boldsymbol{R}^2$ の標準基 $\{\boldsymbol{e}_1, \boldsymbol{e}_2\}$ に関する T の表現行列は，$A=\begin{bmatrix} 7 & -6 \\ 3 & -2 \end{bmatrix}$ である．また $(\boldsymbol{u}_1, \boldsymbol{u}_2)=(\boldsymbol{e}_1, \boldsymbol{e}_2)P$ で与えられる $\{\boldsymbol{u}_1, \boldsymbol{u}_2\}$ の $\{\boldsymbol{e}_1, \boldsymbol{e}_2\}$ に関する基の変換行列は $P=\begin{bmatrix} 1 & 2 \\ 1 & 1 \end{bmatrix}$ で与えられる．$P^{-1}=\begin{bmatrix} -1 & 2 \\ 1 & -1 \end{bmatrix}$ であるから

$$B=P^{-1}AP=\begin{bmatrix} -1 & 2 \\ 1 & -1 \end{bmatrix}\begin{bmatrix} 7 & -6 \\ 3 & -2 \end{bmatrix}\begin{bmatrix} 1 & 2 \\ 1 & 1 \end{bmatrix}$$

$$=\begin{bmatrix} 1 & 0 \\ 0 & 4 \end{bmatrix}.$$

例題 5.2.3

ベクトル空間 $\boldsymbol{R}[x]_2$ の線形変換 T を

$$T(f)=f'(x)x+f(0)x^2+f(1)$$

と定義する．

（1） $\boldsymbol{R}[x]_2$ の基 $\{1, x, x^2\}$ に関する T の表現行列 A を求めよ．

（2） $\boldsymbol{R}[x]_2$ の基 $\{1+x, x+x^2, x^2\}$ に関する T の表現行列 B を求めよ．

解答 （1） T による $1, x, x^2$ の行き先を調べると

$$T(1)=1+x^2, \quad T(x)=1+x, \quad T(x^2)=1+2x^2$$

であるから

$$(T(1), T(x), T(x^2))=(1+x^2,\ 1+x,\ 1+2x^2)=(1, x, x^2)\begin{bmatrix} 1 & 1 & 1 \\ 0 & 1 & 0 \\ 1 & 0 & 2 \end{bmatrix}.$$

よって

$$A=\begin{bmatrix} 1 & 1 & 1 \\ 0 & 1 & 0 \\ 1 & 0 & 2 \end{bmatrix}.$$

（2） $\boldsymbol{R}[x]_2$ の基 $\{1, x, x^2\}$ と $\{1+x,\ x+x^2,\ x^2\}$ の変換行列 P を求めると

$$(1+x,\ x+x^2,\ x^2)=(1,\ x,\ x^2)\begin{bmatrix} 1 & 0 & 0 \\ 1 & 1 & 0 \\ 0 & 1 & 1 \end{bmatrix}$$

であるから $P=\begin{bmatrix} 1 & 0 & 0 \\ 1 & 1 & 0 \\ 0 & 1 & 1 \end{bmatrix}$ である．よって定理 5.2.2 により

$$B=P^{-1}AP=\begin{bmatrix} 1 & 0 & 0 \\ -1 & 1 & 0 \\ 1 & -1 & 1 \end{bmatrix}\begin{bmatrix} 1 & 1 & 1 \\ 0 & 1 & 0 \\ 1 & 0 & 2 \end{bmatrix}\begin{bmatrix} 1 & 0 & 0 \\ 1 & 1 & 0 \\ 0 & 1 & 1 \end{bmatrix}$$

$$=\begin{bmatrix} 2 & 2 & 1 \\ -1 & -1 & -1 \\ 2 & 3 & 3 \end{bmatrix}.$$

問題 5.2

1. 次の線形写像 T の与えられた基に関する表現行列を求めよ.

(1) $T(\boldsymbol{x})=\begin{bmatrix} 2 & 4 & 1 \\ 1 & 5 & 3 \end{bmatrix}\boldsymbol{x} : \boldsymbol{R}^3 \to \boldsymbol{R}^2$

$\boldsymbol{R}^3$ の基 $\left\{\begin{bmatrix} 1 \\ 0 \\ 1 \end{bmatrix}, \begin{bmatrix} 1 \\ 2 \\ 2 \end{bmatrix}, \begin{bmatrix} 0 \\ 1 \\ 1 \end{bmatrix}\right\}$, $\boldsymbol{R}^2$ の基 $\left\{\begin{bmatrix} 1 \\ 2 \end{bmatrix}, \begin{bmatrix} 2 \\ 3 \end{bmatrix}\right\}$

(2) $T(\boldsymbol{x})=\begin{bmatrix} 2 & 4 & 3 & 1 \\ 0 & -3 & 1 & 1 \\ 1 & 2 & 1 & 0 \end{bmatrix}\boldsymbol{x} : \boldsymbol{R}^4 \to \boldsymbol{R}^3$

$\boldsymbol{R}^4$ の基 $\left\{\begin{bmatrix} 1 \\ 1 \\ 0 \\ 2 \end{bmatrix}, \begin{bmatrix} 1 \\ 1 \\ 1 \\ 1 \end{bmatrix}, \begin{bmatrix} 1 \\ 0 \\ -1 \\ 0 \end{bmatrix}, \begin{bmatrix} 1 \\ 1 \\ 1 \\ 0 \end{bmatrix}\right\}$, $\boldsymbol{R}^3$ の基 $\left\{\begin{bmatrix} 1 \\ 1 \\ 0 \end{bmatrix}, \begin{bmatrix} 1 \\ 0 \\ 1 \end{bmatrix}, \begin{bmatrix} 0 \\ 1 \\ 0 \end{bmatrix}\right\}$

2. 次の線形変換の与えられた基に関する表現行列を求めよ.

(1) $T(\boldsymbol{x})=\begin{bmatrix} 2 & 0 & 1 \\ -1 & -3 & 1 \\ 2 & 5 & 2 \end{bmatrix}\boldsymbol{x} : \boldsymbol{R}^3 \to \boldsymbol{R}^3$, $\boldsymbol{R}^3$ の基 $\left\{\begin{bmatrix} 1 \\ 1 \\ 0 \end{bmatrix}, \begin{bmatrix} 2 \\ 1 \\ 1 \end{bmatrix}, \begin{bmatrix} 3 \\ 1 \\ 1 \end{bmatrix}\right\}$

(2) $T(\boldsymbol{x})=\begin{bmatrix} 1 & -1 & 0 \\ 1 & -2 & 1 \\ -2 & 4 & 3 \end{bmatrix}\boldsymbol{x} : \boldsymbol{R}^3 \to \boldsymbol{R}^3$, $\boldsymbol{R}^3$ の基 $\left\{\begin{bmatrix} 0 \\ 1 \\ 0 \end{bmatrix}, \begin{bmatrix} 1 \\ 0 \\ 1 \end{bmatrix}, \begin{bmatrix} 2 \\ 1 \\ 1 \end{bmatrix}\right\}$

(3) $T(f(x))=2f'(x)+3f(x) : \boldsymbol{R}[x]_2 \to \boldsymbol{R}[x]_2$

$\boldsymbol{R}[x]_2$ の基 $\{1, x, x^2\}$

(4) $T(f(x))=2f'(x)+3f(x) : \boldsymbol{R}[x]_2 \to \boldsymbol{R}[x]_2$

$\boldsymbol{R}[x]_2$ の基 $\{1+x,\ x+x^2,\ 1-2x^2\}$

3. U, V, W はベクトル空間とする. U から V への線形写像 T と, V から W への線形写像 S に対して積 $S\cdot T$ を

$$(S\cdot T)(\boldsymbol{u})=S(T(\boldsymbol{u})) \qquad (\boldsymbol{u}\in U)$$

と定義する. $S\cdot T$ は U から W への線形写像であることを示せ.

4. T は n 次元ベクトル空間 V の線形変換で $T^n=O$, $T^{n-1}\neq O$ とする. $\boldsymbol{u}\in V$ が $T^{n-1}(\boldsymbol{u})\neq\boldsymbol{0}$ となるならば, $\{T^{n-1}(\boldsymbol{u}), \cdots, T(\boldsymbol{u}), \boldsymbol{u}\}$ は V の基となることを示し, この基に関する T の表現行列を求めよ.

5.3 固有値と固有ベクトル

次のような $\boldsymbol{R}^2$ の線形変換 T を考えてみる．

$$T(\boldsymbol{x})=\begin{bmatrix}3 & 0\\0 & 1\end{bmatrix}\boldsymbol{x}\quad(\boldsymbol{x}\in\boldsymbol{R}^2).$$

この線形変換でベクトルがどのように変換されるか，グラフで表したものが次の図である．

図 1

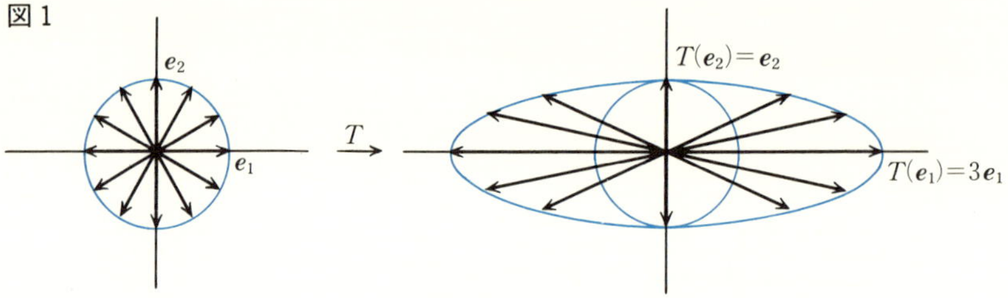

ここでベクトル $\boldsymbol{e}_1=\begin{bmatrix}1\\0\end{bmatrix}$，$\boldsymbol{e}_2=\begin{bmatrix}0\\1\end{bmatrix}$ は図 1 でもわかるように T によって自分自身の定数倍に移る．このように線形変換 T によって自分自身の定数倍となるベクトルを考えよう．

固有値と固有ベクトル　T はベクトル空間 V の線形変換とする．

$$T(\boldsymbol{u})=\lambda\boldsymbol{u}\quad(\boldsymbol{u}\in V,\ \boldsymbol{u}\neq\boldsymbol{0},\ \lambda\in\boldsymbol{R})$$

をみたす λ を T の固有値，$\boldsymbol{u}$ を（固有値 λ に属する）T の固有ベクトルという．複素数体上のベクトル空間の線形変換についても $\lambda\in\boldsymbol{C}$ として同様に定義される．

例 1　T は次のような $\boldsymbol{R}^2$ の線形変換とする．

$$T(\boldsymbol{x})=\begin{bmatrix}7 & -6\\3 & -2\end{bmatrix}\boldsymbol{x}\quad(\boldsymbol{x}\in\boldsymbol{R}^2).$$

ここで，$\boldsymbol{u}=\begin{bmatrix}2\\1\end{bmatrix}$ とすると，

$$T(\boldsymbol{u})=\begin{bmatrix}8\\4\end{bmatrix}=4\begin{bmatrix}2\\1\end{bmatrix}=4\boldsymbol{u}$$

であるから，$\lambda=4$ は T の固有値で，$\boldsymbol{u}$ は T の固有値 $\lambda=4$ に属する固有ベクトルである．

固有空間 ベクトル空間 V の線形変換 T の固有値 λ に対し

$$W(\lambda;\,T)=\{\boldsymbol{u}\in V \mid T(\boldsymbol{u})=\lambda\boldsymbol{u}\}$$

とおき，T の固有値 λ の固有空間という．$W(\lambda;\,T)$ は V の部分空間であり(問題 5.3-5)，この零でないベクトルが λ に属する T の固有ベクトルである．

固有多項式 正方行列 A に対し，次の多項式 $g_A(t)$ を A の固有多項式という．

$$g_A(t)=|tE-A|.$$

$g_A(t)=0$ の根を(複素根もふくめ)**行列 A の固有値**という．

例 2 $A=\begin{bmatrix}7 & -6\\ 3 & -2\end{bmatrix}$ とすると A の固有多項式は

$$g_A(t)=|tE-A|=\begin{vmatrix}t-7 & 6\\ -3 & t+2\end{vmatrix}=t^2-5t+4=(t-1)(t-4)$$

となる．よって A の固有値は $\lambda=1,4$ である．

固有値と固有空間(固有ベクトル)を求めよう．まず $V=\boldsymbol{R}^n$ または $V=\boldsymbol{C}^n$ で $T=T_A$ とする．λ が T_A の固有値で，$\boldsymbol{x}$ が λ に属する T_A の固有ベクトルならば $T_A(\boldsymbol{x})=A\boldsymbol{x}$ であるから，$A\boldsymbol{x}=\lambda\boldsymbol{x}$ となる． $\lambda\boldsymbol{x}=\lambda E\boldsymbol{x}$ であるから，これを書き替えると

$$(\lambda E-A)\boldsymbol{x}=\boldsymbol{0}.$$

これを満たす $\boldsymbol{x}(\neq\boldsymbol{0})$ が存在する必要十分条件は，$\lambda E-A$ が正則行列でないことになり(定理 2.4.2)，次の定理を得る．

定理 5.3.1

λ が T_A の固有値 $\Longleftrightarrow g_A(\lambda)=0$

$V=\boldsymbol{C}^n$ ならば A の固有値が T_A の固有値であり；$V=\boldsymbol{R}^n$ ならば A の固有値のうち実数であるものが T_A の固有値である．λ が求まれば $W(\lambda;\,T_A)$ は $(\lambda E-A)\boldsymbol{x}=\boldsymbol{0}$ の解空間に他ならない．T_A の固有ベクトルを A の固有ベクトルとも言う．また $W(\lambda;\,T_A)$ を $W(\lambda;\,A)$ とも書く．

例 3 $A=\begin{bmatrix}0 & -1\\ 1 & 0\end{bmatrix}$ とすると $g_A(t)=t^2+1$ であるから，A の固有値は $\pm\sqrt{-1}$ である．よって T_A を $\boldsymbol{R}^2$ の 1 次変換と考えると固有値は存在しないが，T_A を $\boldsymbol{C}^2$ の 1 次変換と考えると固有値は $\pm\sqrt{-1}$ である．

例題 5.3.1

$$A=\begin{bmatrix} 8 & -10 \\ 5 & -7 \end{bmatrix} \text{とする.}$$

（1） A の固有多項式 $g_A(t)$ を求めよ.

（2） $\boldsymbol{R}^2$ の線形変換 $T=T_A$ の固有値 λ を求めよ.

（3） T の各固有値 λ の固有空間 $W(\lambda\,;\,T)$ を求めよ.

解答 （1） 定義より

$$g_A(t)=|tE-A|=\begin{vmatrix} t-8 & 10 \\ -5 & t+7 \end{vmatrix}= t^2-t-6.$$

（2） $g_A(t)=(t+2)(t-3)=0$ を解くと固有値 $\lambda=-2, 3$.

（3） $\lambda=-2$ とする. $(-2E-A)\boldsymbol{x}=\boldsymbol{0}$ の解空間が T の固有値 $\lambda=-2$ の固有空間である. このとき $\lambda E-A=-2E-A$ を簡約化すると

$$-2E-A=\begin{bmatrix} -10 & 10 \\ -5 & 5 \end{bmatrix} \xrightarrow[\text{(簡約化)}]{} \begin{bmatrix} 1 & -1 \\ 0 & 0 \end{bmatrix}.$$

となるので, $(-2E-A)\boldsymbol{x}=\boldsymbol{0}$ の解は

$$\boldsymbol{x}=c\begin{bmatrix} 1 \\ 1 \end{bmatrix} \quad (c\in\boldsymbol{R}).$$

従って

$$W(-2\,;\,T)=\left\{c\begin{bmatrix} 1 \\ 1 \end{bmatrix} \middle|\, c\in\boldsymbol{R}\right\}.$$

$\lambda=3$ とする. $\lambda E-A=3E-A$ を簡約化すると

$$3E-A=\begin{bmatrix} -5 & 10 \\ -5 & 10 \end{bmatrix} \xrightarrow[\text{(簡約化)}]{} \begin{bmatrix} 1 & -2 \\ 0 & 0 \end{bmatrix}.$$

となるから, $\lambda=-2$ のときと同様にして $(3E-A)\boldsymbol{x}=0$ の解を計算することにより

$$W(3\,;\,T)=\left\{c\begin{bmatrix} 2 \\ 1 \end{bmatrix} \middle|\, c\in\boldsymbol{R}\right\}.$$

一般に多項式 $f(t)=a_mt^m+a_{m-1}t^{m-1}+\cdots+a_1t+a_0$ と正方行列 A に対し

$$f(A)=a_mA^m+a_{m-1}A^{m-1}+\cdots+a_1A+a_0E$$

と定義する．A の固有多項式 $g_A(t)$ に対して次の定理が成り立つ．

定理 5.3.2 ケイリー・ハミルトンの定理

$g_A(t)$ が正方行列 A の固有多項式ならば

$$g_A(A)=O.$$

証明 $B(t)=tE-A$ とおくと $g_A(t)=|B(t)|$ であるから，$B(t)$ の余因子行列を $\tilde{B}(t)$ と書くと，定理 3.4.1 により

(＊) $$B(t)\tilde{B}(t)=g_A(t)E.$$

A の次数を n とする．$\tilde{B}(t)$ の各成分は $B(t)$ の $n-1$ 次の小行列の行列式であるから t の高々 $n-1$ 次の多項式である．よって t のべきに関して整理すると

$$\tilde{B}(t)=t^{n-1}B_{n-1}+t^{n-2}B_{n-2}+\cdots+tB_1+B_0$$

と書ける．ここで $B_k\,(0\leqq k\leqq n-1)$ は n 次正方行列である．(＊) にこれを代入すると

(＊＊) $$(tE-A)(t^{n-1}B_{n-1}+t^{n-2}B_{n-2}+\cdots+tB_1+B_0)=g_A(t)E$$

と書ける．(＊＊)の両辺に $t=A$ を代入したいが，単純に代入して $g_A(A)=O$ というわけにはいかない．そこで

$$g_A(t)=t^n+b_{n-1}t^{n-1}+b_{n-2}t^{n-2}+\cdots+b_1t+b_0$$

とおく．(＊＊)の左辺を展開すると

$$t^nB_{n-1}+t^{n-1}(B_{n-2}-AB_{n-1})+\cdots+(-AB_0)=g_A(t)E$$

である．この両辺の $t^k\,(0\leqq k\leqq n)$ の係数の行列を比較すると

(＊＊＊) $$\begin{aligned}&B_{n-1}=E,\ B_{n-2}-AB_{n-1}=b_{n-1}E,\ \cdots,\\&B_0-AB_1=b_1E,\ -AB_0=b_0E.\end{aligned}$$

よって(＊＊)の左辺において形式的に $t=A$ とおいて計算すると

$$\begin{aligned}O&=(A-A)(A^{n-1}B_{n-1}+A^{n-2}B_{n-2}+\cdots+AB_1+B_0)\\&=A^nB_{n-1}+(A^{n-1}B_{n-2}-A^nB_{n-1})+\cdots+(AB_0-A^2B_1)+(-AB_0)\\&=A^nB_{n-1}+A^{n-1}(B_{n-2}-AB_{n-1})+\cdots+A(B_0-AB_1)+(-AB_0)\end{aligned}$$

ここで(＊＊＊)を用いると

$$=A^n+b_{n-1}A^{n-1}+b_{n-2}A^{n-2}+\cdots+b_1A+b_0E=g_A(A)$$

となる．従って $g_A(A)=O$ となる． 終

一般の場合の固有値と固有空間の計算　T を n 次元ベクトル空間 V の線形変換とする．V の1組の基 $\{\boldsymbol{u}_1, \cdots, \boldsymbol{u}_n\}$ をとる．T の $\{\boldsymbol{u}_1, \cdots, \boldsymbol{u}_n\}$ に関する表現行列を A とする．A の固有多項式を **T の固有多項式**といい，$g_T(t)$ と書く．すなわち

$$g_T(t)=g_A(t)=|tE-A|.$$

ベクトル空間 V の基を取り替えたときの T の表現行列を B とする．定理5.2.2により $B=P^{-1}AP$ と書けるから

$$\begin{aligned} g_B(t)&=|tE-B|=|tP^{-1}EP-P^{-1}AP|\\ &=|P^{-1}(tE-A)P|=|tE-A|=g_A(t) \end{aligned}$$

となる．よって T の固有多項式は T の表現行列の取り方によらずに決まる．特に $T=T_A$ ならば $g_T(t)=g_A(t)$ である．

一般のベクトル空間の線形変換の固有値について，次の定理が成り立つ．

定理 5.3.3

T をベクトル空間 V の線形変換とする．λ が T の固有値である必要十分条件は $g_T(\lambda)=0$ となることである．

証明　（必要）V の1組の基 $\{\boldsymbol{u}_1, \cdots, \boldsymbol{u}_n\}$ に関する表現行列を A とする．λ が T の固有値で，$\boldsymbol{u}(\in V)$ が λ に属する T の固有ベクトルであるとする．$\boldsymbol{u}$ を

$$\boldsymbol{u}=c_1\boldsymbol{u}_1+\cdots+c_n\boldsymbol{u}_n$$

と $\boldsymbol{u}_1, \cdots, \boldsymbol{u}_n$ の1次結合で書き表し，$\boldsymbol{c}=\begin{bmatrix} c_1\\ \vdots\\ c_n \end{bmatrix}$ とおく．

$$\begin{aligned} T(\boldsymbol{u})&=T(c_1\boldsymbol{u}_1+\cdots+c_n\boldsymbol{u}_n)\\ &=(T(\boldsymbol{u}_1), \cdots, T(\boldsymbol{u}_n))\begin{bmatrix} c_1\\ \vdots\\ c_n \end{bmatrix}=(\boldsymbol{u}_1, \cdots, \boldsymbol{u}_n)A\boldsymbol{c}. \end{aligned}$$

一方 $\boldsymbol{u}$ は T の λ に属する固有ベクトルだから

$$T(\boldsymbol{u})=\lambda\boldsymbol{u}=\lambda(c_1\boldsymbol{u}_1+\cdots+c_n\boldsymbol{u}_n)=(\boldsymbol{u}_1, \cdots, \boldsymbol{u}_n)\lambda\boldsymbol{c}.$$

$\boldsymbol{u}_1, \cdots, \boldsymbol{u}_n$ は1次独立だから，定理4.2.5により

$$A\boldsymbol{c}=\lambda\boldsymbol{c}$$

となる．$\boldsymbol{u}\neq\boldsymbol{0}$ だから $\boldsymbol{c}\neq\boldsymbol{0}$．よって $\boldsymbol{c}$ は A の固有値 λ に属する固有ベクトルである．従って 定理5.3.1より $g_T(\lambda)=g_A(\lambda)=0$ がわかる．

（十分） λ が $g_T(\lambda)=0$ を満たすとする．$g_A(\lambda)=g_T(\lambda)=0$ であるから，連立1次方程式

$$A\boldsymbol{x}=\lambda\boldsymbol{x}$$

は自明でない解をもつ．それを $\boldsymbol{x}=\boldsymbol{c}$ とすると，$A\boldsymbol{c}=\lambda\boldsymbol{c}$ である．そこで

$$\boldsymbol{u}=(\boldsymbol{u}_1, \cdots, \boldsymbol{u}_n)\boldsymbol{c}=c_1\boldsymbol{u}_1+\cdots+c_n\boldsymbol{u}_n$$

とおくと

$$\begin{aligned}T(\boldsymbol{u})&=T(c_1\boldsymbol{u}_1+\cdots+c_n\boldsymbol{u}_n)=(T(\boldsymbol{u}_1), \cdots, T(\boldsymbol{u}_n))\boldsymbol{c}\\&=(\boldsymbol{u}_1, \cdots, \boldsymbol{u}_n)A\boldsymbol{c}=(\boldsymbol{u}_1, \cdots, \boldsymbol{u}_n)\lambda\boldsymbol{c}\\&=\lambda(\boldsymbol{u}_1, \cdots, \boldsymbol{u}_n)\boldsymbol{c}=\lambda\boldsymbol{u}\end{aligned}$$

となり，λ は T の固有値で $\boldsymbol{u}$ は T の固有値 λ に属する固有ベクトルである．

終

例題 5.3.2

T は $V=\boldsymbol{R}[x]_2$ の線形変換で

$$T(f(x))=f(1+2x)$$

で与えられるものとする．

（1） T の固有多項式 $g_T(t)$ を求めよ．

（2） T の固有値 λ を求めよ．

（3） T の各固有値 λ の固有空間を求めよ．

解答 （1） V の1組の基として $\{1, x, x^2\}$ をとる．この基に関する T の表現行列 A を求める．

$$\begin{aligned}(T(1), T(x), T(x^2))&=(1,\ 1+2x,\ 1+4x+4x^2)\\&=(1, x, x^2)\begin{bmatrix}1 & 1 & 1\\0 & 2 & 4\\0 & 0 & 4\end{bmatrix}\end{aligned}$$

となるから

$$A=\begin{bmatrix}1 & 1 & 1\\0 & 2 & 4\\0 & 0 & 4\end{bmatrix}$$

である．よって

$$g_T(t)=g_A(t)=\begin{vmatrix} t-1 & -1 & -1 \\ 0 & t-2 & -4 \\ 0 & 0 & t-4 \end{vmatrix}$$
$$=(t-1)(t-2)(t-4).$$

（2） $g_T(t)=0$ を解いて，固有値 $\lambda=1, 2, 4.$

（3） $f(x)=a_0+a_1x+a_2x^2$ を T の固有値 λ に属する固有ベクトルとすると，$\boldsymbol{a}=\begin{bmatrix} a_0 \\ a_1 \\ a_2 \end{bmatrix}$ は $(\lambda E-A)\boldsymbol{x}=\boldsymbol{0}$ の解である．

$\lambda=4$ とする．

$$4E-A=\begin{bmatrix} 3 & -1 & -1 \\ 0 & 2 & -4 \\ 0 & 0 & 0 \end{bmatrix} \longrightarrow \begin{bmatrix} 1 & 0 & -1 \\ 0 & 1 & -2 \\ 0 & 0 & 0 \end{bmatrix}.$$

よって $(4E-A)\boldsymbol{x}=\boldsymbol{0}$ の解は

$$\boldsymbol{x}=c\begin{bmatrix} 1 \\ 2 \\ 1 \end{bmatrix} \quad (c\in\boldsymbol{R})$$

となるから

$$W(4\,;\,T)=\{c(1+2x+x^2)\,|\,c\in\boldsymbol{R}\}.$$

$\lambda=2$ についても全く同様に $(2E-A)\boldsymbol{x}=0$ を解く．

$$2E-A=\begin{bmatrix} 1 & -1 & -1 \\ 0 & 0 & -4 \\ 0 & 0 & -2 \end{bmatrix} \longrightarrow \begin{bmatrix} 1 & -1 & 0 \\ 0 & 0 & 1 \\ 0 & 0 & 0 \end{bmatrix}$$

であるから，$(2E-A)\boldsymbol{x}=\boldsymbol{0}$ の解は

$$\boldsymbol{x}=c\begin{bmatrix} 1 \\ 1 \\ 0 \end{bmatrix} \quad (c\in\boldsymbol{R})$$

となるので

$$W(2\,;\,T)=\{c(1+x)\,|\,c\in\boldsymbol{R}\}.$$

$\lambda=1$ についても全く同様に $(E-A)\boldsymbol{x}=\boldsymbol{0}$ を解いて

$$W(1\,;\,T)=\{c\,|\,c\in\boldsymbol{R}\}.$$

問題 5.3

1. 次の行列 A と多項式 $f(t)$ に対して $f(A)$ を計算せよ．

（1） $A=\begin{bmatrix} 2 & 1 \\ 4 & -3 \end{bmatrix}$　$f(t)=2t^2+t-1$

（2） $A=\begin{bmatrix} 2 & 2 \\ 1 & -3 \end{bmatrix}$　$f(t)=t^2+t-8$

2. 次の行列 A に対して固有多項式 $g_A(t)$ と A の固有値を求めよ．

（1） $A=\begin{bmatrix} -3 & -2 & -2 \\ 4 & 3 & 2 \\ 8 & 4 & 5 \end{bmatrix}$　（2） $A=\begin{bmatrix} 0 & 0 & -1 \\ 0 & 1 & 0 \\ 1 & 0 & 0 \end{bmatrix}$

（3） $A=\begin{bmatrix} 5 & -3 & 6 \\ 2 & 0 & 6 \\ -4 & 4 & -1 \end{bmatrix}$　（4） $A=\begin{bmatrix} 1 & -1 & 1 \\ 1 & 2 & -1 \\ 1 & 0 & 1 \end{bmatrix}$

3. 次の正方行列 A に対して $T=T_A$ とおいたとき（i）～(iii) を求めよ．

（i） $g_T(t)$　（ii） T の固有値 λ

(iii) T の各固有値 λ について固有空間 $W(\lambda;T)$

（1） $A=\begin{bmatrix} 5 & -4 & -2 \\ 6 & -5 & -2 \\ 3 & -3 & 2 \end{bmatrix}$　（2） $A=\begin{bmatrix} 7 & 12 & 0 \\ -2 & -3 & 0 \\ 2 & 4 & 1 \end{bmatrix}$

（3） $A=\begin{bmatrix} 4 & -1 & 5 \\ 1 & 2 & 3 \\ -1 & 1 & 0 \end{bmatrix}$　（4） $A=\begin{bmatrix} -1 & 0 & -2 \\ 3 & 2 & 2 \\ 1 & -1 & 3 \end{bmatrix}$

4. 次の線形変換 $T:\boldsymbol{R}[x]_2\to\boldsymbol{R}[x]_2$ に対して（i）～(iii) を求めよ．

（i） $g_T(t)$　（ii） T の固有値 λ

(iii) T の各固有値 λ について固有空間 $W(\lambda;T)$

（1） $T(f(x))=f(1-x)$　（2） $T(f(x))=f(2x)+f'(x)$

5. T をベクトル空間 V の線形変換，λ を T の固有値とする．このとき，T の固有空間 $W(\lambda;T)$ は V の部分空間となることを示せ．

6. $A=\begin{bmatrix} 2 & 1 \\ -7 & -3 \end{bmatrix}$ とする．次の $f(t)$ に対し，ケイリー・ハミルトンの定理を用いて $f(A)$ を計算せよ．

（1） $f(t)=t^{20}$　（2） $f(t)=t^{11}+t^7-2$

5.4 行列の対角化

同値な行列 2つの n 次正方行列 A, B が同値であるとは

$$B=P^{-1}AP$$

となる正則行列 P が存在するときにいう．1次変換 T の基を取り替えて得られる表現行列は定理5.2.2でみたように同値である．

行列の対角化 正方行列 A が与えられたとき，$B=P^{-1}AP$ が対角行列になるような正則行列 P と対角行列 B を求めることを行列 A の対角化という．特に P, B が実数(複素数)を成分とする行列でとれるとき，A は実数体上(複素数体上)対角化されるという．

対角化可能性 正方行列 A は常に対角化されるとは限らない．正方行列が対角化される条件を求め，対角化可能なものについては対角化しよう．

まず応用を1つ述べる．

例題 5.4.1

$A=\begin{bmatrix} 8 & -10 \\ 5 & -7 \end{bmatrix}$, $P=\begin{bmatrix} 1 & 2 \\ 1 & 1 \end{bmatrix}$ とすると $P^{-1}AP=\begin{bmatrix} -2 & 0 \\ 0 & 3 \end{bmatrix}$ であることを確かめ，これを用いて A^n を計算せよ．

解答 $B=P^{-1}AP$ とおくと

$$B=P^{-1}AP=\begin{bmatrix} -1 & 2 \\ 1 & -1 \end{bmatrix}\begin{bmatrix} 8 & -10 \\ 5 & -7 \end{bmatrix}\begin{bmatrix} 1 & 2 \\ 1 & 1 \end{bmatrix}$$

$$=\begin{bmatrix} -2 & 0 \\ 0 & 3 \end{bmatrix}.$$

B は対角行列だから，B^n の計算は容易で

$$B^n=\begin{bmatrix} (-2)^n & 0 \\ 0 & 3^n \end{bmatrix}$$

となる．$A=PBP^{-1}$ であるから

$$A^n=(PBP^{-1})(PBP^{-1})\cdots(PBP^{-1})=PB^nP^{-1}$$

$$=\begin{bmatrix} 1 & 2 \\ 1 & 1 \end{bmatrix}\begin{bmatrix} (-2)^n & 0 \\ 0 & 3^n \end{bmatrix}\begin{bmatrix} -1 & 2 \\ 1 & -1 \end{bmatrix}$$

$$=\begin{bmatrix} -(-2)^n+2\cdot 3^n & 2\cdot(-2)^n-2\cdot 3^n \\ -(-2)^n+3^n & 2\cdot(-2)^n-3^n \end{bmatrix}.$$

定理 5.4.1

T はベクトル空間 V の線形変換とし，T の相異なる固有値を $\lambda_1, \cdots, \lambda_r$ とすると

$$\sum_{i=1}^{r} \dim(W(\lambda_i; T)) \leqq \dim(V).$$

証明 $\dim(V)=n$，$\dim(W(\lambda_i; T))=n_i$ とおく．各 i $(1 \leqq i \leqq r)$ に対し $W(\lambda_i; T)$ の1組の基 $\{\boldsymbol{u}_{i1}, \cdots, \boldsymbol{u}_{in_i}\}$ を取り

$$(*) \qquad c_{11}\boldsymbol{u}_{11}+\cdots+c_{1n_1}\boldsymbol{u}_{1n_1}+\cdots\cdots+c_{r1}\boldsymbol{u}_{r1}+\cdots+c_{rn_r}\boldsymbol{u}_{rn_r}=\boldsymbol{0}$$

とおく $(c_{ij} \in \boldsymbol{R})$．ここで $\boldsymbol{u}_i=c_{i1}\boldsymbol{u}_{i1}+\cdots+c_{in_i}\boldsymbol{u}_{in_i}$ $(1 \leqq i \leqq r)$ とおくと

$$(**) \qquad \boldsymbol{u}_1+\boldsymbol{u}_2+\cdots+\boldsymbol{u}_r=\boldsymbol{0}$$

となる．$T(\boldsymbol{u}_i)=\lambda_i\boldsymbol{u}_i$ $(1 \leqq i \leqq r)$ であるから $(**)$ の両辺に T を作用させると

$$\lambda_1\boldsymbol{u}_1+\lambda_2\boldsymbol{u}_2+\cdots+\lambda_r\boldsymbol{u}_r=\boldsymbol{0}.$$

この両辺にさらに T を次々と作用させると

$$\lambda_1^2\boldsymbol{u}_1+\lambda_2^2\boldsymbol{u}_2+\cdots+\lambda_r^2\boldsymbol{u}_r=\boldsymbol{0},$$
$$\cdots\cdots$$
$$\lambda_1^{r-1}\boldsymbol{u}_1+\lambda_2^{r-1}\boldsymbol{u}_2+\cdots+\lambda_r^{r-1}\boldsymbol{u}_r=\boldsymbol{0}$$

を得る．すなわち

$$(\boldsymbol{u}_1, \boldsymbol{u}_2, \cdots, \boldsymbol{u}_r)P=(\boldsymbol{0}, \boldsymbol{0}, \cdots, \boldsymbol{0}), \qquad P=\begin{bmatrix} 1 & \lambda_1 & \cdots & \lambda_1^{r-1} \\ \vdots & \vdots & & \vdots \\ 1 & \lambda_r & \cdots & \lambda_r^{r-1} \end{bmatrix}$$

である．例題 3.5.1 により $\det(P) \neq 0$ だから，P は正則である．よって上式の両辺に右から P^{-1} をかけることができて

$$(\boldsymbol{u}_1, \boldsymbol{u}_2, \cdots, \boldsymbol{u}_r)=(\boldsymbol{0}, \boldsymbol{0}, \cdots, \boldsymbol{0})P^{-1}=(\boldsymbol{0}, \boldsymbol{0}, \cdots, \boldsymbol{0}).$$

これを成分で表すと

$$\boldsymbol{u}_i=c_{i1}\boldsymbol{u}_{i1}+\cdots+c_{in_i}\boldsymbol{u}_{in_i}=\boldsymbol{0} \qquad (1 \leqq i \leqq r).$$

$\boldsymbol{u}_{i1}, \cdots, \boldsymbol{u}_{in_i}$ は1次独立だから $c_{i1}=\cdots=c_{in_i}=0$ $(1 \leqq i \leqq r)$ である．よって $\sum_{i=1}^{r} n_i$ 個のベクトル $\boldsymbol{u}_{11}, \boldsymbol{u}_{12}, \cdots, \boldsymbol{u}_{rn_r}$ は1次独立である．V に含まれるベクトルの集合の1次独立な最大個数は高々 $n(=\dim(V))$ であるから $\sum_{i=1}^{r} n_i \leqq n$ である． 終

定理 5.4.2

A を n 次の実正方行列とし，A の相異なる実固有値の全体を $\lambda_1, \cdots, \lambda_r$ とする．A が $\boldsymbol{R}$ 上対角化される必要十分条件は

$$\sum_{i=1}^{r} \dim(W(\lambda_i; T_A)) = n.$$

証明（必要） A が対角化されるとし，$B = P^{-1}AP$ が対角行列となる正則行列 P が存在するとする．P を列ベクトル表示，B を成分表示で

$$P = [\boldsymbol{p}_1 \quad \cdots \quad \boldsymbol{p}_n], \quad B = \begin{bmatrix} b_1 & & & O \\ & b_2 & & \\ & & \ddots & \\ O & & & b_n \end{bmatrix}$$

と書く．$AP = PB$ であるから

$$T_A(\boldsymbol{p}_j) = A\boldsymbol{p}_j = b_j \boldsymbol{p}_j \qquad (1 \leqq j \leqq n).$$

よって $\boldsymbol{p}_j$ は T_A の固有ベクトルであり，b_j は $\lambda_1, \cdots, \lambda_r$ のどれかに一致する．$\boldsymbol{p}_1, \cdots, \boldsymbol{p}_n$ は1次独立であるから

$$\dim(W(\lambda_i; T_A)) \geqq \text{“}b_j = \lambda_i \text{となる} j \text{の個数”}.$$

従って $\sum_{i=1}^{r} \dim(W(\lambda_i; T_A)) \geqq n$ となり定理 5.4.1 と合わせて等号が成り立つ．

（十分） 各 $W(\lambda_i; T_A)$ の基 $\{\boldsymbol{u}_{i1}, \cdots, \boldsymbol{u}_{in_i}\}$ をとると，定理 5.4.1 の証明からわかるように $\boldsymbol{u}_{11}, \cdots, \boldsymbol{u}_{1n_1}, \cdots\cdots, \boldsymbol{u}_{r1}, \cdots, \boldsymbol{u}_{rn_r}$ は1次独立である．ところで $\sum_{i=1}^{r} \dim(W(\lambda_i; T_A)) = n$ であるから，定理 4.4.5 により，これらの1次独立なベクトルは $\boldsymbol{R}^n$ の基である．よって

$$P = [\boldsymbol{u}_{11} \quad \cdots \quad \boldsymbol{u}_{1n_1} \quad \cdots \quad \boldsymbol{u}_{r1} \quad \cdots \quad \boldsymbol{u}_{rn_r}]$$

とおくと，P は定理 4.3.4 より実正則行列で $T_A(\boldsymbol{u}_{ik}) = A\boldsymbol{u}_{ik} = \lambda_i \boldsymbol{u}_{ik}$ であるから

$$AP = PB, \quad B = \begin{bmatrix} \overbrace{\lambda_1 \ \ddots \ \lambda_1}^{n_1} & & O \\ & \ddots & \\ O & & \overbrace{\lambda_r \ \ddots \ \lambda_r}^{n_r} \end{bmatrix}$$

を得る．すなわち $B = P^{-1}AP$ を得る．　終

この定理の証明は実際に行列を対角化する方法を示している．

例題 5.4.2

$A=\begin{bmatrix} 5 & 6 & 0 \\ -1 & 0 & 0 \\ 1 & 2 & 2 \end{bmatrix}$ が対角化されるか調べ，対角化できれば対角化せよ．

解答 A の固有多項式は

$$g_A(t)=|tE-A|=\begin{vmatrix} t-5 & -6 & 0 \\ 1 & t & 0 \\ -1 & -2 & t-2 \end{vmatrix}=(t-2)^2(t-3)$$

となるから T_A の固有値は $\lambda=2, 3$ である．T_A の各固有値の固有空間を求めよう．

$\lambda=2$ とする．

$$\begin{bmatrix} -3 & -6 & 0 \\ 1 & 2 & 0 \\ -1 & -2 & 0 \end{bmatrix}\boldsymbol{x}=\boldsymbol{0} \text{ を解き } W(2\,;\,T_A)=\left\{ a\begin{bmatrix} -2 \\ 1 \\ 0 \end{bmatrix}+b\begin{bmatrix} 0 \\ 0 \\ 1 \end{bmatrix} \middle| a, b\in \boldsymbol{R} \right\}.$$

$\lambda=3$ とする．

$$\begin{bmatrix} -2 & -6 & 0 \\ 1 & 3 & 0 \\ -1 & -2 & 1 \end{bmatrix}\boldsymbol{x}=\boldsymbol{0} \text{ を解き } W(3\,;\,T_A)=\left\{ a\begin{bmatrix} 3 \\ -1 \\ 1 \end{bmatrix} \middle| a\in \boldsymbol{R} \right\}.$$

従って $\dim(W(2\,;\,T_A))+\dim(W(3\,;\,T_A))=2+1=3$ となるので A は対角化される．更に $W(2\,;\,T_A)$ と $W(3\,;\,T_A)$ の基を用いて

$$P=\begin{bmatrix} -2 & 0 & 3 \\ 1 & 0 & -1 \\ 0 & 1 & 1 \end{bmatrix} \text{ とおくと } B=P^{-1}AP=\begin{bmatrix} 2 & 0 & 0 \\ 0 & 2 & 0 \\ 0 & 0 & 3 \end{bmatrix}.$$

注意 行列の対角化に現れる P, B は1通りではない．例えば

$$P=\begin{bmatrix} -2 & 3 & 0 \\ 1 & -1 & 0 \\ 0 & 1 & 1 \end{bmatrix} \text{ とおくと } B=P^{-1}AP=\begin{bmatrix} 2 & 0 & 0 \\ 0 & 3 & 0 \\ 0 & 0 & 2 \end{bmatrix}.$$

ただし対角化された行列の対角成分は順序の違いを除き一定である．

例題 5.4.3

$A=\begin{bmatrix}1 & 3 & 2\\ 0 & -1 & 0\\ 1 & 2 & 0\end{bmatrix}$ が対角化されるか調べ，対角化できれば対角化せよ．

解答 A の固有多項式は

$$g_A(t)=|tE-A|=\begin{vmatrix}t-1 & -3 & -2\\ 0 & t+1 & 0\\ -1 & -2 & t\end{vmatrix}=(t+1)^2(t-2)$$

なので T_A の固有値は $\lambda=-1,2$ である．T_A の各固有値の固有空間を求める．

$\lambda=-1$ とする．

$$\begin{bmatrix}-2 & -3 & -2\\ 0 & 0 & 0\\ -1 & -2 & -1\end{bmatrix}\boldsymbol{x}=\boldsymbol{0} \text{ を解き，} W(-1;\,T_A)=\left\{a\begin{bmatrix}-1\\ 0\\ 1\end{bmatrix}\middle|\, a\in\boldsymbol{R}\right\}.$$

$\lambda=2$ とする．

$$\begin{bmatrix}1 & -3 & -2\\ 0 & 3 & 0\\ -1 & -2 & 2\end{bmatrix}\boldsymbol{x}=\boldsymbol{0} \text{ を解き，} W(2;\,T_A)=\left\{a\begin{bmatrix}2\\ 0\\ 1\end{bmatrix}\middle|\, a\in\boldsymbol{R}\right\}.$$

従って $\dim(W(-1;\,T_A))+\dim(W(2;\,T_A))=1+1=2\neq 3$ となるので

A は対角化できない．

複素数体上の対角化 行列 A が実数体 $\boldsymbol{R}$ 上対角化されなくとも，複素数体 $\boldsymbol{C}$ の元を成分とする行列で対角化されることもある．この場合も定理 5.4.2 において $\boldsymbol{R}$ の代わりに $\boldsymbol{C}$ をとればそのまま成立する．すなわち複素数を成分とする n 次の列ベクトル全体のなす集合を $\boldsymbol{C}^n$ とすると，$\boldsymbol{C}^n$ は $\boldsymbol{C}$ 上のベクトル空間である．n 次正方行列 A に対し $\boldsymbol{C}^n$ の線形変換 T_A: $\boldsymbol{C}^n\to\boldsymbol{C}^n$ を，$\boldsymbol{R}_n$ のときと同様に

$$T_A(\boldsymbol{x})=A\boldsymbol{x} \qquad (\boldsymbol{x}\in\boldsymbol{C}^n)$$

と定義する．A の全ての相異なる固有値を $\lambda_1,\cdots,\lambda_r$ とすると

$$A \text{ が } \boldsymbol{C} \text{ 上対角化される} \iff \sum_{j=1}^{r}\dim_{\boldsymbol{C}}(W(\lambda_j;\,T_A))=n$$

が成り立つ．対角化の計算も，実数の代わりに複素数を用いれば例題 5.4.2 と全く同様である．これについては §9.2 で述べる．

問題 5.4

1. 次の行列 A は対角化されるか調べ，対角化できれば対角化せよ．

(1) $\begin{bmatrix} 7 & -6 \\ 3 & -2 \end{bmatrix}$ (2) $\begin{bmatrix} 13 & -30 \\ 5 & -12 \end{bmatrix}$ (3) $\begin{bmatrix} 2 & -3 \\ -1 & 2 \end{bmatrix}$

(4) $\begin{bmatrix} -3 & -2 & -2 \\ 4 & 3 & 2 \\ 8 & 4 & 5 \end{bmatrix}$ (5) $\begin{bmatrix} 2 & -1 & 2 \\ 1 & 0 & 2 \\ -2 & 2 & -1 \end{bmatrix}$

(6) $\begin{bmatrix} 2 & -2 & -2 \\ 0 & 1 & -1 \\ 0 & 0 & 2 \end{bmatrix}$ (7) $\begin{bmatrix} 2 & -1 & 4 \\ 0 & 1 & 4 \\ -3 & 3 & -1 \end{bmatrix}$

2. 次の行列 A に対し A^n を計算せよ．

(1) $\begin{bmatrix} 7 & -6 \\ 3 & -2 \end{bmatrix}$ (2) $\begin{bmatrix} 13 & -30 \\ 5 & -12 \end{bmatrix}$

3. n 次正方行列 A, B, C について，A と B, B と C が同値ならば A と C は同値であることを示せ．

4. 零行列でないべき零行列は対角化されないことを示せ．

5. n 次正方行列 $A=\begin{bmatrix} a_{11} & \cdots & a_{1n} \\ \vdots & & \vdots \\ a_{n1} & \cdots & a_{nn} \end{bmatrix}$ に対して

$$\mathrm{tr}(A)=a_{11}+a_{22}+\cdots+a_{nn}$$

とおき，A の**トレース**という．A の固有多項式を

$$g_A(t)=t^n+a_{n-1}t^{n-1}+\cdots+a_1t+a_0$$

と書くとき

$$a_{n-1}=-\mathrm{tr}(A), \qquad a_0=(-1)^n\det(A)$$

となることを示せ．

6. A が $m\times n$ 行列，B が $n\times m$ 行列のとき次を示せ．

$$\mathrm{tr}(AB)=\mathrm{tr}(BA)$$

7. 同値な正方行列のトレースは等しいこと，すなわち $\mathrm{tr}(P^{-1}AP)=\mathrm{tr}(A)$ を示せ．

8. 正方行列が正則である必要十分条件は，A の固有値が全て 0 でないことを示せ．

6 内積空間

6.1 内　　積

第4章と第5章において，簡単のために扱う体を主として実数体 $\boldsymbol{R}$ に限って述べたが，それは便宜的なもので，全ての内容は $\boldsymbol{R}$ の代わりに一般の体をとっても成立する．しかし，ベクトル空間に定量的な概念である内積を定義するためには，考えるベクトル空間は $\boldsymbol{R}$ 上または $\boldsymbol{C}$ 上のものに限る．以下では，$\boldsymbol{R}$ 上のベクトル空間の内積についてのみ述べるが，$\boldsymbol{C}$ 上のベクトル空間についても若干複雑だが内積が定義される†．内積を定義することはベクトル空間に“長さ”の概念を導入することに他ならない．

内積　$\boldsymbol{R}$ 上のベクトル空間 V の2つのベクトル $\boldsymbol{u}, \boldsymbol{v}$ に対して実数 $(\boldsymbol{u}, \boldsymbol{v})$ を対応させる対応 $(\ \ ,\ \ )$ が次の4条件を満たすとき，ベクトル空間 V の内積という．

（1）$(\boldsymbol{u}+\boldsymbol{u}', \boldsymbol{v})=(\boldsymbol{u}, \boldsymbol{v})+(\boldsymbol{u}', \boldsymbol{v})$,

（2）$(c\boldsymbol{u}, \boldsymbol{v})=c(\boldsymbol{u}, \boldsymbol{v})$,

（3）$(\boldsymbol{v}, \boldsymbol{u})=(\boldsymbol{u}, \boldsymbol{v})$,

（4）$\boldsymbol{u}\neq\boldsymbol{0}$ ならば $(\boldsymbol{u}, \boldsymbol{u})>0$.

ここで $\boldsymbol{u}, \boldsymbol{u}', \boldsymbol{v}\in V$, $c\in\boldsymbol{R}$ である．特に(2)，(3)より $(\boldsymbol{u}, \boldsymbol{0})=(\boldsymbol{0}, \boldsymbol{u})=0$ がわかる．内積をもつベクトル空間を内積空間という．

例1　$V=\boldsymbol{R}^n$ とする．$\boldsymbol{R}^n$ のベクトル $\boldsymbol{a}=\begin{bmatrix} a_1 \\ \vdots \\ a_n \end{bmatrix}$, $\boldsymbol{b}=\begin{bmatrix} b_1 \\ \vdots \\ b_n \end{bmatrix}$ に対して

$$(\boldsymbol{a}, \boldsymbol{b})={}^t\boldsymbol{a}\boldsymbol{b}=a_1b_1+\cdots+a_nb_n$$

と定義すると，これは $\boldsymbol{R}^n$ の内積である．これを $\boldsymbol{R}^n$ の標準内積という．

---

†　エルミート内積という．これについては，第9章で述べる．

例題 6.1.1

$\boldsymbol{R}^n$ の標準内積が，内積の定義の 4 条件を満たすことを確かめよ．

解答　$\boldsymbol{a}, \boldsymbol{a}', \boldsymbol{b} \in \boldsymbol{R}^n$, $c \in \boldsymbol{R}$ とすると

（1）　$(\boldsymbol{a}+\boldsymbol{a}', \boldsymbol{b}) = {}^t(\boldsymbol{a}+\boldsymbol{a}')\boldsymbol{b} = {}^t\boldsymbol{a}\boldsymbol{b} + {}^t\boldsymbol{a}'\boldsymbol{b} = (\boldsymbol{a}, \boldsymbol{b}) + (\boldsymbol{a}', \boldsymbol{b})$.

（2）　$(c\boldsymbol{a}, \boldsymbol{b}) = {}^t(c\boldsymbol{a})\boldsymbol{b} = c\,{}^t\boldsymbol{a}\boldsymbol{b} = c(\boldsymbol{a}, \boldsymbol{b})$.

（3）　$(\boldsymbol{a}, \boldsymbol{b}) = {}^t\boldsymbol{a}\boldsymbol{b} = {}^t({}^t\boldsymbol{a}\boldsymbol{b}) = {}^t\boldsymbol{b}\boldsymbol{a} = (\boldsymbol{b}, \boldsymbol{a})$.

（${}^t\boldsymbol{a}\boldsymbol{b}$ はスカラーだから ${}^t({}^t\boldsymbol{a}\boldsymbol{b}) = {}^t\boldsymbol{a}\boldsymbol{b}$ である）

（4）　$\boldsymbol{a} \neq \boldsymbol{0}$ とする．${}^t\boldsymbol{a} = [a_1 \cdots a_n]$ と書くと，$a_i \neq 0$ となる i があるから

$$(\boldsymbol{a}, \boldsymbol{a}) = {}^t\boldsymbol{a}\boldsymbol{a} = a_1 a_1 + \cdots + a_n a_n = a_1^2 + \cdots + a_n^2 > 0.$$

終

例題 6.1.2

$V = \boldsymbol{R}[x]_n$ とする．$f, g \in V$ に対して

$$(f, g) = \int_{-1}^{1} f(x)g(x)\,dx$$

と定義すると，$(\ ,\ )$ は V の内積であることを示せ．

解答　例題 6.1.1 のように内積の 4 条件を確かめればよい（$c \in \boldsymbol{R}$, $h \in V$）．

（1）　$(f+g, h) = \int_{-1}^{1} (f(x)+g(x))h(x)\,dx$

$$= \int_{-1}^{1} f(x)h(x)\,dx + \int_{-1}^{1} g(x)h(x)\,dx = (f, h) + (g, h).$$

（2）　$(cf, g) = \int_{-1}^{1} cf(x)g(x)\,dx = c\int_{-1}^{1} f(x)g(x)\,dx = c(f, g)$.

（3）　$(f, g) = \int_{-1}^{1} f(x)g(x)\,dx = \int_{-1}^{1} g(x)f(x)\,dx = (g, f)$.

（4）　$(f, f) = \int_{-1}^{1} f(x)^2\,dx$ は連続な関数 $y = f(x)^2\ (\geqq 0)$ と x 軸および $x = -1$, $x = 1$ で囲まれた図形の面積であるから，$f(x) \neq 0$ ならば $(f, f) > 0$．　終

ベクトルのノルム　内積空間 V のベクトル $\boldsymbol{u}$ に対し $(\boldsymbol{u}, \boldsymbol{u}) \geqq 0$ であるから

$$\|\boldsymbol{u}\| = \sqrt{(\boldsymbol{u}, \boldsymbol{u})}$$

とおき $\boldsymbol{u}$ のノルムまたは**長さ**という．$\|\boldsymbol{u}\| \geqq 0$ であり，内積の定義の(4)より $\|\boldsymbol{u}\| = 0$ となるのは $\boldsymbol{u} = \boldsymbol{0}$ のときに限る．

例 2　$V = \boldsymbol{R}^2$, $\boldsymbol{u} = \begin{bmatrix} 3 \\ -2 \end{bmatrix}$ とすると，標準内積に関して

$$\|\boldsymbol{u}\| = \sqrt{3^2 + (-2)^2} = \sqrt{13}.$$

以下，断らないかぎり $\boldsymbol{R}^n$ の内積は標準内積を考える．

定理6.1.1

内積空間 V のノルムについて，次が成り立つ $(\boldsymbol{u}, \boldsymbol{v} \in V,\ c \in \boldsymbol{R})$.

(1) $\|c\boldsymbol{u}\| = |c|\,\|\boldsymbol{u}\|$.

(2) $|(\boldsymbol{u}, \boldsymbol{v})| \leqq \|\boldsymbol{u}\|\,\|\boldsymbol{v}\|$ 　(シュヴァルツの不等式).

(3) $\|\boldsymbol{u}+\boldsymbol{v}\| \leqq \|\boldsymbol{u}\| + \|\boldsymbol{v}\|$ 　(三角不等式).

証明 (1) $\|c\boldsymbol{u}\|^2 = (c\boldsymbol{u}, c\boldsymbol{u}) = c^2(\boldsymbol{u}, \boldsymbol{u}) = c^2\|\boldsymbol{u}\|^2$ となるから，この両辺の平方根をとればよい.

(2) $\boldsymbol{u}=\boldsymbol{0}$ のときには両辺が 0 であるから等号が成り立つ. $\boldsymbol{u} \neq \boldsymbol{0}$ と仮定する. $f(t) = \|t\boldsymbol{u}+\boldsymbol{v}\|^2\,(\geqq 0)$ とおくと

$$f(t) = (t\boldsymbol{u}+\boldsymbol{v},\ t\boldsymbol{u}+\boldsymbol{v}) = t^2\|\boldsymbol{u}\|^2 + 2t(\boldsymbol{u}, \boldsymbol{v}) + \|\boldsymbol{v}\|^2$$

で $\|\boldsymbol{u}\|^2 > 0$ であるから, $f(t) \geqq 0$ であるためには， t の 2 次式 $f(t)$ の判別式 D は負か 0 でなければならない. すなわち

$$D/4 = (\boldsymbol{u}, \boldsymbol{v})^2 - \|\boldsymbol{u}\|^2\,\|\boldsymbol{v}\|^2 \leqq 0.$$

(3) $\|\boldsymbol{u}+\boldsymbol{v}\|^2 = (\boldsymbol{u}+\boldsymbol{v}, \boldsymbol{u}+\boldsymbol{v}) = \|\boldsymbol{u}\|^2 + 2(\boldsymbol{u}, \boldsymbol{v}) + \|\boldsymbol{v}\|^2$

$$\underset{((2)\text{より})}{\leqq} \|\boldsymbol{u}\|^2 + 2\|\boldsymbol{u}\|\,\|\boldsymbol{v}\| + \|\boldsymbol{v}\|^2 = (\|\boldsymbol{u}\| + \|\boldsymbol{v}\|)^2.$$

終

ベクトルの直交 内積空間 V の 2 つのベクトル $\boldsymbol{u}, \boldsymbol{v}$ が直交するとは

$$(\boldsymbol{u}, \boldsymbol{v}) = 0$$

が成り立つときにいい， $\boldsymbol{u} \perp \boldsymbol{v}$ と書く.

例 3 $\boldsymbol{R}^2$ のベクトル $\boldsymbol{u} = \begin{bmatrix} 2 \\ 3 \end{bmatrix},\ \boldsymbol{v} = \begin{bmatrix} -3 \\ 2 \end{bmatrix}$ は直交する. 実際 $(\boldsymbol{u}, \boldsymbol{v}) = 2\cdot(-3) + 3\cdot 2 = 0$ である.

定理6.1.2

零ベクトルでないベクトル $\boldsymbol{u}_1, \cdots, \boldsymbol{u}_r$ が互いに直交すれば 1 次独立である.

証明 仮定により $i \neq j$ ならば $(\boldsymbol{u}_i, \boldsymbol{u}_j) = 0$ である. $c_1\boldsymbol{u}_1 + \cdots + c_r\boldsymbol{u}_r = \boldsymbol{0}$ とおくと, 任意の $i\,(1 \leqq i \leqq r)$ について $(\boldsymbol{u}_i, \boldsymbol{0}) = 0$ であるから

$$0 = (\boldsymbol{u}_i,\ c_1\boldsymbol{u}_1 + \cdots + c_r\boldsymbol{u}_r) = \sum_{j=1}^{r} c_j(\boldsymbol{u}_i, \boldsymbol{u}_j) = c_i(\boldsymbol{u}_i, \boldsymbol{u}_i).$$

仮定より $\boldsymbol{u}_i \neq \boldsymbol{0}$ だから $(\boldsymbol{u}_i, \boldsymbol{u}_i) \neq 0$ となるので $c_i = 0\,(1 \leqq i \leqq r)$ である. よって $\boldsymbol{u}_1, \cdots, \boldsymbol{u}_r$ は 1 次独立である.

終

問題 6.1

1. $\boldsymbol{R}^3$ の内積は標準的なもの，$\boldsymbol{R}[x]_2$ の内積は例題 6.1.2 で定義されるものとする．次の値を求めよ．

（1） $\left(\begin{bmatrix} 2 \\ 4 \\ -1 \end{bmatrix}, \begin{bmatrix} 3 \\ -2 \\ 4 \end{bmatrix}\right)$ （2） $\left(\begin{bmatrix} -1 \\ 3 \\ -2 \end{bmatrix}, \begin{bmatrix} 5 \\ -2 \\ -7 \end{bmatrix}\right)$ （3） $(f,\ g)$，$f=2+x-x^2$，$g=1-x+x^2$

2. 問 1 と同じ内積に関して次のベクトルのノルムを求めよ．

（1） $\boldsymbol{u}=\begin{bmatrix} 1 \\ -4 \\ -1 \end{bmatrix}$ （2） $\boldsymbol{u}=\begin{bmatrix} -1 \\ 2 \\ 3 \end{bmatrix}$ （3） $f=2+x-x^2$

3. $\boldsymbol{R}^3$ のベクトル $\begin{bmatrix} 1 \\ a \\ -1 \end{bmatrix}, \begin{bmatrix} 3 \\ -2 \\ a \end{bmatrix}$ が直交するように a を定めよ．

4. $\boldsymbol{R}^3$ のベクトルで $\begin{bmatrix} 1 \\ 1 \\ -1 \end{bmatrix}, \begin{bmatrix} 2 \\ -2 \\ 1 \end{bmatrix}$ と直交し，ノルムが 1 のものを求めよ．

5. 次を示せ．

（1） $\|\boldsymbol{u}+\boldsymbol{v}\|^2+\|\boldsymbol{u}-\boldsymbol{v}\|^2=2(\|\boldsymbol{u}\|^2+\|\boldsymbol{v}\|^2)$

（2） $\boldsymbol{u}$ と $\boldsymbol{v}$ が直交する $\Leftrightarrow \|\boldsymbol{u}+\boldsymbol{v}\|^2=\|\boldsymbol{u}\|^2+\|\boldsymbol{v}\|^2$

（3） $\boldsymbol{u}+\boldsymbol{v}$ と $\boldsymbol{u}-\boldsymbol{v}$ が直交する $\Leftrightarrow \|\boldsymbol{u}\|=\|\boldsymbol{v}\|$

6. 内積空間 V の部分空間 W に対して

$$W^{\perp}=\{\boldsymbol{u}\in V \mid (\boldsymbol{u}, \boldsymbol{v})=0 \text{ がすべての } \boldsymbol{v}\in V \text{ に対して成り立つ}\}$$

とおくと $W^{\perp}$ は V の部分空間であることを示せ（$W^{\perp}$ を W の V における**直交補空間**という）．

7. 内積空間 V の部分空間 W に対して次を示せ．

（1） $W\cap W^{\perp}=\{\boldsymbol{0}\}$

（2） V の部分空間 W_1，W_2 に対して $W_1\subset W_2 \Rightarrow W_1{}^{\perp}\supset W_2{}^{\perp}$

8. 内積空間 $\boldsymbol{R}^3$ の次の部分空間 W に対して，直交補空間を求めよ．

$$W=\left\{\boldsymbol{x}\in \boldsymbol{R}^3 \;\middle|\; \begin{array}{l} x_1+2x_2+x_3=0 \\ 2x_1+3x_2-x_3=0 \end{array}\right\}$$

6.2 正規直交基と直交行列

この節では，ベクトル空間 V は $\boldsymbol{R}$ 上の内積空間とする．また $\boldsymbol{R}^n$ の内積は標準的なものとする．

正規直交基 次の条件(＊)を満たす V の基 $\{\boldsymbol{u}_1, \cdots, \boldsymbol{u}_n\}$ を正規直交基という．

(＊) $$(\boldsymbol{u}_i, \boldsymbol{u}_j)=\delta_{ij} \qquad (1\leqq i,\ j\leqq n).$$

$\dim(V)=n$ なら V の n 個のベクトル $\{\boldsymbol{u}_1, \cdots, \boldsymbol{u}_n\}$ が(＊)を満たせば，定理6.1.2，定理4.4.5より V の基となるので，$\{\boldsymbol{u}_1, \cdots, \boldsymbol{u}_n\}$ は正規直交基である．

例1 $\boldsymbol{R}^n$ の標準基 $\{\boldsymbol{e}_1, \cdots, \boldsymbol{e}_n\}$ は正規直交基である．

例2 $\boldsymbol{R}^2$ のベクトルの組 $\left\{\begin{bmatrix} 1/\sqrt{2} \\ 1/\sqrt{2} \end{bmatrix}, \begin{bmatrix} 1/\sqrt{2} \\ -1/\sqrt{2} \end{bmatrix}\right\}$ は正規直交基である．

定理6.2.1 ――― **シュミットの正規直交化**

V の1組の基を $\{\boldsymbol{v}_1, \cdots, \boldsymbol{v}_n\}$ とすると，正規直交基 $\{\boldsymbol{u}_1, \cdots, \boldsymbol{u}_n\}$ で

$$\langle \boldsymbol{u}_1, \cdots, \boldsymbol{u}_r\rangle_R=\langle \boldsymbol{v}_1, \cdots, \boldsymbol{v}_r\rangle_R \qquad (1\leqq r\leqq n)$$

となるものが存在する†．特に有限次元の内積空間は正規直交基をもつ．

証明 まず

$$\boldsymbol{u}_1=\boldsymbol{v}_1/\|\boldsymbol{v}_1\|$$

とおくと，$\|\boldsymbol{u}_1\|=1$ である．次に

$$\boldsymbol{v}_2'=\boldsymbol{v}_2-(\boldsymbol{v}_2, \boldsymbol{u}_1)\boldsymbol{u}_1, \qquad \boldsymbol{u}_2=\boldsymbol{v}_2'/\|\boldsymbol{v}_2'\|$$

とおくと，$(\boldsymbol{u}_1, \boldsymbol{u}_2)=0$，$\|\boldsymbol{u}_2\|=1$ でありさらに

$$\langle \boldsymbol{u}_1, \boldsymbol{u}_2\rangle_R=\langle \boldsymbol{u}_1, \boldsymbol{v}_2\rangle_R=\langle \boldsymbol{v}_1, \boldsymbol{v}_2\rangle_R.$$

これを続けて，$\boldsymbol{u}_1, \cdots, \boldsymbol{u}_r$ $(1\leqq r<n)$ が求まったとき

$$\boldsymbol{v}_{r+1}'=\boldsymbol{v}_{r+1}-\sum_{i=1}^{r}(\boldsymbol{v}_{r+1}, \boldsymbol{u}_i)\boldsymbol{u}_i,$$

$$\boldsymbol{u}_{r+1}=\boldsymbol{v}_{r+1}'/\|\boldsymbol{v}_{r+1}'\|$$

とおく，$(\boldsymbol{v}_{r+1}', \boldsymbol{u}_i)=0$ $(1\leqq i\leqq r)$ だから $(\boldsymbol{u}_{r+1}, \boldsymbol{u}_i)=0$ であり

$$\begin{aligned}\langle \boldsymbol{u}_1, \cdots, \boldsymbol{u}_r, \boldsymbol{u}_{r+1}\rangle_R &=\langle \boldsymbol{u}_1, \cdots, \boldsymbol{u}_r, \boldsymbol{v}_{r+1}\rangle_R \\ &=\langle \boldsymbol{v}_1, \cdots, \boldsymbol{v}_{r+1}\rangle_R\end{aligned}$$

が成り立っている．これを続けて求める正規直交基を得る． 終

---

† $\langle \boldsymbol{u}_1, \cdots, \boldsymbol{u}_r\rangle_R$ は $\boldsymbol{u}_1, \cdots, \boldsymbol{u}_r$ で生成される部分空間である(p. 84 参照)．

例題 6.2.1

シュミットの正規直交化を用いて，$\boldsymbol{R}^3$ の次の基を正規直交化せよ．

$$\left\{\begin{bmatrix}1\\1\\0\end{bmatrix}, \begin{bmatrix}1\\3\\1\end{bmatrix}, \begin{bmatrix}2\\-1\\1\end{bmatrix}\right\}$$

解答

$$\boldsymbol{v}_1=\begin{bmatrix}1\\1\\0\end{bmatrix},\ \boldsymbol{v}_2=\begin{bmatrix}1\\3\\1\end{bmatrix},\ \boldsymbol{v}_3=\begin{bmatrix}2\\-1\\1\end{bmatrix}$$

とおく．定理 6.2.1 のように $\boldsymbol{u}_1, \boldsymbol{u}_2, \boldsymbol{u}_3$ を順に求めていく．

$$\boldsymbol{u}_1=\frac{1}{\|\boldsymbol{v}_1\|}\begin{bmatrix}1\\1\\0\end{bmatrix}=\frac{1}{\sqrt{2}}\begin{bmatrix}1\\1\\0\end{bmatrix},$$

$$\boldsymbol{v}_2'=\boldsymbol{v}_2-(\boldsymbol{v}_2, \boldsymbol{u}_1)\,\boldsymbol{u}_1=\begin{bmatrix}1\\3\\1\end{bmatrix}-\frac{4}{\sqrt{2}}\frac{1}{\sqrt{2}}\begin{bmatrix}1\\1\\0\end{bmatrix}=\begin{bmatrix}-1\\1\\1\end{bmatrix},$$

$$\boldsymbol{u}_2=\frac{1}{\|\boldsymbol{v}_2'\|}\boldsymbol{v}_2'=\frac{1}{\sqrt{3}}\begin{bmatrix}-1\\1\\1\end{bmatrix},$$

$$\boldsymbol{v}_3'=\boldsymbol{v}_3-(\boldsymbol{v}_3, \boldsymbol{u}_1)\boldsymbol{u}_1-(\boldsymbol{v}_3, \boldsymbol{u}_2)\boldsymbol{u}_2=\frac{5}{6}\begin{bmatrix}1\\-1\\2\end{bmatrix},$$

$$\boldsymbol{u}_3=\frac{1}{\|\boldsymbol{v}_3'\|}\boldsymbol{v}_3'=\frac{1}{\sqrt{6}}\begin{bmatrix}1\\-1\\2\end{bmatrix}.$$

(答)　$$\left\{\frac{1}{\sqrt{2}}\begin{bmatrix}1\\1\\0\end{bmatrix}, \frac{1}{\sqrt{3}}\begin{bmatrix}-1\\1\\1\end{bmatrix}, \frac{1}{\sqrt{6}}\begin{bmatrix}1\\-1\\2\end{bmatrix}\right\}.$$

定理 6.2.2

$\{\boldsymbol{u}_1, \cdots, \boldsymbol{u}_n\}$ を内積空間 V の正規直交基とする．V のベクトル $\boldsymbol{u}, \boldsymbol{v}$ を $\boldsymbol{u}=a_1\boldsymbol{u}_1+\cdots+a_n\boldsymbol{u}_n$, $\boldsymbol{v}=b_1\boldsymbol{u}_1+\cdots+b_n\boldsymbol{u}_n$ と書くと

$$(\boldsymbol{u}, \boldsymbol{v})=a_1b_1+\cdots+a_nb_n.$$

証明　$(\boldsymbol{u}, \boldsymbol{v})=\sum_{j=1}^{n}\sum_{i=1}^{n} a_ib_j(\boldsymbol{u}_i, \boldsymbol{u}_j)=a_1b_1+\cdots+a_nb_n.$　終

直交変換　内積空間 V の線形変換 T が直交変換であるとは

$$(T(\boldsymbol{u}), T(\boldsymbol{v}))=(\boldsymbol{u}, \boldsymbol{v}) \qquad (\boldsymbol{u}, \boldsymbol{v}\in V)$$

が成り立つときにいう．

例 3　$\boldsymbol{R}^2$ の線形変換 $T(\boldsymbol{x})=\begin{bmatrix} 0 & 1 \\ 1 & 0 \end{bmatrix}\boldsymbol{x}$ は直交変換である．

実際 $\boldsymbol{a}=\begin{bmatrix} a_1 \\ a_2 \end{bmatrix}$, $\boldsymbol{b}=\begin{bmatrix} b_1 \\ b_2 \end{bmatrix}$ とおくと $T(\boldsymbol{a})=\begin{bmatrix} a_2 \\ a_1 \end{bmatrix}$, $T(\boldsymbol{b})=\begin{bmatrix} b_2 \\ b_1 \end{bmatrix}$ だから

$$(T(\boldsymbol{a}), T(\boldsymbol{b}))=a_2b_2+a_1b_1=(\boldsymbol{a}, \boldsymbol{b}).$$

定理 6.2.3

$\{\boldsymbol{u}_1, \cdots, \boldsymbol{u}_n\}$ を内積空間 V の正規直交基とする．V の線形変換 T に対して

$$T \text{ が直交変換} \iff \{T(\boldsymbol{u}_1), \cdots, T(\boldsymbol{u}_n)\} \text{ が } V \text{ の正規直交基.}$$

証明　(⇒)　T は直交変換であるから

$$(T(\boldsymbol{u}_i), T(\boldsymbol{u}_j))=(\boldsymbol{u}_i, \boldsymbol{u}_j)=\delta_{ij} \qquad (1\leqq i, j\leqq n)$$

となる．$\dim(V)=n$ であるので $\{T(\boldsymbol{u}_1), \cdots, T(\boldsymbol{u}_n)\}$ は V の正規直交基であることがわかる．

(⇐)　V のベクトル $\boldsymbol{u}, \boldsymbol{v}$ を $\boldsymbol{u}=a_1\boldsymbol{u}_1+\cdots+a_n\boldsymbol{u}_n$,　$\boldsymbol{v}=b_1\boldsymbol{u}_1+\cdots+b_n\boldsymbol{u}_n$ と表すと定理 6.2.2 により

$$(\boldsymbol{u}, \boldsymbol{v})=a_1b_1+\cdots+a_nb_n.$$

また，$T(\boldsymbol{u})=a_1T(\boldsymbol{u}_1)+\cdots+a_nT(\boldsymbol{u}_n)$,　$T(\boldsymbol{v})=b_1T(\boldsymbol{u}_1)+\cdots+b_nT(\boldsymbol{u}_n)$ であり，$\{T(\boldsymbol{u}_1), \cdots, T(\boldsymbol{u}_n)\}$ が正規直交基であるから，定理 6.2.2 により

$$(T(\boldsymbol{u}), T(\boldsymbol{v}))=a_1b_1+\cdots+a_nb_n$$

となる．よって

$$(T(\boldsymbol{u}), T(\boldsymbol{v}))=(\boldsymbol{u}, \boldsymbol{v})$$

が示された．　終

直交行列 n 次の実正方行列 P が直交行列であるとは

$$ {}^tPP=E_n $$

を満たすときにいう．このとき P は正則で $P^{-1}={}^tP$ である．定義の式の両辺の行列式をとると $\det(P)^2=1$ であるから $\det(P)=\pm1$ である．

例 4 次の行列は，2 次の直交行列である．

$$ \begin{bmatrix}1&0\\0&1\end{bmatrix},\quad \begin{bmatrix}0&1\\1&0\end{bmatrix},\quad \begin{bmatrix}0&-1\\1&0\end{bmatrix},\quad \begin{bmatrix}\cos\theta&-\sin\theta\\ \sin\theta&\cos\theta\end{bmatrix}. $$

定理 6.2.4

n 次の実正方行列 A に対し $T_A:\boldsymbol{R}^n\to\boldsymbol{R}^n$ を $T_A(\boldsymbol{x})=A\boldsymbol{x}$ と定義すると

$$ A \text{ が直交行列} \iff T_A \text{ が直交変換}. $$

証明 行列 A を $A=[\boldsymbol{a}_1\ \cdots\ \boldsymbol{a}_n]$ と列ベクトル表示すると

$$ T_A(\boldsymbol{e}_1)=A\boldsymbol{e}_1=\boldsymbol{a}_1,\quad \cdots,\quad T_A(\boldsymbol{e}_n)=A\boldsymbol{e}_n=\boldsymbol{a}_n $$

である．$\{\boldsymbol{e}_1,\cdots,\boldsymbol{e}_n\}$ は $\boldsymbol{R}^n$ の正規直交基であるから定理 6.2.3 により

$$ \begin{aligned} T_A \text{ が直交変換} &\iff \{\boldsymbol{a}_1,\cdots,\boldsymbol{a}_n\} \text{ が } \boldsymbol{R}^n \text{ の正規直交基} \\ &\iff {}^t\boldsymbol{a}_i\boldsymbol{a}_j=(\boldsymbol{a}_i,\boldsymbol{a}_j)=\delta_{ij}\quad (1\leqq i,j\leqq n) \end{aligned} $$

${}^tAA$ の (i,j) 成分は ${}^t\boldsymbol{a}_i\boldsymbol{a}_j$ であるから

$$ \begin{aligned} &\iff {}^tAA=E \\ &\iff A \text{ が直交行列}. \end{aligned} $$

終

次の定理は定理 6.2.4 の証明の中で示されているが，重要なので改めて述べておく．

定理 6.2.5

n 次の実正方行列を $A=[\boldsymbol{a}_1\ \cdots\ \boldsymbol{a}_n]$ と列ベクトル表示すると

$$ A \text{ が直交行列} \iff \{\boldsymbol{a}_1,\cdots,\boldsymbol{a}_n\} \text{ が } \boldsymbol{R}^n \text{ の正規直交基}. $$

例 5 例題 6.2.1 の結果を用いると，定理 6.2.5 により次の行列 P は直交行列である．

$$ P=\begin{bmatrix}1/\sqrt{2}&-1/\sqrt{3}&1/\sqrt{6}\\ 1/\sqrt{2}&1/\sqrt{3}&-1/\sqrt{6}\\ 0&1/\sqrt{3}&2/\sqrt{6}\end{bmatrix}. $$

問題6.2

1. 次の $\boldsymbol{R}^3$ または $\boldsymbol{R}^4$ の基をシュミットの方法で正規直交化せよ.

(1) $\left\{\begin{bmatrix}1\\1\\0\end{bmatrix}, \begin{bmatrix}1\\1\\1\end{bmatrix}, \begin{bmatrix}1\\0\\0\end{bmatrix}\right\}$ (2) $\left\{\begin{bmatrix}2\\1\\1\end{bmatrix}, \begin{bmatrix}1\\0\\1\end{bmatrix}, \begin{bmatrix}1\\2\\1\end{bmatrix}\right\}$

(3) $\left\{\begin{bmatrix}1\\1\\1\\1\end{bmatrix}, \begin{bmatrix}1\\1\\0\\0\end{bmatrix}, \begin{bmatrix}1\\0\\0\\1\end{bmatrix}, \begin{bmatrix}1\\0\\0\\0\end{bmatrix}\right\}$ (4) $\left\{\begin{bmatrix}1\\-1\\0\\0\end{bmatrix}, \begin{bmatrix}0\\1\\-1\\0\end{bmatrix}, \begin{bmatrix}1\\0\\0\\1\end{bmatrix}, \begin{bmatrix}0\\1\\0\\0\end{bmatrix}\right\}$

2. 次の $\boldsymbol{R}[x]_2$ の基を例題 6.1.2 で定義した内積に関し, シュミットの方法で正規直交化せよ.

(1) $\{1, x, x^2\}$ (2) $\{1+x, x+x^2, 1\}$

3. 次の行列は直交行列であることを示せ.

(1) $\begin{bmatrix}1/\sqrt{3} & 0 & 2/\sqrt{6}\\ 1/\sqrt{3} & 1/\sqrt{2} & -1/\sqrt{6}\\ -1/\sqrt{3} & 1/\sqrt{2} & 1/\sqrt{6}\end{bmatrix}$

(2) $\begin{bmatrix}\cos\phi & -\sin\phi & 0\\ \cos\theta\sin\phi & \cos\theta\cos\phi & -\sin\theta\\ \sin\theta\sin\phi & \sin\theta\cos\phi & \cos\theta\end{bmatrix}$

4. 次の行列が直交行列となるように a, b, c を定めよ.

(1) $\begin{bmatrix}a & -b & -c\\ a & b & -c\\ a & 0 & 2c\end{bmatrix}$ (2) $\begin{bmatrix}a & 2a & a\\ b & 0 & -b\\ c & -c & c\end{bmatrix}$

5. P が直交行列ならば, P^{-1} も直交行列であることを示せ.

6. P, Q が直交行列ならば, 積 PQ も直交行列であることを示せ.

7. 次の等式を示せ.

$$(\boldsymbol{u}, \boldsymbol{v}) = \frac{1}{2}\{\|\boldsymbol{u}+\boldsymbol{v}\|^2 - \|\boldsymbol{u}\|^2 - \|\boldsymbol{v}\|^2\}$$

8. V の線形変換 T に対し次の同値を示せ.

T が直交変換 $\Longleftrightarrow$ $\|T(\boldsymbol{u})\| = \|\boldsymbol{u}\|$ が全ての $\boldsymbol{u} \in V$ に成り立つ

6.3　対称行列の対角化

§5.4においては正方行列を正則行列を用いて対角化することを考察した．これは一般の体の元を成分にもつ行列についても成り立つ．一方，体を実数体に限れば $\boldsymbol{R}^n$ は内積をもつから，行列を $\boldsymbol{R}^n$ の標準内積を変えない行列―直交行列―で対角化できるかどうかが，幾何学的応用とも関連して重要である．この節では実対称行列は直交行列を用いて対角化できることを示す．

複素共役　複素数 $\alpha=a+bi$ $(i=\sqrt{-1})$ に対して $\bar{\alpha}=a-bi$ とおき，α の複素共役という．$\bar{\alpha}=\alpha$ となる複素数が実数である．複素共役は和，差，積，商を保つ．すなわち

$$\overline{\alpha\pm\beta}=\bar{\alpha}\pm\bar{\beta},\qquad \overline{\alpha\beta}=\bar{\alpha}\bar{\beta},\qquad \overline{\left(\frac{\alpha}{\beta}\right)}=\frac{\bar{\alpha}}{\bar{\beta}}.$$

複素行列 $A=[\alpha_{ij}]$ に対し $\bar{A}=[\bar{\alpha}_{ij}]$ とおく．複素共役は和，差，積を保つから $\overline{(A\pm B)}=\bar{A}\pm\bar{B}$，$\overline{(AB)}=\bar{A}\bar{B}$ が成り立つ．

定理6.3.1

実対称行列の固有値は全て実数である．

証明　実対称行列 A の固有値を λ とする．λ が実数の場合と同様に λ が複素数でも

$$A\boldsymbol{x}=\lambda\boldsymbol{x}$$

となる n 次の複素ベクトル $\boldsymbol{x}\,(\neq\boldsymbol{0})$ が存在する．この両辺の複素共役を考える．A は実行列だから $\bar{A}=A$ となるので $A\bar{\boldsymbol{x}}=\bar{A}\bar{\boldsymbol{x}}=\bar{\lambda}\bar{\boldsymbol{x}}$．よって

(＊)　$$\bar{\lambda}\,{}^t\bar{\boldsymbol{x}}\boldsymbol{x}={}^t(\bar{\lambda}\bar{\boldsymbol{x}})\boldsymbol{x}={}^t(A\bar{\boldsymbol{x}})\boldsymbol{x}={}^t\bar{\boldsymbol{x}}\,{}^tA\boldsymbol{x}={}^t\bar{\boldsymbol{x}}A\boldsymbol{x}={}^t\bar{\boldsymbol{x}}(\lambda\boldsymbol{x})=\lambda\,{}^t\bar{\boldsymbol{x}}\boldsymbol{x}.$$

ここで $\boldsymbol{x}=\begin{bmatrix}x_1\\ \vdots\\ x_n\end{bmatrix}$ と成分表示すると

$${}^t\bar{\boldsymbol{x}}\boldsymbol{x}=\bar{x}_1x_1+\cdots+\bar{x}_nx_n=|x_1|^2+\cdots+|x_n|^2\neq0$$

であるから，(＊)の両辺を ${}^t\bar{\boldsymbol{x}}\boldsymbol{x}$ で割って，$\bar{\lambda}=\lambda$．よって λ は実数である．　終

例 1　$A=\begin{bmatrix}1&2\\2&1\end{bmatrix}$ とすると A は実対称行列である．A の固有多項式は

$$g_A(t)=t^2-2t-3=(t-3)(t+1)$$

となるから，A の固有値は $\lambda=3,\ -1$ となり実数である．

行列の(上)三角化　正方行列 A に対し $P^{-1}AP$ が上三角行列となる正則行列 P と上三角行列 $P^{-1}AP$ を求めることを，行列 A の(上)三角化という．

定理6.3.2

n 次の実正方行列 A の固有値が全て実数ならば，A は直交行列を用いて上三角化できる．すなわち次のような直交行列 P が存在する．

$$P^{-1}AP=\begin{bmatrix} \lambda_1 & & * \\ & \ddots & \\ O & & \lambda_n \end{bmatrix}.$$

直交行列 P は $\det(P)=1$ ととることができる．

証明　n に関する帰納法で示す．$n=1$ のときは明らかである．$n>1$ とし $n-1$ 次までの行列について定理の主張が成り立つとする．λ_1 を A の固有値，$\boldsymbol{q}_1$ を λ_1 に属する A の固有ベクトルでノルムが1のものとする．$\boldsymbol{q}_1$ を含む正規直交基を $\{\boldsymbol{q}_1, \cdots, \boldsymbol{q}_n\}$ とし，$Q=[\boldsymbol{q}_1 \cdots \boldsymbol{q}_n]$ とおくと，定理6.2.5により，Q は直交行列である．また $\boldsymbol{q}_1$ は λ_1 に属する固有ベクトルであるから

$$Q^{-1}AQ=\left[\begin{array}{c:c} \lambda_1 & * * * \\ \hdashline \mathbf{0} & B \end{array}\right] \qquad (B \text{ は } n-1 \text{ 次の正方行列})$$

と書ける．$g_A(t)=(t-\lambda_1)g_B(t)$ であるから，B の固有値も全て実数である．よって帰納法の仮定より

$$R^{-1}BR=\begin{bmatrix} \lambda_2 & & * \\ & \ddots & \\ O & & \lambda_n \end{bmatrix}$$

となる $n-1$ 次の直交行列 R が存在する．よって

$$P=Q\left[\begin{array}{c:c} 1 & \mathbf{0} \\ \hdashline \mathbf{0} & R \end{array}\right]$$

とおくと，P は直交行列であり，行列の長方形分割を用いると

$$P^{-1}AP=\left[\begin{array}{c:c} 1 & \mathbf{0} \\ \hdashline \mathbf{0} & R^{-1} \end{array}\right]\left[\begin{array}{c:c} \lambda_1 & * * * \\ \hdashline \mathbf{0} & B \end{array}\right]\left[\begin{array}{c:c} 1 & \mathbf{0} \\ \hdashline \mathbf{0} & R \end{array}\right]=\left[\begin{array}{c:ccc} \lambda_1 & & * * * & \\ \hdashline & \lambda_2 & & * \\ \mathbf{0} & & \ddots & \\ & O & & \lambda_n \end{array}\right].$$

必要ならば $\boldsymbol{q}_1$ を $-\boldsymbol{q}_1$ と取り替えて，$\det(P)=1$ ととることができる．　終

例題 6.3.1

次の行列 A の固有値は全て実数であることを確かめ，直交行列を用いて上三角化せよ．

$$A=\begin{bmatrix} 1 & 0 & 0 \\ 2 & 3 & 4 \\ -2 & -2 & -3 \end{bmatrix}$$

解答　定理 6.3.2 の証明に従って求めてみる．A の固有多項式は

$$g_A(t)=(t-1)^2(t+1)$$

であるから，A の固有値は全て実数である．固有値 $\lambda=1$ の固有空間を求めると

$$W(1\,;A)=\left\{ c_1\begin{bmatrix} -1 \\ 1 \\ 0 \end{bmatrix}+c_2\begin{bmatrix} -2 \\ 0 \\ 1 \end{bmatrix} \middle| c_1,\ c_2\in \boldsymbol{R} \right\}.$$

この空間の零でないベクトルを1つとり，それを含む $\boldsymbol{R}^3$ の基を1組とる．例えば $\left\{\begin{bmatrix} -1 \\ 1 \\ 0 \end{bmatrix}, \begin{bmatrix} 0 \\ 1 \\ 0 \end{bmatrix}, \begin{bmatrix} 0 \\ 0 \\ 1 \end{bmatrix}\right\}$ をとり正規直交化すると

$$\left\{\begin{bmatrix} -1/\sqrt{2} \\ 1/\sqrt{2} \\ 0 \end{bmatrix}, \begin{bmatrix} 1/\sqrt{2} \\ 1/\sqrt{2} \\ 0 \end{bmatrix}, \begin{bmatrix} 0 \\ 0 \\ 1 \end{bmatrix}\right\}$$

となる．よって $Q=\begin{bmatrix} -1/\sqrt{2} & 1/\sqrt{2} & 0 \\ 1/\sqrt{2} & 1/\sqrt{2} & 0 \\ 0 & 0 & 1 \end{bmatrix}$ は直交行列で $Q^{-1}={}^tQ$ を用いると

$$Q^{-1}AQ=\begin{bmatrix} 1 & 2 & 2\sqrt{2} \\ 0 & 3 & 2\sqrt{2} \\ 0 & -2\sqrt{2} & -3 \end{bmatrix}$$

となる．$B=\begin{bmatrix} 3 & 2\sqrt{2} \\ -2\sqrt{2} & -3 \end{bmatrix}$ とおくと $g_B(t)=t^2-1$ である．B の固有値1の固有空間は

$$W(1\,;B)=\left\{ c\begin{bmatrix} -\sqrt{2} \\ 1 \end{bmatrix} \middle| c\in \boldsymbol{R} \right\}$$

であるから $\begin{bmatrix} -\sqrt{2} \\ 1 \end{bmatrix}$ を含む $\boldsymbol{R}^2$ の1つの基，例えば $\left\{\begin{bmatrix} -\sqrt{2} \\ 1 \end{bmatrix}, \begin{bmatrix} 1 \\ 0 \end{bmatrix}\right\}$ を正規直交

化すると $\left\{\begin{bmatrix} -\sqrt{2}/\sqrt{3} \\ 1/\sqrt{3} \end{bmatrix}, \begin{bmatrix} 1/\sqrt{3} \\ \sqrt{2}/\sqrt{3} \end{bmatrix}\right\}$ となる．よって $R=\begin{bmatrix} -\sqrt{2}/\sqrt{3} & 1/\sqrt{3} \\ 1/\sqrt{3} & \sqrt{2}/\sqrt{3} \end{bmatrix}$ とおくと，R は 2 次の直交行列である．さらに

$$P=Q\begin{bmatrix} 1 & 0 & 0 \\ 0 & & \\ 0 & \multicolumn{2}{c}{R} \end{bmatrix}=\begin{bmatrix} -1/\sqrt{2} & -1/\sqrt{3} & 1/\sqrt{6} \\ 1/\sqrt{2} & -1/\sqrt{3} & 1/\sqrt{6} \\ 0 & 1/\sqrt{3} & 2/\sqrt{6} \end{bmatrix}$$

とおくと, P は 3 次の直交行列で

$$P^{-1}AP=\begin{bmatrix} 1 & 0 & 2\sqrt{3} \\ 0 & 1 & -4\sqrt{2} \\ 0 & 0 & -1 \end{bmatrix}.$$

別解 A の固有多項式は

$$g_A(t)=(t-1)^2(t+1)$$

であるから，A の固有値は $\lambda=1,\ -1$ である．各々の固有空間を調べると例題 5.3.1, 例題 5.4.2 と同様の計算で

$$W(1\,;A)=\left\{ c_1\begin{bmatrix} -1 \\ 1 \\ 0 \end{bmatrix}+c_2\begin{bmatrix} -2 \\ 0 \\ 1 \end{bmatrix} \middle| c_1,\ c_2\in \boldsymbol{R} \right\},$$

$$W(-1\,;A)=\left\{ c\begin{bmatrix} 0 \\ -1 \\ 1 \end{bmatrix} \middle| c\in \boldsymbol{R} \right\}$$

となる．$\boldsymbol{R}^3$ の基として $W(1;\ A)$ の基および $W(-1;\ A)$ の基を含むものをとり，この基をシュミットの方法で正規直交化する．この場合は $W(1;\ A)$ の基と $W(-1;\ A)$ の基を合わせたものが $\boldsymbol{R}^3$ で，その基

$$\left\{\begin{bmatrix} -1 \\ 1 \\ 0 \end{bmatrix}, \begin{bmatrix} -2 \\ 0 \\ 1 \end{bmatrix}, \begin{bmatrix} 0 \\ -1 \\ 1 \end{bmatrix}\right\}$$

を正規直交化すると

$$\left\{\begin{bmatrix} -1/\sqrt{2} \\ 1/\sqrt{2} \\ 0 \end{bmatrix}, \begin{bmatrix} -1/\sqrt{3} \\ -1/\sqrt{3} \\ 1/\sqrt{3} \end{bmatrix}, \begin{bmatrix} 1/\sqrt{6} \\ 1/\sqrt{6} \\ 2/\sqrt{6} \end{bmatrix}\right\}.$$

これを列ベクトルにもつ行列

$$P=\begin{bmatrix} -1/\sqrt{2} & -1/\sqrt{3} & 1/\sqrt{6} \\ 1/\sqrt{2} & -1/\sqrt{3} & 1/\sqrt{6} \\ 0 & 1/\sqrt{3} & 2/\sqrt{6} \end{bmatrix}$$

は直交行列であり

$$P^{-1}AP=\begin{bmatrix} 1 & 0 & 2\sqrt{3} \\ 0 & 1 & -4\sqrt{2} \\ 0 & 0 & -1 \end{bmatrix}.$$

注意　$\boldsymbol{R}^n$ (この場合は $\boldsymbol{R}^3$)の基が A の固有ベクトルのみで得られないときには，このように1回で上三角化できるとは限らないが，そのときには上の解答と同様に行列の一部をさらに上三角行列化する作業を繰り返す必要がある．

定理 6.3.3

A が n 次の実対称行列ならば，直交行列 P で

$$P^{-1}AP=\begin{bmatrix} \lambda_1 & & O \\ & \ddots & \\ O & & \lambda_n \end{bmatrix}$$

となるものが存在する．直交行列 P は $\det(P)=1$ にとることができる．

証明　定理 6.3.1 により，実対称行列の固有値は全て実数であるから，定理 6.3.2 により，直交行列 P で(必要ならば $\det(P)=1$ のもので)

$$P^{-1}AP=\begin{bmatrix} \lambda_1 & & * \\ & \ddots & \\ O & & \lambda_n \end{bmatrix}$$

となるものが存在する．${}^tP=P^{-1}$ であるから

$${}^t(P^{-1}AP)={}^tP\,{}^tA\,{}^tP^{-1}=P^{-1}AP$$

である．すなわち $P^{-1}AP$ は対称行列である．よって

$$P^{-1}AP=\begin{bmatrix} \lambda_1 & & O \\ & \ddots & \\ O & & \lambda_n \end{bmatrix}.$$

終

例題 6.3.2

実対称行列 $A=\begin{bmatrix} 1 & 2 & -1 \\ 2 & -2 & 2 \\ -1 & 2 & 1 \end{bmatrix}$ を直交行列を用いて対角化せよ.

解答　$g_A(t)=|tE-A|=(t-2)^2(t+4)$ であるから A の固有値は 2, -4 である. A の各固有値に対して固有空間を求めると

$$W(2\,;A)=\left\{c_1\begin{bmatrix}2\\1\\0\end{bmatrix}+c_2\begin{bmatrix}-1\\0\\1\end{bmatrix}\middle|\, c_1,\ c_2\in \boldsymbol{R}\right\},$$

$$W(-4\,;A)=\left\{c\begin{bmatrix}1\\-2\\1\end{bmatrix}\middle|\, c\in \boldsymbol{R}\right\}.$$

$W(2\,;A)$ の基 $\left\{\begin{bmatrix}2\\1\\0\end{bmatrix}, \begin{bmatrix}-1\\0\\1\end{bmatrix}\right\}$ を正規直交化すると $\left\{\begin{bmatrix}2/\sqrt{5}\\1/\sqrt{5}\\0\end{bmatrix}, \begin{bmatrix}-1/\sqrt{30}\\2/\sqrt{30}\\5/\sqrt{30}\end{bmatrix}\right\}$ である. また $W(-4\,;A)$ の基 $\left\{\begin{bmatrix}1\\-2\\1\end{bmatrix}\right\}$ を正規直交化すると $\left\{\begin{bmatrix}1/\sqrt{6}\\-2/\sqrt{6}\\1/\sqrt{6}\end{bmatrix}\right\}$ となる. $W(2\,;A)$ の各ベクトルと $W(-4\,;A)$ の各ベクトルは直交するから(問題 6.3-4)

$$\left\{\begin{bmatrix}2/\sqrt{5}\\1/\sqrt{5}\\0\end{bmatrix}, \begin{bmatrix}-1/\sqrt{30}\\2/\sqrt{30}\\5/\sqrt{30}\end{bmatrix}, \begin{bmatrix}1/\sqrt{6}\\-2/\sqrt{6}\\1/\sqrt{6}\end{bmatrix}\right\}$$

は $\boldsymbol{R}^3$ の正規直交基である. よって

$$P=\begin{bmatrix}2/\sqrt{5} & -1/\sqrt{30} & 1/\sqrt{6}\\ 1/\sqrt{5} & 2/\sqrt{30} & -2/\sqrt{6}\\ 0 & 5/\sqrt{30} & 1/\sqrt{6}\end{bmatrix} \text{ は直交行列で } P^{-1}AP=\begin{bmatrix}2 & 0 & 0\\ 0 & 2 & 0\\ 0 & 0 & -4\end{bmatrix}.$$

問題6.3

1.　次の実対称行列を直交行列で対角化せよ.

（1）$\begin{bmatrix} 0 & 0 & 1 \\ 0 & 1 & 0 \\ 1 & 0 & 0 \end{bmatrix}$　（2）$\begin{bmatrix} 1 & 1 & 0 \\ 1 & 4 & 3 \\ 0 & 3 & 1 \end{bmatrix}$

（3）$\begin{bmatrix} 2 & 0 & \sqrt{10} \\ 0 & -1 & 2 \\ \sqrt{10} & 2 & 1 \end{bmatrix}$　（4）$\begin{bmatrix} 1 & -1 & 0 \\ -1 & -1 & 1 \\ 0 & 1 & 1 \end{bmatrix}$

2.　次の行列の固有値は全て実数であることを確かめ, 直交行列を用いて上三角化せよ.

（1）$\begin{bmatrix} 1 & 2 & 0 \\ 0 & 2 & 0 \\ -2 & 4 & -1 \end{bmatrix}$　（2）$\begin{bmatrix} 5 & -3 & 6 \\ 2 & 0 & 6 \\ -4 & 4 & -1 \end{bmatrix}$

3.　実数係数の正方行列 A が直交行列によって対角化される必要十分条件は, A が対称行列であることを示せ.

4.　A を n 次の実対称行列とする. $\boldsymbol{u}, \boldsymbol{v} \in \boldsymbol{R}^n$ を各々 A の固有値 λ, μ に属する固有ベクトルとする. $\lambda \neq \mu$ ならば $\boldsymbol{u}, \boldsymbol{v}$ は直交することを示せ.

6.4 2次形式

2次形式 実数 a_{ij} を係数にもつ，n 変数 $x_1, \cdots, x_n$ の2次の同次式

$$q(x_1, \cdots, x_n) = \sum_{i=1}^{n}\sum_{j=1}^{n} a_{ij}x_i x_j$$

$$= [x_1 \ \cdots \ x_n] A \begin{bmatrix} x_1 \\ \vdots \\ x_n \end{bmatrix} \qquad (A = [a_{ij}])$$

を2次形式という．この行列 A を2次形式の係数行列という．

2次形式の表し方 n 次正方行列 A と n 次の列ベクトル $\boldsymbol{x}$ に対して

$$A[\boldsymbol{x}] = {}^t\boldsymbol{x}A\boldsymbol{x}$$

と定義する．この記号を用いると，2次形式は $q(x_1, \cdots, x_n) = A[\boldsymbol{x}]$ と表される．

また，2次形式 $q(x_1, \cdots, x_n) = A[\boldsymbol{x}]$ に対して，n 次正方行列 $B = [b_{ij}]$ を

$$b_{ij} = b_{ji} = \frac{a_{ij} + a_{ji}}{2} \quad (1 \leqq i, j \leqq n)$$

と定義すると，B は実対称行列であり，2次形式 q は

$$q(x_1, \cdots, x_n) = A[\boldsymbol{x}] = B[\boldsymbol{x}]$$

と表される．よって，2次形式 $q(x_1, \cdots, x_n) = A[\boldsymbol{x}]$ において，はじめから係数行列 A は実対称行列であると仮定して差し支えない．

例1 2次形式 $q(x_1, x_2) = x_1^2 + 2x_1x_2 + 3x_2^2$ は，次のように表される．

$$q(x_1, x_2) = \begin{bmatrix} 1 & 1 \\ 1 & 3 \end{bmatrix}[\boldsymbol{x}] = [x_1 \quad x_2]\begin{bmatrix} 1 & 1 \\ 1 & 3 \end{bmatrix}\begin{bmatrix} x_1 \\ x_2 \end{bmatrix} \quad \left(\boldsymbol{x} = \begin{bmatrix} x_1 \\ x_2 \end{bmatrix}\right).$$

以下においては，$\boldsymbol{x}, \boldsymbol{y}, \boldsymbol{z}$ は n 次の列ベクトルで

$$\boldsymbol{x} = \begin{bmatrix} x_1 \\ \vdots \\ x_n \end{bmatrix}, \quad \boldsymbol{y} = \begin{bmatrix} y_1 \\ \vdots \\ y_n \end{bmatrix}, \quad \boldsymbol{z} = \begin{bmatrix} z_1 \\ \vdots \\ z_n \end{bmatrix}$$

となるものを表す．

直交変数変換と 2 次形式の対角化　直交行列を用いた変数変換を直交変数変換という．実対称行列 A の固有値を $\lambda_1, \cdots, \lambda_n$ とし，対角成分が $\lambda_1, \cdots, \lambda_n$ である対角行列を D とする．定理 6.3.3 により，直交変数変換 $\boldsymbol{x}=P\boldsymbol{y}$ によって

$$q(\boldsymbol{x})=A[\boldsymbol{x}]=D[\boldsymbol{y}] \qquad (P:\text{直交行列},\ D={}^tPAP:\text{対角行列})$$

と表される($P^{-1}={}^tP$)．これを 2 次形式の対角化という．定理 4.3.3 により，A の階数は 0 でない固有値の個数だから，次の定理 6.4.1 を得る．

定理 6.4.1　**2 次形式の対角化**

2 次形式 $q(\boldsymbol{x})=A[\boldsymbol{x}]$ で，A の固有値を $\lambda_i \neq 0$ $(1 \leqq i \leqq m)$，$\lambda_j=0$ $(m+1 \leqq j \leqq n)$ にとる．適当な直交変数変換 $\boldsymbol{x}=P\boldsymbol{y}$ によって

$$\begin{aligned} q(x_1, \cdots, x_n) &= ({}^tPAP)[\boldsymbol{y}] \\ &= \lambda_1 y_1^2+\cdots+\lambda_m y_m^2+\lambda_{m+1} y_{m+1}^2+\cdots+\lambda_n y_n^2 \\ &= \lambda_1 y_1^2+\cdots+\lambda_m y_m^2 \end{aligned}$$

と対角化される．ここで，$m=\mathrm{rank}(A)$ である．

例題 6.4.1

次の 2 次形式を直交変数変換で対角化せよ．

$$q(x_1, x_2, x_3)=x_1^2+4x_1x_2-2x_1x_3-2x_2^2+4x_2x_3+x_3^2$$

解答　この 2 次形式は，行列を用いると

$$q(x_1, x_2, x_3)=A[\boldsymbol{x}]=[x_1 \quad x_2 \quad x_3]\begin{bmatrix} 1 & 2 & -1 \\ 2 & -2 & 2 \\ -1 & 2 & 1 \end{bmatrix}\begin{bmatrix} x_1 \\ x_2 \\ x_3 \end{bmatrix}$$

と表される．ここで，$A=\begin{bmatrix} 1 & 2 & -1 \\ 2 & -2 & 2 \\ -1 & 2 & 1 \end{bmatrix}$ となり，A は例題 6.3.2 により，直交行列

$$P=\begin{bmatrix} 2/\sqrt{5} & -1/\sqrt{30} & 1/\sqrt{6} \\ 1/\sqrt{5} & 2/\sqrt{30} & -2/\sqrt{6} \\ 0 & 5/\sqrt{30} & 1/\sqrt{6} \end{bmatrix} \text{をとると } {}^tPAP=\begin{bmatrix} 2 & 0 & 0 \\ 0 & 2 & 0 \\ 0 & 0 & -4 \end{bmatrix}$$

となる．直交変数変換 $\boldsymbol{x}=P\boldsymbol{y}$ により，2 次形式は次のように対角化される．

$$q(x_1, x_2, x_3)=({}^tPAP)[\boldsymbol{y}]=2y_1^2+2y_2^2-4y_3^2.$$

対角成分が $a_1, \cdots, a_n$ である対角行列を $\mathrm{diag}[a_1, \cdots, a_n]$ と書く．

2 次形式の標準化 変数変換（直交変数変換とは限らない）を用いて，2 次形式をさらに単純化する．2 次形式は，定理 6.4.1 により直交変数変換で $q(x_1, \cdots, x_n) = \lambda_1 y_1^2 + \cdots + \lambda_m y_m^2$ $(m = \mathrm{rank}(A))$ と表された．変数の順序を取り替えて

$$\lambda_i > 0 \ (1 \leqq i \leqq r), \qquad \lambda_j < 0 \ (r+1 \leqq j \leqq m), \qquad \lambda_k = 0 \ (m+1 \leqq k \leqq n)$$

とし，変数変換 $y_i = (\sqrt{|\lambda_i|})^{-1} z_i$ $(1 \leqq i \leqq m)$，$y_k = z_k$ $(m+1 \leqq k \leqq n)$ を行うと

$$q(x_1, \cdots, x_n) = z_1^2 + \cdots + z_r^2 - z_{r+1}^2 - \cdots - z_{r+s}^2 \qquad (m = r+s)$$

となる．変数変換を用いて係数が ± 1 および 0 である 2 次形式に変形することを 2 次形式の標準化という．2 次形式は，このように直交変数変換を介して標準化が可能である．すなわち，A の固有値を上のようにとり

$$\Lambda = \mathrm{diag}[(\sqrt{|\lambda_1|})^{-1}, \cdots, (\sqrt{|\lambda_{r+s}|})^{-1}, 1, \cdots, 1]$$

とおく．さらに $P_1 = P\Lambda$ とする．P_1 は正則行列で

$$\begin{aligned} {}^tP_1 A P_1 &= {}^t(P\Lambda) A (P\Lambda) \\ &= \mathrm{diag}[\underbrace{1, \cdots, 1}_{r}, \underbrace{-1, \cdots, -1}_{s}, 0, \cdots, 0] \end{aligned}$$

となる．よって，2 次形式 q は変数変換 $\boldsymbol{x} = P_1 \boldsymbol{z} = (P\Lambda)\boldsymbol{z}$ を行うことにより

$$q(\boldsymbol{x}) = A[\boldsymbol{x}] = ({}^tP_1 A P_1)[\boldsymbol{z}] = z_1^2 + \cdots + z_r^2 - z_{r+1}^2 - \cdots - z_{r+s}^2$$

と標準化されている．一般に，2 次形式 q が変数変換 $\boldsymbol{x} = P\boldsymbol{z}$ によって

$$q(\boldsymbol{x}) = ({}^tPAP)[\boldsymbol{z}] = z_1^2 + \cdots + z_r^2 - z_{r+1}^2 - \cdots - z_{r+s}^2$$

と標準化できるとする．$r + s = \mathrm{rank}(A)$ は，階数の定義により常に成り立つが，さらに，1 と -1 の個数 r と s も，次のように P に関係せずに決まる．

定理 6.4.2 ―― **シルベスターの慣性法則**

2 次形式の標準化に現れる (r, s) の組は，ただ 1 通りに定まる．

証明 2 次形式 $q(\boldsymbol{x}) = A[\boldsymbol{x}]$ に，変数変換 $\boldsymbol{x} = P\boldsymbol{y}$ および $\boldsymbol{x} = Q\boldsymbol{z}$ を行って

$$\begin{aligned} q(\boldsymbol{x}) &= ({}^tPAP)[\boldsymbol{y}] = y_1^2 + \cdots + y_r^2 - y_{r+1}^2 - \cdots - y_{r+s}^2 \quad (r+s = \mathrm{rank}(A)) \\ &= ({}^tQAQ)[\boldsymbol{z}] = z_1^2 + \cdots + z_u^2 - z_{u+1}^2 - \cdots - z_{u+v}^2 \quad (u+v = \mathrm{rank}(A)) \end{aligned}$$

と 2 通りの標準化を得たと仮定する．このとき，$r = u$，$s = v$ を示したい．$r + s = u + v = \mathrm{rank}(A)$ であるから，$r = u$ を示せば $s = v$ がわかる．

さて，$r>u$ であると仮定して矛盾を導く．変数 $x_1, \cdots, x_n$ の連立１次方程式を次のようにとる．

$\boldsymbol{y}=P^{-1}\boldsymbol{x}$ と行列で表した下側の $n-r=s+n-\mathrm{rank}(A)$ 個の１次方程式 $y_i=0$ $(r+1\leqq i\leqq n)$ と，$\boldsymbol{z}=Q^{-1}\boldsymbol{x}$ の上側の $z_j=0$ $(1\leqq j\leqq u)$ の u 個の１次方程式を連立させ，変数 $x_1, \cdots, x_n$ の連立１次方程式

$$(*)\qquad \begin{cases} y_i=0 & (r+1\leqq i\leqq n), \\ z_j=0 & (1\leqq j\leqq u) \end{cases}$$

を解く．この連立１次方程式は

「連立１次方程式の個数」$=n-r+u<n=$「変数の個数」

であるから，定理 2.3.3(2) を用いると，自明でない解 $x_1=a_1, \cdots, x_n=a_n$ が存在する．この解を $\boldsymbol{y}=P^{-1}\boldsymbol{x}$ および $\boldsymbol{z}=Q^{-1}\boldsymbol{x}$ に代入すると

$$\begin{bmatrix} y_1 \\ \vdots \\ y_r \\ y_{r+1} \\ \vdots \\ y_n \end{bmatrix} = P^{-1} \begin{bmatrix} a_1 \\ \vdots \\ \vdots \\ a_n \end{bmatrix} = \begin{bmatrix} b_1 \\ \vdots \\ b_r \\ 0 \\ \vdots \\ 0 \end{bmatrix}, \qquad \begin{bmatrix} z_1 \\ \vdots \\ z_u \\ z_{u+1} \\ \vdots \\ z_n \end{bmatrix} = Q^{-1} \begin{bmatrix} a_1 \\ \vdots \\ \vdots \\ a_n \end{bmatrix} = \begin{bmatrix} 0 \\ \vdots \\ 0 \\ c_{u+1} \\ \vdots \\ c_n \end{bmatrix}$$

となる．$y_1, \cdots, y_r$; $z_{u+1}, \cdots, z_n$ は連立１次方程式に含まれないから，$a_1, \cdots, a_n$ を代入することにより

$$y_1=b_1, \cdots, y_r=b_r\ ; \qquad z_{u+1}=c_{u+1}, \cdots, z_n=c_n$$

となるのである．これを等式

$$\begin{aligned} q(\boldsymbol{x}) &= y_1^2+\cdots+y_r^2-y_{r+1}^2-\cdots-y_n^2 \\ &= z_1^2+\cdots+z_u^2-z_{u+1}^2-\cdots-z_n^2 \end{aligned}$$

に代入すると

$$b_1^2+\cdots+b_r^2=-c_{u+1}^2-\cdots-c_n^2$$

となる．この等式の「左辺」$\geqq 0$，「右辺」$\leqq 0$ となるので

$$b_1=\cdots=b_r=0$$

である．P は正則行列だから $x_1=a_1, \cdots, x_n=a_n$ は自明な解となり，矛盾が導かれる．従って，$r=u$ でなければならない．　終

２次形式の符号　定理 6.4.2 により，２次形式 $q(x_1, \cdots, x_n)$ の標準化に現れる，１通りに定まる整数の組 (r, s) を２次形式の符号という．

例題 6.4.2

次の 2 次形式の標準化と，符号を求めよ．

$$q(x_1, x_2, x_3) = x_1^2 - 2x_1x_2 + 2x_2^2 + 2x_2x_3 + x_3^2$$

解答　2 次形式は行列を用いると

$$q(x_1, x_2, x_3) = A[\boldsymbol{x}] \qquad \left(A = \begin{bmatrix} 1 & -1 & 0 \\ -1 & 2 & 1 \\ 0 & 1 & 1 \end{bmatrix},\ \boldsymbol{x} = \begin{bmatrix} x_1 \\ x_2 \\ x_3 \end{bmatrix} \right)$$

と表される．現れる行列は実対称行列であるから対角化できる(定理 6.3.3)．例題 6.4.1，例題 6.3.2 のように A を対角化してもよいが，直交行列を用いなくとも標準化が簡単に求まることもある．

まず，固有多項式は $g_A(t) = t(t-1)(t-3)$，固有値は $1, 3, 0$ $(+, +, 0)$，2 次形式の符号は $(2, 0)$．2 次形式を変形して

$$(**) \qquad q(x_1, x_2, x_3) = (x_1 - x_2)^2 + (x_2 + x_3)^2 = y_1^2 + y_2^2$$

$$(y_1 = x_1 - x_2,\quad y_2 = x_2 + x_3)$$

と標準化できる．ここで，$D = \mathrm{diag}[1, 1, 0]$ とおき，${}^tPAP = D$ を満たす正則行列 P を求める．$(**)$ の変形を用いると

$$P^{-1} = \begin{bmatrix} 1 & -1 & 0 \\ 0 & 1 & 1 \\ 0 & 0 & 1 \end{bmatrix},\ P = \begin{bmatrix} 1 & 1 & -1 \\ 0 & 1 & -1 \\ 0 & 0 & 1 \end{bmatrix} \text{ で } {}^tPAP = D = \begin{bmatrix} 1 & 0 & 0 \\ 0 & 1 & 0 \\ 0 & 0 & 0 \end{bmatrix}.$$

$\boldsymbol{x} = P\boldsymbol{y}$ とおけば $A[\boldsymbol{x}] = {}^tPAP[\boldsymbol{y}] = D[\boldsymbol{y}]$ を得る．(D に対して P は 1 通りではない．また，P^{-1} の第 3 行は P^{-1} が正則になるように，自由にとればよい.)

主小行列　n 次の実対称行列 $A = [a_{ij}]$ に対して，左上の k^2 個の a_{ij} $(1 \leqq i, j \leqq k)$ をとって得られる k 次正方行列 $[a_{ij}]$ を A の k 次の主小行列といい，A_k と書く．すなわち

$$A = \begin{bmatrix} a_{11} & \cdots & a_{1k} & \cdots & a_{1n} \\ \vdots & & \vdots & & \vdots \\ a_{k1} & \cdots & a_{kk} & \cdots & a_{kn} \\ \vdots & & \vdots & & \vdots \\ a_{n1} & \cdots & a_{nk} & \cdots & a_{nn} \end{bmatrix} \text{ のとき } A_k = \begin{bmatrix} a_{11} & \cdots & a_{1k} \\ \vdots & & \vdots \\ a_{k1} & \cdots & a_{kk} \end{bmatrix}$$

である $(1 \leqq k \leqq n)$．

正定値 2 次形式　2 次形式 $q(x_1, \cdots, x_n)=A[\boldsymbol{x}]$ が正定値 2 次形式であるとは

$$q(x_1, \cdots, x_n)=A[\boldsymbol{x}]>0 \qquad ((x_1, \cdots, x_n)\neq(0, \cdots, 0))$$

のときにいう．これは次の(1), (2), (3)のいずれかと言い換えることができる．

（1）　$q(x_1, \cdots, x_n)$ の符号が$(n, 0)$のときである．

（2）　Aの全ての固有値が正である．

（3）　$\boldsymbol{a}, \boldsymbol{b}\in \boldsymbol{R}^n$ に対して $(\boldsymbol{a}, \boldsymbol{b})={}^t\boldsymbol{a}A\boldsymbol{b}$ は内積になる．

P を $D={}^tPAP$ が対角行列になるようにとると，$|D|=|P|^2|A|$ であるから，q が正定値 2 次形式ならば(2)より $|A|>0$ となる．

半正定値 2 次形式　2 次形式が半正定値 2 次形式であるとは，任意の $x_1, \cdots, x_n$ に対して

$$q(x_1, \cdots, x_n)\geqq 0$$

のときにいう．

正定値 2 次形式について，次の定理 6.4.3 が成り立つ．

定理 6.4.3　**正定値 2 次形式の判定**

$q(x_1, \cdots, x_n)=A[\boldsymbol{x}]$ が正定値 2 次形式である

$\Longleftrightarrow$　$1\leqq k\leqq n$ に対して $|A_k|>0$ である．

証明　(⇒)　2 次形式 $q(x_1, \cdots, x_n)$ が正定値 2 次形式であるならば，上に述べたように $|A|>0$ である．次に，k 変数$(1\leqq k\leqq n)$の 2 次形式を

$$q_k(x_1, \cdots, x_k)=\sum_{i=1}^{k}\sum_{j=1}^{k}a_{ij}x_ix_j=A_k[\boldsymbol{x}_k] \qquad \left(\boldsymbol{x}_k=\begin{bmatrix}x_1\\ \vdots\\ x_k\end{bmatrix}\right)$$

と定義する．もし $x_1, \cdots, x_k$ の少なくとも 1 つが 0 でなければ，定義より

$$q_k(x_1, \cdots, x_k)=q(x_1, \cdots, x_k, 0, \cdots, 0)>0 \qquad (1\leqq k\leqq n)$$

である．よって，q_k は正定値 2 次形式となるので，$|A_k|>0$ $(1\leqq k\leqq n)$ である．

(⇒)　n に関する帰納法で示す．$n=1$ のときには，明らかである．$n>1$ とし $n-1$ まで成立すると仮定する．A をブロックに分解して $A=\left[\begin{array}{c:c}A_{n-1} & \boldsymbol{b}\\ \hdashline {}^t\boldsymbol{b} & c\end{array}\right]$ とおく．このとき，行列 R と B を

$$R=\left[\begin{array}{c:c} E_{n-1} & A_{n-1}^{-1}\boldsymbol{b} \\ \hdashline {}^t\boldsymbol{0} & 1 \end{array}\right], \qquad B=\left[\begin{array}{c:c} A_{n-1} & \boldsymbol{0} \\ \hdashline {}^t\boldsymbol{0} & c-A_{n-1}^{-1}[\boldsymbol{b}] \end{array}\right]$$

と定義する．ここで，${}^t\boldsymbol{0}=[0\ 0\ \cdots\ 0]$ であり，B の右下隅の成分は

$$c-A_{n-1}^{-1}[\boldsymbol{b}]=c-{}^t\boldsymbol{b}A_{n-1}^{-1}\,\boldsymbol{b}$$

である．このように定義すると，A は実対称行列で ${}^tA=A$ を満たすから

$$\begin{aligned}{}^tRBR&=\left[\begin{array}{c:c} E_{n-1} & \boldsymbol{0} \\ \hdashline {}^t\boldsymbol{b}A_{n-1}^{-1} & 1 \end{array}\right]\left[\begin{array}{c:c} A_{n-1} & \boldsymbol{0} \\ \hdashline {}^t\boldsymbol{0} & c-A_{n-1}^{-1}[\boldsymbol{b}] \end{array}\right]\left[\begin{array}{c:c} E_{n-1} & A_{n-1}^{-1}\boldsymbol{b} \\ \hdashline {}^t\boldsymbol{0} & 1 \end{array}\right]\\ &=A\end{aligned}$$

となる．従って，$A[\boldsymbol{x}]>0$ を示すには $B[\boldsymbol{x}]>0$ を示せばよい．$\boldsymbol{x}_{n-1}=\begin{bmatrix} x_1 \\ \vdots \\ x_{n-1} \end{bmatrix}$ とおく．帰納法の仮定より $A_{n-1}[\boldsymbol{x}_{n-1}]>0$ は正定値 2 次形式であり，$B[\boldsymbol{x}]=A_{n-1}[\boldsymbol{x}_{n-1}]+(c-A_{n-1}^{-1}[\boldsymbol{b}])\,x_n^2$ となる．よって，$c-A_{n-1}^{-1}[\boldsymbol{b}]>0$ を示せば $B[\boldsymbol{x}]>0$ がわかる．

$$\left[\begin{array}{c|c} E & \boldsymbol{0} \\ \hline -{}^t\boldsymbol{b}A_{n-1}^{-1} & 1 \end{array}\right]A\left[\begin{array}{c|c} E & -A_{n-1}^{-1}\boldsymbol{b} \\ \hline {}^t\boldsymbol{0} & 1 \end{array}\right]=\left[\begin{array}{c|c} A_{n-1} & \boldsymbol{0} \\ \hline {}^t\boldsymbol{0} & -A_{n-1}^{-1}[\boldsymbol{b}]+c \end{array}\right]$$

であるから，両辺の行列式を計算して $|A|=|A_{n-1}|(c-A_{n-1}^{-1}[\boldsymbol{b}])$．$|A_{n-1}|>0$ より $c-A_{n-1}^{-1}[\boldsymbol{b}]>0$ で $B[\boldsymbol{x}]>0$ である． 終

例 2　半正定値 2 次形式については，定理 6.4.3 で不等号 $>$ を $\geqq$ に代えても成り立たない．例えば

$$q(x_1, x_2)=\begin{bmatrix} 0 & 0 \\ 0 & -1 \end{bmatrix}[\boldsymbol{x}]=[x_1\quad x_2]\begin{bmatrix} 0 & 0 \\ 0 & -1 \end{bmatrix}\begin{bmatrix} x_1 \\ x_2 \end{bmatrix}$$

において，$|A_1|=|A_2|=0$ であるが，$q(x_1, x_2)$ は半正定値 2 次形式ではない．

負定値 2 次形式　2 次形式 $q(x_1, \cdots, x_n)$ が負定値 2 次形式であるとは

$$q(x_1, \cdots, x_n)<0 \qquad ((x_1, \cdots, x_n)\neq(0, \cdots, 0))$$

が成り立つときにいう．また，任意の $x_1, \cdots, x_n$ に対して

$$q(x_1, \cdots, x_n)\leqq 0$$

のときに，**半負定値 2 次形式**であるという．

$q(\boldsymbol{x})=A[\boldsymbol{x}]$ が正定値(半正定値) 2 次形式であることと，$-q(\boldsymbol{x})=-A[\boldsymbol{x}]$ が負定値(半負定値) 2 次形式であることは同値である．

問題 6.4

1. 次の 2 次形式を直交変数変換で対角化せよ.

(1) $q(x_1, x_2) = x_1^2 + 4x_1x_2 + x_2^2$

(2) $q(x_1, x_2, x_3) = 2x_1x_2 + 2x_2x_3$

(3) $q(x_1, x_2, x_3) = x_1^2 + 2\sqrt{2}x_1x_2 + x_2^2 + 2\sqrt{2}x_2x_3 + x_3^2$

2. 次の 2 次形式の標準化と，符号を求めよ.

(1) $q(x_1, x_2, x_3) = x_1^2 + 2x_1x_2 + x_2^2 - x_3^2$

(2) $q(x_1, x_2, x_3, x_4) = x_1^2 + 2x_1x_2 + 2x_2^2 + 4x_3x_4$

(3) $q(x_1, x_2, x_3, x_4) = x_1^2 + 4x_1x_3 + 3x_2^2 + 3x_3^2 - 6x_2x_4$

3. 次の 2 次形式は正定値 2 次形式であることを示せ.

(1) $q(x_1, x_2, x_3) = [x_1 \quad x_2 \quad x_3]\begin{bmatrix} 2 & 0 & -1 \\ 0 & 2 & 0 \\ -1 & 0 & 1 \end{bmatrix}\begin{bmatrix} x_1 \\ x_2 \\ x_3 \end{bmatrix}$

(2) $q(x_1, x_2, x_3) = [x_1 \quad x_2 \quad x_3]\begin{bmatrix} 1 & 1 & 1 \\ 1 & 3 & -1 \\ 1 & -1 & 4 \end{bmatrix}\begin{bmatrix} x_1 \\ x_2 \\ x_3 \end{bmatrix}$

4. 2 次形式 $q(x_1, \cdots, x_n)$ を

$$q(x_1, \cdots, x_n) = A[\boldsymbol{x}] = {}^t\boldsymbol{x}A\boldsymbol{x}$$

と実対称行列 A を用いて表すとき，q が負定値 2 次形式になる必要十分条件は，$(-1)^k\det(A_k) > 0$ が k $(1 \leqq k \leqq n)$ に対して成り立つことを示せ. ここで，行列 A_k は A の k 次の主小行列である.

5. 次の 2 次形式は負定値 2 次形式であることを示せ.

(1) $q(x_1, x_2) = [x_1 \quad x_2]\begin{bmatrix} -4 & 1 \\ 1 & -1 \end{bmatrix}\begin{bmatrix} x_1 \\ x_2 \end{bmatrix}$

(2) $q(x_1, x_2, x_3) = [x_1 \quad x_2 \quad x_3]\begin{bmatrix} -1 & -1 & 1 \\ -1 & -3 & 5 \\ 1 & 5 & -12 \end{bmatrix}\begin{bmatrix} x_1 \\ x_2 \\ x_3 \end{bmatrix}$

7 双対空間，商空間，空間の直和

7.1 ベクトル空間の同型

体 K 上のベクトル空間 V　集合 V が p. 63 の性質(1)～(8)を $\boldsymbol{R}$ の代わりに体 K をとって満たすときに，集合 V を体 K 上のベクトル空間という．K 上のベクトル空間の次元も $\boldsymbol{R}$ 上の場合と同様に定義され，$\dim_K(V)$ あるいは $\dim(V)$ と書く．また，§5.1 と同様に K 上の線形写像 T が定義される．

単位変換　ベクトル空間 V の，どんなベクトルも変えない線形変換を単位変換といい，I あるいは I_V と書く．

ベクトル空間の同型写像と逆写像　U, V を K 上のベクトル空間とする．T はベクトル空間 U から V への K 上の線形写像とする．V から U への K 上の線形写像 T^{-1} で

$$T^{-1}T = I_U, \qquad TT^{-1} = I_V$$

を満たすものが存在するときに，T は U から V への K 上の同型写像であるという．K 上の同型写像 T が存在するとき，U と V は K 上のベクトル空間として K 上に同型であるといい，T^{-1} を T の逆写像という．K が明らかなときには，K は省略して，単に線形写像とか，同型写像ということもある．

また，$U=V$ のとき，同型写像 T を同型変換，T^{-1} を逆変換という．

ベクトル空間 K^n と線形写像 T_A　K に成分をもつ n 次の列ベクトル全体を K^n と書く．また，$m\times n$ 行列 A と $\boldsymbol{x}=\begin{bmatrix} x_1 \\ \vdots \\ x_n \end{bmatrix}$ に対して $T_A(\boldsymbol{x})=A\boldsymbol{x}$ と定義すると，T_A は K^n から K^m への K上の線形写像である．

例 1　A が正則行列ならば，T_A は同型写像で，$T_A^{-1}=T_{A^{-1}}$ が成り立つ.

1 対 1 写像　一般に X, Y を集合とし，T を集合 X から集合 Y への写像とする．写像 T が1対1であるとは，$a, b \in X$ に対して

$$T(a)=T(b) \implies a=b$$

であるときにいう(図1).

上への写像　T を集合 X から Y への写像とするとき

$$T(X)=\mathrm{Im}(T)=\{T(a) \mid a \in X\}$$

とおく．$T(X)=Y$ であるときに，T は上への写像であるという(図2).

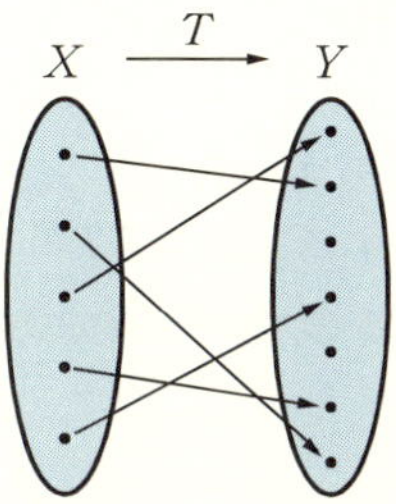

図 1　1対1写像

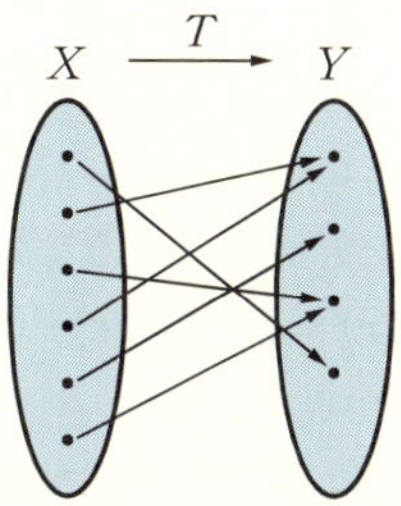

図 2　上への写像

定理 7.1.1　　**ベクトル空間の 1 対 1 写像**

K 上のベクトル空間の線形写像について，次の(1)と(2)は同値である.

(1)　線形写像 $T: U \to V$ が1対1である.

(2)　$\mathrm{Ker}(T)=\{\mathbf{0}_U\}$ である.

証明　(1)⇒(2)　T が1対1ならば，$T(\boldsymbol{u})=\mathbf{0}_V$ となる $\boldsymbol{u} \in U$ はただ1つである．$T(\mathbf{0}_U)=\mathbf{0}_V$ であるから，$\mathrm{Ker}(T)=\{\mathbf{0}_U\}$ となる.

(2)⇒(1)　T が $T(\boldsymbol{u}_1)=T(\boldsymbol{u}_2)$ $(\boldsymbol{u}_1, \boldsymbol{u}_2 \in U)$ を満たすとする．定義より

$$T(\boldsymbol{u}_1-\boldsymbol{u}_2)=\mathbf{0}_V$$

が成り立つ．よって，(2)の仮定により $\boldsymbol{u}_1-\boldsymbol{u}_2=\mathbf{0}_U$ である．すなわち $\boldsymbol{u}_1=\boldsymbol{u}_2$ となり，T は1対1写像である. 終

同型写像に関して，次の定理 7.1.2 は基本的である.

定理 7.1.2 **同型写像**

（1） 線形写像 $T: U \to V$ が同型写像である必要十分条件は，T が1対1で V の上への写像である.

（2） U と V が同型ならば，$\dim_K(U) = \dim_K(V)$ である.

（3） $\dim_K(U) = \dim_K(V)$ であるときには，T が同型写像である必要十分条件は，T が1対1であるか，V の上への写像であるか，いずれか一方が成り立つことである.

証明 （1） T が同型写像であるとする．$\boldsymbol{u}_1, \boldsymbol{u}_2 \in U$ が $T(\boldsymbol{u}_1) = T(\boldsymbol{u}_2)$ を満たすとする．$T^{-1}T = I_U$ であるから，この両辺に T^{-1} を施して $\boldsymbol{u}_1 = \boldsymbol{u}_2$ である．よって，T は1対1写像である.

次に，T が V の上への写像ではないと仮定し矛盾を導く.

$\boldsymbol{v} \in V$ を T の像 $\mathrm{Im}(T)$ に含まれない元とする．$I_V = TT^{-1}$ であるから，$\boldsymbol{v} = TT^{-1}(\boldsymbol{v}) = T(T^{-1}(\boldsymbol{v}))$ は T の像に含まれるので，矛盾である．よって，(1)が示される.

（2） T が U と V の同型写像であるならば

$$\{\boldsymbol{u}_1, \cdots, \boldsymbol{u}_n\} \text{ が } U \text{ の基} \iff \{T(\boldsymbol{u}_1), \cdots, T(\boldsymbol{u}_n)\} \text{ が } V \text{ の基}$$

であることより明らか.

（3） 定理 5.1.2 により，$\mathrm{null}(T) + \mathrm{rank}(T) = \dim_K(U)$ であるから

$$\begin{aligned} T \text{ が1対1である} &\iff \mathrm{Ker}(T) = \{\mathbf{0}_U\} \\ &\iff \mathrm{rank}(T) = \dim_K(U) \\ &\iff T \text{ が上への写像} \end{aligned}$$

となる．従って，1対1写像と上への写像は一方が成り立てば他方も成り立つ．よって，(1)の結果より，T は U から V への同型写像である. 終

定理 7.1.3 **同型写像と逆写像**

線形写像 $T: U \to V$ に対して，次の(1)と(2)は同値である.

（1） T は同型写像である.

（2） T の表現行列 A は正則行列である.

このとき，A と同一の基に関する T^{-1} の表現行列は A^{-1} である.

証明 (1)⇒(2) T が同型写像ならば $\dim_K(U) = \dim_K(V)$ であり，T は1対1写像であるから，表現行列 A は正則行列である(定理 2.4.2).

(2)⇒(1) $n=\dim_K(U)=\dim_K(V)$ とする．U の基 $\{\boldsymbol{u}_1, \cdots, \boldsymbol{u}_n\}$ と V の基 $\{\boldsymbol{v}_1, \cdots, \boldsymbol{v}_n\}$ に関する表現行列を A とする．A は正則行列であるから，逆行列 A^{-1} が存在する．T^{-1}: $V \to U$ を $\boldsymbol{v}=a_1\boldsymbol{v}_1+\cdots+a_n\boldsymbol{v}_n \in V$ に対して

$$T^{-1}(\boldsymbol{v})=(\boldsymbol{u}_1, \cdots, \boldsymbol{u}_n)A^{-1}\begin{bmatrix} a_1 \\ \vdots \\ a_n \end{bmatrix}$$

と定義すると，T^{-1} は線形写像で $T^{-1}T=I_U$ および $TT^{-1}=I_V$ を満たすから，T の逆写像になる．このとき，T^{-1} の表現行列は A^{-1} である． 終

具体的な例を示そう．

例題 7.1.1

$U=\boldsymbol{R}[x]_2$，$V=\boldsymbol{R}^3$ とし，U から V への写像 T を

$$T: U \ni f \quad \mapsto \quad T(f)=\begin{bmatrix} f(0) \\ f(1) \\ f(-1) \end{bmatrix} \in V$$

と定義すると，T は U から V への $\boldsymbol{R}$ 上の同型写像であることを示せ．

解答 U の $\boldsymbol{R}$ 上の基$\{1, x, x^2\}$ と，V の $\boldsymbol{R}$ 上の標準基$\{\boldsymbol{e}_1, \boldsymbol{e}_2, \boldsymbol{e}_3\}$ に関する T の表現行列 A は

$$(T(1), T(x), T(x^2))=(\boldsymbol{e}_1, \boldsymbol{e}_2, \boldsymbol{e}_3)\begin{bmatrix} 1 & 0 & 0 \\ 1 & 1 & 1 \\ 1 & -1 & 1 \end{bmatrix}$$

であるから，表現行列は $A=\begin{bmatrix} 1 & 0 & 0 \\ 1 & 1 & 1 \\ 1 & -1 & 1 \end{bmatrix}$ となる．$|A|=2(\neq 0)$ なので，A は正則行列である．定理 7.1.3 により，T は $\boldsymbol{R}$ 上の同型写像である． 終

行列全体の集合 行列全体をベクトル空間として扱うために，K に成分をもつ $m\times n$ 行列全体の集合を

$$\mathrm{M}_{m\times n}(K)=\{A \mid A \text{ は } K \text{ に成分をもつ } m\times n \text{ 行列}\}$$

と表す．

行列単位　$M_{m\times n}(K)$ の元で，(i,j) 成分が1で，(i,j) 以外の成分が全て0である行列を行列単位といい，E_{ij} と書く．

$$E_{ij}=\begin{bmatrix} 0 & \cdots & 0 & \cdots & 0 \\ \vdots & & \vdots & & \vdots \\ 0 & \cdots & 1 & \cdots & 0 \\ \vdots & & \vdots & & \vdots \\ 0 & \cdots & 0 & \cdots & 0 \end{bmatrix} \begin{matrix} \\ \\ \leftarrow \text{第 } i \text{ 行} \\ \\ \\ \end{matrix}$$

（1 は第 j 列）

定理 7.1.4　**$m\times n$ 行列のなすベクトル空間**

集合 $M_{m\times n}(K)$ は行列としての和とスカラー倍によって，K 上の次元が mn であるベクトル空間となる．

証明　$M_{m\times n}(K)$ は K 上のベクトル空間になることは容易にわかる．E_{ij} を上で定義した行列とすると，$\{E_{ij}\,|\,1\leqq i\leqq m,\ 1\leqq j\leqq n\}$ は $M_{m\times n}(K)$ の K 上の基となるから，$\dim_K(M_{m\times n}(K))=mn$ である．　終

U から V への線形写像　2つのベクトル空間 U, V に対して，U から V への線形写像全体の集合を $\mathrm{Hom}_K(U, V)$ と書く．$\mathrm{Hom}_K(U, V)$ に

（和）　$(T_1+T_2)(\boldsymbol{u})=T_1(\boldsymbol{u})+T_2(\boldsymbol{u})$
$(T_1, T_2\in \mathrm{Hom}_K(U, V),\ \boldsymbol{u}\in U)$,

（スカラー倍）　$(cT)(\boldsymbol{u})=cT(\boldsymbol{u})$
$(T\in \mathrm{Hom}_K(U, V),\ c\in K,\ \boldsymbol{u}\in U)$

と和とスカラー倍を定義すると，ベクトル空間の性質(p. 63 の性質(1)～(8)で $\boldsymbol{R}$ を K と取り替える)を満たす．よって，$\mathrm{Hom}_K(U, V)$ は K 上のベクトル空間になる．

零写像　$\mathrm{Hom}_K(U, V)$ の零ベクトルは，U の全てのベクトルを V の零ベクトル $\mathbf{0}_V$ に写像する線形写像 O である．この線形写像 O を零写像という．

線形変換の全体と同型変換　K 上のベクトル空間 V の K 上の線形変換の全体 $\mathrm{Hom}_K(V, V)$ を $\mathrm{End}_K(V)$ と書き，V の K 上の線形変換の全体という．また，$\mathrm{End}_K(V)$ に含まれる零写像を零変換，同型写像を同型変換という．

べき零変換　ある m について $T^m=O$ となる V の線形変換 T を，V のべき零変換という．ここで，O は零変換である．

定理 7.1.5　**線形写像の全体**

U, V を K 上のベクトル空間で，$\dim_K(U)=n$，$\dim_K(V)=m$ とする．このとき，$\mathrm{Hom}_K(U, V)$ は K 上の次元が mn であるベクトル空間となる．

証明　ベクトル空間になることは，上に述べた．このベクトル空間の次元が mn になることを示すために

$$\{\boldsymbol{u}_1, \cdots, \boldsymbol{u}_n\} \text{ を } U \text{ の基}, \qquad \{\boldsymbol{v}_1, \cdots, \boldsymbol{v}_m\} \text{ を } V \text{ の基}$$

とする．$\mathrm{Hom}_K(U, V)$ に含まれる線形写像 T は $\{\boldsymbol{u}_1, \cdots, \boldsymbol{u}_n\}$ の像が定まれば，U 全体に拡張して定まる．T の表現行列を $A=[a_{ij}]$ とする．すなわち

$$(T(\boldsymbol{u}_1), \cdots, T(\boldsymbol{u}_n))=(\boldsymbol{v}_1, \cdots, \boldsymbol{v}_m)A$$

である．また，線形写像 $I_{ij}\in\mathrm{Hom}_K(U, V)$（$1\leqq i\leqq m$，$1\leqq j\leqq n$）を

$$I_{ij}(\boldsymbol{u}_l)=\delta_{(i,j),(k,l)}\boldsymbol{v}_k, \qquad \delta_{(i,j),(k,l)}=\begin{cases} 1 & ((i, j)=(k, l)), \\ 0 & ((i, j)\neq(k, l)) \end{cases}$$

と定義し，$\sum_{i=1}^{m}\sum_{j=1}^{n} c_{ij}I_{ij}=O$（$c_{ij}\in K$）とおく．このとき，$O(\boldsymbol{u}_j)$ を考えると

$$\mathbf{0}_V=O(\boldsymbol{u}_j)=\sum_{i=1}^{m} c_{ij}\boldsymbol{v}_i \qquad (1\leqq j\leqq n)$$

が成り立たねばならない．$\{\boldsymbol{v}_1, \cdots, \boldsymbol{v}_m\}$ は 1 次独立だから $c_{ij}=0$（$1\leqq i\leqq m$）となる．j は任意であるから I_{ij}（$1\leqq i\leqq m$，$1\leqq j\leqq n$）は 1 次独立である．また，T が線形写像 $U\to V$ で，$T(\boldsymbol{u}_i)=a_{ij}\boldsymbol{v}_j$（$1\leqq i\leqq m$，$1\leqq j\leqq n$）ならば

$$T=\sum_{i=1}^{m}\sum_{j=1}^{n} a_{ij}I_{ij} \qquad (a_{ij}\in K)$$

と表せるから，線形写像 $\{I_{ij}\}$ は K 上 $\mathrm{Hom}_K(U, V)$ を生成する．よって，$\{I_{ij}\}$ は $\mathrm{Hom}_K(U, V)$ の基となり，K 上の次元は mn である．　終

U, V が K 上のベクトル空間で，$\dim_K(U)=n$，$\dim_K(V)=m$ のとき，定理 7.1.4 と定理 7.1.5 より，$\mathrm{Hom}_K(U, V)$ と $\mathrm{M}_{m\times n}(K)$ の K 上の次元は等しい．

さらに，次の定理 7.1.6 が示される．

定理 7.1.6　　**表現行列の空間**

U, V をベクトル空間，$T \in \mathrm{Hom}_K(U, V)$ とする．$\{\boldsymbol{u}_1, \cdots, \boldsymbol{u}_n\}$を U の基，$\{\boldsymbol{v}_1, \cdots, \boldsymbol{v}_m\}$ を V の基とする．T に T の表現行列 Aを対応させる写像

$$\Phi(T)=A$$

は $\mathrm{Hom}_K(U, V)$ から $\mathrm{M}_{m\times n}(K)$ への K 上の同型写像である．

証明　$$\dim_K(\mathrm{Hom}_K(U, V))=\dim_K(\mathrm{M}_{m\times n}(K))=mn$$

が成り立つから，定理 7.1.1(2)により，Φ が1対1であることを示せばよい．そのために，$\Phi(T)=O$ と仮定する．$T=\sum_{i=1}^{m}\sum_{j=1}^{n} c_{ij}I_{ij}$ と $\{I_{ij}\}$ の1次結合で表せば，$\Phi(I_{ij})=E_{ij}$ より

$$\Phi(T)=\sum_{i=1}^{m}\sum_{j=1}^{n} c_{ij}E_{ij}=\begin{bmatrix} c_{11} & \cdots & c_{1n} \\ \vdots & & \vdots \\ c_{m1} & \cdots & c_{mn} \end{bmatrix}=\begin{bmatrix} 0 & \cdots & 0 \\ \vdots & & \vdots \\ 0 & \cdots & 0 \end{bmatrix}$$

である．よって，$c_{ij}=0$ $(1\leqq i\leqq m,\ 1\leqq j\leqq n)$ がわかり，$T=O$である．すなわち，Φ は1対1写像である．従って，Φ は $\mathrm{Hom}_K(U, V)$ から $\mathrm{M}_{m\times n}(K)$ への K 上の同型写像である．　終

定理 7.1.6 は，$\mathrm{Hom}_K(U, V)$ と $\mathrm{M}_{m\times n}(K)$ は同型であることを示す．よって，表現行列を用いることにより線形写像の計算に行列が用いられるのである．

線形汎関数と双対空間　V を K 上の n 次元ベクトル空間とする．V から K への K 上の線形写像 f を，特に V の線形汎関数という．V の線形汎関数全体を V^* と書き，V の双対空間という．すなわち

$$V^*=\{f \mid f:\ V\to K\,(\text{線形写像})\}=\mathrm{Hom}_K(V, K)$$

である．V^* の元は V から K への線形写像であるから，V^* には次のように和とスカラー倍が定義されている．

(和)　$(f+g)(\boldsymbol{u})=f(\boldsymbol{u})+g(\boldsymbol{u})$　$(f, g\in V^*,\ \boldsymbol{u}\in V)$,

(スカラー倍)　$(cf)(\boldsymbol{u})=cf(\boldsymbol{u})$　$(c\in K,\ \boldsymbol{u}\in V)$.

$V^*=\mathrm{Hom}_K(V, K)$ は K 上のベクトル空間で，$\dim_K(K)=1$ であるから，定理 7.1.5 より $\dim_K(V^*)=\dim_K(V)$ となる．

例 2 $V=K^2$ とし，V^* の元 f_1, f_2 を

$$f_1\left(\begin{bmatrix} a_1 \\ a_2 \end{bmatrix}\right)=a_1, \qquad f_2\left(\begin{bmatrix} a_1 \\ a_2 \end{bmatrix}\right)=a_2$$

と定義すると，$\{f_1, f_2\}$ は V^* の基になる.

双対基 V の K 上の基 $\{\boldsymbol{v}_1, \cdots, \boldsymbol{v}_n\}$ に対して，V^* の元 $f_1, \cdots, f_n$ で

$$f_i(\boldsymbol{v}_j)=\delta_{ij} \qquad (1 \leqq i, j \leqq n)$$

となるものを，基 $\{\boldsymbol{v}_1, \cdots, \boldsymbol{v}_n\}$ の双対基という. $\{f_1, \cdots, f_n\}$ が K 上の基になることは，$\dim_K(V^*)=n$ と $\{f_1, \cdots, f_n\}$ が 1 次独立であることから示される.

例 3 例 2 の V^* の基 $\{f_1, f_2\}$ は，V の基 $\left\{\boldsymbol{e}_1=\begin{bmatrix} 1 \\ 0 \end{bmatrix}, \boldsymbol{e}_2=\begin{bmatrix} 0 \\ 1 \end{bmatrix}\right\}$ の双対基である.

双対写像 K 上の線形写像 $T: U \to V$ に対して，${}^tT: V^* \to U^*$ を

$${}^tT(g)(\boldsymbol{u})=g(T(\boldsymbol{u})) \qquad (g \in V^*, \ \boldsymbol{u} \in U)$$

と定義して，T の双対写像という. 明らかに，${}^tT$ は K 上の線形写像である.

例 4 $U=V=\boldsymbol{R}^2$ とする. ここで，U から V への線形写像 T を $T\left(\begin{bmatrix} x_1 \\ x_2 \end{bmatrix}\right)=\begin{bmatrix} 2 & 3 \\ -1 & 5 \end{bmatrix}\begin{bmatrix} x_1 \\ x_2 \end{bmatrix}$ とし，V^* の元 g_i を $g_i\left(\begin{bmatrix} y_1 \\ y_2 \end{bmatrix}\right)=y_i$ $(i=1, 2)$ と定義すると

$$\begin{aligned}{}^tT(g_1)\left(\begin{bmatrix} x_1 \\ x_2 \end{bmatrix}\right)&=g_1\left(T\left(\begin{bmatrix} x_1 \\ x_2 \end{bmatrix}\right)\right)=g_1\left(\begin{bmatrix} 2 & 3 \\ -1 & 5 \end{bmatrix}\begin{bmatrix} x_1 \\ x_2 \end{bmatrix}\right) \\ &=g_1\left(\begin{bmatrix} 2x_1+3x_2 \\ -x_1+5x_2 \end{bmatrix}\right)=2x_1+3x_2, \\ {}^tT(g_2)\left(\begin{bmatrix} x_1 \\ x_2 \end{bmatrix}\right)&=g_2\left(T\left(\begin{bmatrix} x_1 \\ x_2 \end{bmatrix}\right)\right)=g_2\left(\begin{bmatrix} 2 & 3 \\ -1 & 5 \end{bmatrix}\begin{bmatrix} x_1 \\ x_2 \end{bmatrix}\right) \\ &=g_2\left(\begin{bmatrix} 2x_1+3x_2 \\ -x_1+5x_2 \end{bmatrix}\right)=-x_1+5x_2\end{aligned}$$

である.

K 上のベクトル空間 U, V の次元をそれぞれ n, m とし，U の基 $\{\boldsymbol{u}_1, \cdots, \boldsymbol{u}_n\}$，$V$ の基 $\{\boldsymbol{v}_1, \cdots, \boldsymbol{v}_m\}$ をとる．また，U^* のベクトル $\{f_1, \cdots, f_n\}$ を $\{\boldsymbol{u}_1, \cdots, \boldsymbol{u}_n\}$ の双対基にとり，V^* のベクトル $\{g_1, \cdots, g_m\}$ を $\{\boldsymbol{v}_1, \cdots, \boldsymbol{v}_m\}$ の双対基にとる．

定理 7.1.7　　**双対写像の表現行列**

${}^tT: V^* \to U^*$ を線形写像 $T: U \to V$ の双対写像とする．T の $\{\boldsymbol{u}_1, \cdots, \boldsymbol{u}_n\}$，$\{\boldsymbol{v}_1, \cdots, \boldsymbol{v}_m\}$ に関する表現行列を A とする．${}^tT$ の V^* の双対基 $\{g_1, \cdots, g_m\}$，U^* の双対基 $\{f_1, \cdots, f_n\}$ に関する表現行列は，A の転置行列 ${}^tA$ になる．すなわち

$$({}^tT(g_1), \cdots, {}^tT(g_m)) = (f_1, \cdots, f_n)\,{}^tA.$$

証明　双対基に関する表現行列を B とし，$B = {}^tA$ を示す．B は定義より

$$({}^tT(g_1), \cdots, {}^tT(g_m)) = (f_1, \cdots, f_n)\,B$$

を満たす．また，定義より ${}^tT(g)(\boldsymbol{u}) = g(T(\boldsymbol{u}))$ $(g \in V^*,\ \boldsymbol{u} \in U)$ であるから

$$\begin{pmatrix} {}^tT(g_1) \\ \vdots \\ {}^tT(g_m) \end{pmatrix} (\boldsymbol{u}_1, \cdots, \boldsymbol{u}_n) = \begin{pmatrix} g_1 \\ \vdots \\ g_m \end{pmatrix} (T(\boldsymbol{u}_1), \cdots, T(\boldsymbol{u}_n))$$

が成り立つ．この左辺に $({}^tT(g_1), \cdots, {}^tT(g_m)) = (f_1, \cdots, f_n)B$ と $f_i(\boldsymbol{u}_j) = \delta_{ij}$ $(1 \leqq i, j \leqq n)$ を用いると

$$\text{左辺} = {}^tB \begin{pmatrix} f_1 \\ \vdots \\ f_n \end{pmatrix} (\boldsymbol{u}_1, \cdots, \boldsymbol{u}_n) = {}^tB.$$

この右辺に $(T(\boldsymbol{u}_1), \cdots, T(\boldsymbol{u}_n)) = (\boldsymbol{v}_1, \cdots, \boldsymbol{v}_m)A$ と $g_k(\boldsymbol{v}_l) = \delta_{kl}$ $(1 \leqq k, l \leqq m)$ を用いると

$$\text{右辺} = \begin{pmatrix} g_1 \\ \vdots \\ g_m \end{pmatrix} (\boldsymbol{v}_1, \cdots, \boldsymbol{v}_m)\,A = A.$$

よって ${}^tB = A$，すなわち $B = {}^tA$.　終

例題 7.1.2

（1）　$U=\mathrm{M}_{2\times 2}(K)$，$V=K^2$ とする．次の線形写像 T の U の基 $\{E_{11}, E_{12}, E_{21}, E_{22}\}$ と V の基 $\{\boldsymbol{e}_1, \boldsymbol{e}_2\}$ に関する表現行列を求めよ．

$$T\left(\begin{bmatrix} a_{11} & a_{12} \\ a_{21} & a_{22} \end{bmatrix}\right)=\begin{bmatrix} a_{11}+2a_{22} \\ -a_{12}+3a_{21} \end{bmatrix}$$

（2）　V^* の双対基 $\{g_1, g_2\}$ と U^* の双対基 $\{f_{11}, f_{12}, f_{21}, f_{22}\}$ を考える．T の双対写像 ${}^tT$ の，これらの基に関する表現行列 B を求めよ．

解答　（1）　定義により

$$T(E_{11})=T\left(\begin{bmatrix} 1 & 0 \\ 0 & 0 \end{bmatrix}\right)=\begin{bmatrix} 1 \\ 0 \end{bmatrix}=(\boldsymbol{e}_1, \boldsymbol{e}_2)\begin{bmatrix} 1 \\ 0 \end{bmatrix},$$

$$T(E_{12})=T\left(\begin{bmatrix} 0 & 1 \\ 0 & 0 \end{bmatrix}\right)=\begin{bmatrix} 0 \\ -1 \end{bmatrix}=(\boldsymbol{e}_1, \boldsymbol{e}_2)\begin{bmatrix} 0 \\ -1 \end{bmatrix},\quad \cdots$$

であるから

$$(T(E_{11}),\ T(E_{12}),\ T(E_{21}),\ T(E_{22}))=(\boldsymbol{e}_1, \boldsymbol{e}_2)\begin{bmatrix} 1 & 0 & 0 & 2 \\ 0 & -1 & 3 & 0 \end{bmatrix}$$

と表される．よって，表現行列は $A=\begin{bmatrix} 1 & 0 & 0 & 2 \\ 0 & -1 & 3 & 0 \end{bmatrix}$ である．

（2）　この双対基に関する双対写像 ${}^tT$ の表現行列 B は，定理 7.1.7 により

$$B={}^tA=\begin{bmatrix} 1 & 0 \\ 0 & -1 \\ 0 & 3 \\ 2 & 0 \end{bmatrix}.$$

同値関係　集合 X の元の間に，次の 3 条件を満たす関係 $\equiv$ が存在するならば，この関係 $\equiv$ を X の同値関係であるという $(a, b, c\in X)$．

（1）　$a\equiv a$,

（2）　$a\equiv b \Longrightarrow b\equiv a$,

（3）　$a\equiv b,\ b\equiv c \Longrightarrow a\equiv c$

また，同値関係を表すのに，$\sim$ という記号を用いることもある．

例 5　$\boldsymbol{R}$ に同値関係 $\equiv$ を，$a, b\in\boldsymbol{R}$ に対して

$$a\equiv b \iff a, b \text{ がともに正，またはともに負，またはともに } 0$$

と定義すると，$\equiv$ は $\boldsymbol{R}$ の同値関係である．

同値類(剰余類) 集合 X の1つの元 a に対して，a と同値な元 b の全体からなる X の部分集合を同値類，あるいは剰余類という．

代表元，商集合(剰余集合) 集合 X の元 a に対して，a と同値な元のなす同値類を $\mathrm{cl}(a)$，あるいは $\bar{a}$ と書く．この a を同値類 $\mathrm{cl}(a)$ の代表元という．

X の任意の元は，いずれかの同値類に含まれる．2つの同値類は等しいか，あるいは共通部分をもたない．集合 X は同値類の和集合である．X の同値類の全体を $X/\equiv$ と書き，X の同値関係 $\equiv$ の商集合，あるいは剰余集合という．

例 6　$m, n \in \mathbf{Z}$ に対して

$$m \equiv n \iff m-n \text{ が } 5 \text{ で割り切れる}$$

と定義すると，$\equiv$ は $\mathbf{Z}$ の同値関係である．例えば，2を含む同値類は $\mathrm{cl}(2) = \{\cdots, -3, 2, 7, \cdots\}$ で，$-3, 2, 7$ などは同値類 $\mathrm{cl}(2)$ の代表元である．また，商集合 $\mathbf{Z}/\equiv$ は $\mathrm{cl}(0), \mathrm{cl}(1), \mathrm{cl}(2), \mathrm{cl}(3), \mathrm{cl}(4)$ の5個の同値類からなる．

部分空間で定義される同値関係 V を K 上のベクトル空間，W を V の部分空間とする．V に

$$\boldsymbol{u} \equiv \boldsymbol{v} \iff \boldsymbol{u} - \boldsymbol{v} \in W$$

と同値関係 $\equiv$ を定義する．これが同値関係であることは容易にわかる．これをベクトル空間 V の部分空間 W で定義される同値関係という．ベクトル空間 V の部分空間 W で定義される同値関係の商集合を V/W と書く．

剰余集合 V/W に含まれる同値類は，代表元である V のベクトル $\boldsymbol{u}, \boldsymbol{v}$ によって，$\mathrm{cl}(\boldsymbol{u}), \mathrm{cl}(\boldsymbol{v})$ と書ける．同値類 $\mathrm{cl}(\boldsymbol{u})$ と $\mathrm{cl}(\boldsymbol{v})$ の和を

(和) $$\mathrm{cl}(\boldsymbol{u}) + \mathrm{cl}(\boldsymbol{v}) = \mathrm{cl}(\boldsymbol{u} + \boldsymbol{v})$$

と定義する．同値関係の定義により，和は代表元 $\boldsymbol{u}, \boldsymbol{v}$ の取り方によらずに決まる．また，$k \in K$ に対して，$\mathrm{cl}(\boldsymbol{u})$ のスカラー倍 $k\,\mathrm{cl}(\boldsymbol{u})$ を

(スカラー倍) $$k\,\mathrm{cl}(\boldsymbol{u}) = \mathrm{cl}(k\boldsymbol{u})$$

と定義する．これも代表元 $\boldsymbol{u}$ の取り方によらずに，k と $\mathrm{cl}(\boldsymbol{u})$ で決まる．

商空間(剰余空間) この和とスカラー倍を用いて，V/W が K 上のベクトル空間になることは，直ちにわかる．V/W を K 上のベクトル空間の部分空間で定義される商空間，あるいは剰余空間という．

これを，定理の形に表すと次のようになる．

定理 7.1.8 ——— **商空間**

K 上のベクトル空間 V の部分空間 W で定義される商集合 V/W は，K 上のベクトル空間になる．

定理 7.1.9 ——— **商空間の次元**

U, V を K 上のベクトル空間とする．

（1）　T が U から V への K 上の線形写像とすると，T によって K 上の同型 $U/\mathrm{Ker}(T) \cong T(U)$ が得られる．

（2）　W を U の部分空間とする．自然な写像 $T_W: U \to U/W$ を $T_W(\boldsymbol{u}) = \mathrm{cl}(\boldsymbol{u})$ と定義すると，$\mathrm{Ker}(T_W) = W$，$T(U) = U/W$ である．

（3）　W が U の部分空間ならば，$\dim_K(U/W) = \dim_K(U) - \dim_K(W)$ である．

証明　（1）　$\boldsymbol{u}_1 - \boldsymbol{u}_2 \in \mathrm{Ker}(T)$ ならば $T(\boldsymbol{u}_1) = T(\boldsymbol{u}_2)$ であるから，$\boldsymbol{u} \in U$ に対して

$$\tilde{T}(\mathrm{cl}(\boldsymbol{u})) = T(\boldsymbol{u})$$

と定義することができる．T は $T(U)$ の上への写像であるから，$\tilde{T}$ も $T(U)$ の上への写像である．また

$$\mathrm{Ker}(\tilde{T}) = \mathrm{Ker}(T)/\mathrm{Ker}(T) = \{\mathbf{0}\}$$

より，$\tilde{T}$ は $U/\mathrm{Ker}(T)$ から $T(U)$ の上への 1 対 1 写像となり，$U/\mathrm{Ker}(T)$ と $T(U)$ の同型を与える．

（2）　定義より，明らかに $\mathrm{Ker}(T_W) = W$，$T(U) = U/W$ である．

（3）　T_W を(2)で定義した線形写像とすると

$$\mathrm{rank}(T_W) = \dim_K(T_W(U)) = \dim_K(U/W),$$

$$\mathrm{null}(T_W) = \dim_K(\mathrm{Ker}(T_W)) = \dim_K(W)$$

である．定理 5.1.2 の $\mathrm{null}(T) + \mathrm{rank}(T) = \dim(U)$ の T として T_W をとれば(3)がわかる．

また，(3)は直接にも示される．W の K 上の基を $\{\boldsymbol{w}_1, \cdots, \boldsymbol{w}_r\}$ とし，U/W の基を $\{\mathrm{cl}(\boldsymbol{u}_1), \cdots, \mathrm{cl}(\boldsymbol{u}_s)\}$ とすると，$\{\boldsymbol{w}_1, \cdots, \boldsymbol{w}_r, \boldsymbol{u}_1, \cdots, \boldsymbol{u}_s\}$ は U の基になることを示すことによって，$r + s = \dim_K(U)$ がわかる．　終

問題 7.1

1.　次の線形写像は1対1か，あるいは上への写像か調べよ．

（1）　$T: K^2 \to K$,　　$T\left(\begin{bmatrix} x_1 \\ x_2 \end{bmatrix}\right) = x_1 - 2x_2$

（2）　$T: K^2 \to K^2$,　　$T\left(\begin{bmatrix} x_1 \\ x_2 \end{bmatrix}\right) = \begin{bmatrix} 2x_1 + x_2 \\ x_1 + x_2 \end{bmatrix}$

2.　$V = K^2$ とする．$\boldsymbol{a}_1 = \begin{bmatrix} 1 \\ -1 \end{bmatrix}$, $\boldsymbol{a}_2 = \begin{bmatrix} 1 \\ 0 \end{bmatrix}$ の双対基を求めよ．

3.　K^2 の基 $\boldsymbol{a}_1 = \begin{bmatrix} 1 \\ -1 \end{bmatrix}$, $\boldsymbol{a}_2 = \begin{bmatrix} 1 \\ 0 \end{bmatrix}$ をとる．

（1）　線形写像 $T: K^2 \to K^2$ を $T\left(\begin{bmatrix} x_1 \\ x_2 \end{bmatrix}\right) = \begin{bmatrix} x_1 - x_2 \\ 2x_1 + x_2 \end{bmatrix}$ と定義する．このとき，$\{\boldsymbol{a}_1, \boldsymbol{a}_2\}$ に関する表現行列 A を求めよ．

（2）　$\{\boldsymbol{a}_1, \boldsymbol{a}_2\}$ の双対基に関して，双対写像 T^* の表現行列 B を計算で求め，その表現行列が ${}^tA$ となっていることを確かめよ．

4.　K を成分とする n 次の上三角行列全体のなす集合 W は，K 上のベクトル空間であることを示し，K 上の次元を求めよ．

5.　A を階数が r の $m \times n$ 行列とする．$\mathrm{M}_{n \times r}(K)$ の部分空間を

$$W = \{X \in \mathrm{M}_{n \times r}(K) \mid AX = O\}$$

と定義するとき，W の K 上の次元を求めよ．

6.　V を n 次の実対称行列全体のなす集合とする．V は $\boldsymbol{R}$ 上のベクトル空間であることを示し，$\boldsymbol{R}$ 上の次元を求めよ．

7.　実正方行列 A は，${}^tA = -A$ のとき**(実)交代行列**という．n 次の実交代行列全体のベクトル空間の $\boldsymbol{R}$ 上の次元を求めよ．

8.　$V = \boldsymbol{C}^2$ は $\boldsymbol{C}$ 上のベクトル空間であるが，$\boldsymbol{R}$ 上のベクトル空間でもある．次を示せ．

（1）　$\dim_{\boldsymbol{C}}(V) = 2$　　　　（2）　$\dim_{\boldsymbol{R}}(V) = 4$

7.2 空間の直和と最小多項式

K を体，$K[t]$ を K を係数とする多項式全体とする．

多項式の集合が共通因子をもたない $n \geqq 2$ のとき，0 でない多項式 $f_1(t)$, $f_2(t), \cdots, f_n(t)$ $(\in K[t])$ が共通因子をもたないとは

$$p(t) \mid f_i(t) \quad (1 \leqq i \leqq n) \implies p(t) \text{ が 0 でない定数}$$

となるときにいう．

多項式のイデアル $K[t]$ の部分集合 J が $K[t]$ のイデアルであるとは，任意に 2 つの多項式 $p(t), q(t)$ $(\in K[t])$ をとったときに

$$f(t), g(t) \in J \implies p(t)f(t)+q(t)g(t) \in J$$

が成り立つときにいう．

定理 7.2.1 ——— **多項式のイデアル**

$K[t]$ のイデアル J は，1 つの多項式で生成される．すなわち，J がイデアルであるならば，$f_0(t) \in K[t]$ で

$$J=\{p(t)f_0(t) \mid p(t) \in K[t]\}=f_0(t)K[t]$$

となるものが存在する．

証明 $J=\{0\}$ のときは $f_0(t)=0$ をとればよい．$J \neq \{0\}$ とし，$f_0(t)$ を J の 0 以外の多項式の中で最も次数の低い多項式とする．$g(t) \in J$ ならば，$g(t)$ を $f_0(t)$ で割って

$$g(t)=p(t)f_0(t)+q(t) \qquad (\deg(q(t))<\deg(f_0(t)))$$

と表す．もし $q(t) \neq 0$ ならば

$$q(t)=g(t)-p(t)f_0(t)$$

と表され，$g(t), f_0(t)$ はともに J の元であるから，$q(t)$ は J に含まれる．これは，$f_0(t)$ が J に含まれる次数が最小で 0 でない多項式であることに矛盾する．従って，$q(t)=0$ となり，$g(t)$ は $f_0(t)$ で割り切れる． 終

このとき，$K[t]$ のイデアル J は $f_0(t)$ で生成されるという．定理 7.2.1 で示されたイデアルの性質を用いて，次の定理 7.2.2 が示される．

定理 7.2.2　　共通因子をもたない多項式

$n \geqq 2$ とする．$f_1(t), f_2(t), \cdots, f_n(t) \in K[t]$ が共通因子をもたない多項式であるとき

$$g_1(t)f_1(t) + g_2(t)f_2(t) + \cdots + g_n(t)f_n(t) = 1$$

となる $K[t]$ の多項式 $g_1(t), g_2(t), \cdots, g_n(t)$ が存在する．

証明　$f_1(t), f_2(t), \cdots, f_n(t)$ を用いて

$$J = \{p_1(t)f_1(t) + p_2(t)f_2(t) + \cdots + p_n(t)f_n(t) \mid p_1(t), p_2(t), \cdots, p_n(t) \in K[t]\}$$

とおくと，J は $K[t]$ のイデアルの定義を満たすことは容易に確かめられる．よって，定理 7.2.1 により，ただ 1 つの多項式で生成される．その多項式を $f_0(t)$ とすると $J = f_0(t)K[t]$ と表されている．特に，$f_0(t)$ も J に含まれる多項式であるから

$$f_0(t) = p_1(t)f_1(t) + p_2(t)f_2(t) + \cdots + p_n(t)f_n(t)$$

と表される．

さて，$f_0(t)$ は J の元 $f_i(t)$ $(1 \leqq i \leqq n)$ を割り切る．$f_1(t), f_2(t), \cdots, f_n(t)$ は共通因子をもたないから，$f_0(t) = c$ (0 でない定数) である．$f_0(t)$ を c で割ると 1 であるから，$p_i(t)$ $(1 \leqq i \leqq n)$ を c で割った多項式を $g_i(t)$ とすることにより

$$1 = g_1(t)f_1(t) + g_2(t)f_2(t) + \cdots + g_n(t)f_n(t) \qquad (g_i(t) \in K[t])$$

となる多項式 $g_i(t)$ の存在が示される．　終

ベクトル空間 V の直和と直和分解　ベクトル空間 V の部分空間 $W_1, W_2, \cdots, W_r$ $(W_i \neq \{\mathbf{0}\})$ で V の任意の元 $\boldsymbol{v}$ が

$$\boldsymbol{v} = \boldsymbol{w}_1 + \boldsymbol{w}_2 + \cdots + \boldsymbol{w}_r \qquad (\boldsymbol{w}_i \in W_i)$$

と 1 通りに表されるときに，V は $W_1, W_2, \cdots, W_r$ の直和であるという．このときに

$$V = W_1 \oplus W_2 \oplus \cdots \oplus W_r$$

と書いて，V の直和分解という．また，部分空間 W_i $(1 \leqq i \leqq r)$ を，この直和における V の直和因子という．

例 1　$V=\boldsymbol{R}^3$,　$W_1=\left\{\begin{bmatrix}a\\0\\0\end{bmatrix}\middle|\, a\in\boldsymbol{R}\right\}$,　$W_2=\left\{\begin{bmatrix}0\\b\\0\end{bmatrix}\middle|\, b\in\boldsymbol{R}\right\}$,　$W_3=\left\{\begin{bmatrix}0\\0\\c\end{bmatrix}\middle|\, c\in\boldsymbol{R}\right\}$

とおくと

$$V=W_1\oplus W_2\oplus W_3$$

である．実際，V の任意のベクトル $\boldsymbol{a}=\begin{bmatrix}a_1\\a_2\\a_3\end{bmatrix}$ は $\boldsymbol{a}=\begin{bmatrix}a_1\\0\\0\end{bmatrix}+\begin{bmatrix}0\\a_2\\0\end{bmatrix}+\begin{bmatrix}0\\0\\a_3\end{bmatrix}$ と，W_1, W_2, W_3 のベクトルの和で１通りに表される．

例 2　$V=\boldsymbol{R}^2$,　$W_1=\left\{a\begin{bmatrix}1\\1\end{bmatrix}\middle|\, a\in\boldsymbol{R}\right\}$,　$W_2=\left\{b\begin{bmatrix}1\\2\end{bmatrix}\middle|\, b\in\boldsymbol{R}\right\}$ とおくと

$$V=W_1\oplus W_2$$

である．実際，V の任意のベクトル $\boldsymbol{a}=\begin{bmatrix}a_1\\a_2\end{bmatrix}$ は

$$\boldsymbol{a}=(2a_1-a_2)\begin{bmatrix}1\\1\end{bmatrix}+(-a_1+a_2)\begin{bmatrix}1\\2\end{bmatrix}$$

と，W_1, W_2 のベクトルの１次結合で１通りに表される．

直和分解の特徴付け　ベクトル空間の直和分解は，次のように特徴付けられる．

定理 7.2.3　――――　**ベクトル空間 V の直和分解**

V が K 上のベクトル空間で，W_i $(1\leqq i\leqq r)$ は V の部分空間とする．$V=W_1+W_2+\cdots+W_r$ が成り立つとき，次の(1)と(2)は同値である．

(１)　$V=W_1\oplus W_2\oplus\cdots\oplus W_r$　　(直和分解).

(２)　$(W_1+W_2+\cdots+W_{k-1})\cap W_k=\{\boldsymbol{0}\}$　　$(2\leqq k\leqq r)$.

証明　(1)⇒(2)　(2)の等式が，少なくとも１つの k $(2\leqq k\leqq r)$ では成り立たないと仮定する．すなわち，ある k $(2\leqq k\leqq r)$ で

$$(W_1+\cdots+W_{k-1})\cap W_k\neq\{\boldsymbol{0}\}$$

と仮定すると，$(W_1+\cdots+W_{k-1})\cap W_k\ni\boldsymbol{w}_k$ となる $\boldsymbol{w}_k(\neq\boldsymbol{0})$ が存在する．$\boldsymbol{w}_k$ は $\boldsymbol{w}_1\in W_1,\cdots,\boldsymbol{w}_{k-1}\in W_{k-1}$ を用いて，$\boldsymbol{w}_1+\cdots+\boldsymbol{w}_{k-1}=\boldsymbol{w}_k$ と表される．

よって，$\mathbf{0}=\boldsymbol{w}_1+\cdots+\boldsymbol{w}_{k-1}-\boldsymbol{w}_k$ となり，$\boldsymbol{w}_k\neq\mathbf{0}$ であるから，V のベクトル $\mathbf{0}$ を $W_1,\cdots,W_r$ のベクトルを用いた表し方の一意性に矛盾する．

(2)⇒(1)　V のベクトル $\boldsymbol{v}$ が

$$\begin{aligned}\boldsymbol{v}&=\boldsymbol{w}_1+\cdots+\boldsymbol{w}_{r-1}+\boldsymbol{w}_r \qquad (\boldsymbol{w}_i\in W_i)\\&=\boldsymbol{w}'_1+\cdots+\boldsymbol{w}'_{r-1}+\boldsymbol{w}'_r \qquad (\boldsymbol{w}'_i\in W_i)\end{aligned}$$

と2通りに表されるとする．2つのベクトルの差をとると

$$\begin{aligned}(\boldsymbol{w}_1-\boldsymbol{w}'_1)+\cdots+(\boldsymbol{w}_{r-1}-\boldsymbol{w}'_{r-1})&=\boldsymbol{w}'_r-\boldsymbol{w}_r\\&\in(W_1+\cdots+W_{r-1})\cap W_r\end{aligned}$$

である．(2)の条件を $k=r$ のときに用いると

$$(W_1+\cdots+W_{r-1})\cap W_r=\{\mathbf{0}\}$$

であるから，$\boldsymbol{w}_r=\boldsymbol{w}'_r$ がわかる．これを繰り返して，

$$\boldsymbol{w}_1=\boldsymbol{w}'_1,\ \cdots,\ \boldsymbol{w}_{r-1}=\boldsymbol{w}'_{r-1}$$

が示される．　終

定理 7.2.4　　**直和分解の線形変換による表現**

$I(=I_V)$ は V の単位変換，I_i $(1\leqq i\leqq r)$ は V の線形変換$(I_i\neq 0)$ で

(i)　$I=I_1+I_2+\cdots+I_r$,

(ii)　$I_iI_j=0 \qquad (i\neq j)$,

(iii)　$I_iI_i=I_i \qquad (1\leqq i\leqq r)$

の3条件を満たすとすると，V は

$$V=I_1(V)\oplus I_2(V)\oplus\cdots\oplus I_r(V)$$

と $I_i(V)$ の直和で表される．

証明　定理 7.2.3 により

$$(I_1(V)+\cdots+I_{k-1}(V))\cap I_k(V)=\{\mathbf{0}\} \qquad (2\leqq k\leqq r)$$

を示せばよい．$\boldsymbol{w}\in(I_1(V)+\cdots+I_{k-1}(V))\cap I_k(V)$ と仮定する．このとき

$$\boldsymbol{w}=I_1(\boldsymbol{v}_1)+\cdots+I_{k-1}(\boldsymbol{v}_{k-1})=I_k(\boldsymbol{v}_k) \qquad (\boldsymbol{v}_i\in V)$$

と表されるから，条件(ii)を用いると

$$I_k(\boldsymbol{w})=I_k(I_1(\boldsymbol{v}_1))+\cdots+I_k(I_{k-1}(\boldsymbol{v}_{k-1}))=\mathbf{0}+\cdots+\mathbf{0}=\mathbf{0}$$

がわかる．一方，$\boldsymbol{w}=I_k(\boldsymbol{v}_k)$ と考えれば，条件(iii)を用いて

$$I_k(\boldsymbol{w})=I_kI_k(\boldsymbol{v}_k)=I_k(\boldsymbol{v}_k)=\boldsymbol{w}$$

がわかり，よって $\boldsymbol{w}=I_k(\boldsymbol{w})=\mathbf{0}$ を得る．　終

線形変換 T の最小多項式　ベクトル空間 V の線形変換 T に対して，多項式 $p_T(t)$ が $f(T)=0$ を満たす多項式 $f(t)$ の中で，次数が最小で，最高次の係数が 1 となるときに，線形変換 T の最小多項式という．

正方行列 A の最小多項式　A が正方行列であるとき，多項式 $p_A(t)$ が $f(A)=0$ を満たす多項式の中で，次数が最小で，最高次の係数が 1 となるときに，正方行列 A の最小多項式という．

定理 7.2.5　**行列の最小多項式の存在**

（1）正方行列 A に対して，最小多項式 $p_A(t)$ は常に存在する．

（2）最小多項式 $p_A(t)$ は全ての固有値を根にもち，固有多項式 $g_A(t)$ を割り切る．

証明　（1）A が与えられたとき，集合 J を

$$J=\{f(t)\in K[t] \mid f(A)=O\}$$

と定義すると，J はイデアルである．実際，$f_1(t), f_2(t)\in J$ ならば，$f_1(A)=f_2(A)=O$ であるから，任意の多項式 $g_1(t), g_2(t)$ と定数 c に対して

$$g_1(A)f_1(A)+g_2(A)f_2(A)=O, \qquad cf_1(A)=O$$

となる．よって，J はイデアルである．従って，定理 7.2.1 により，$p_0(t)\in J$ が存在して $J=p_0(t)K[t]$ と表される．この $p_0(t)$ の最高次の係数を 1 にとったものを $p_A(t)$ とおくと，$p_A(t)$ が最小多項式で

$$J=p_A(t)K[t]$$

である．

（2）λ を A の固有値，$\boldsymbol{u}\neq\boldsymbol{0}$ を λ に属する固有ベクトルとすると

$$A\boldsymbol{u}=\lambda\boldsymbol{u}$$

である．$p_A(A)\boldsymbol{u}=p_A(\lambda)\boldsymbol{u}$ で，$p_A(A)=O$ となるから $p_A(\lambda)=0$ である．固有多項式 $g_A(t)$ は，定理 5.3.2（ケイリー・ハミルトンの定理）により $g_A(A)=O$ を満たすから

$$g_A(t)\in J=p_A(t)K[t]$$

となり，最小多項式 $p_A(t)$ は固有多項式 $g_A(t)$ を割り切る．　終

例題 7.2.1

$A=\begin{bmatrix}2&1&0\\0&2&0\\0&0&2\end{bmatrix}$ の最小多項式 $p_A(t)$ を求めよ．

解答　$g_A(t)$ を A の固有多項式とする．定理 7.2.5 (2)により，$p_A(t)$ は $g_A(t)=(t-2)^3$ を割り切るから，$p_A(t)$ は

$$t-2, \qquad (t-2)^2, \qquad (t-2)^3$$

のいずれかである．実際，A を代入して計算すると

$$A-2E=\begin{bmatrix}2&1&0\\0&2&0\\0&0&2\end{bmatrix}-2E$$

$$=\begin{bmatrix}0&1&0\\0&0&0\\0&0&0\end{bmatrix}\neq O$$

で，$(A-2E)^2=O$ である．

よって，上の多項式のうち次数が最小な多項式 $p_A(t)$ は $(t-2)^2$ に等しい．すなわち，$p_A(t)=(t-2)^2$ である．

次のように，線形変換とその表現行列の最小多項式は一致する．

定理 7.2.6　　**線形変換と行列の最小多項式**

T を V の線形変換とし，A を T の表現行列とすると，次が成り立つ．

(1)　T の最小多項式と A の最小多項式は一致する．

(2)　線形変換 T に対して，T の最小多項式 $p_T(t)$ は常に存在する．

(3)　最小多項式 $p_T(t)$ は固有多項式 $g_T(t)$ を割り切り，全ての固有値を根にもつ．

証明　定理 7.1.6 と定理 7.2.5 によりわかる．　終

定理 7.2.7　　**交換可能な線形変換**

(1)　$\boldsymbol{C}$ 上のベクトル空間 V の線形変換 T_1, T_2 が交換可能ならば，T_1 と T_2 は共通の固有ベクトルをもつ．

(2)　A, B が交換可能な複素正方行列ならば，線形変換 T_A, T_B は共通の固有ベクトルをもつ．

証明 (1) T_1, T_2 の固有多項式は，$\boldsymbol{C}$ で必ず解をもつ．λ を T_1 の固有値とし，固有値 λ の T_1 の固有空間を $W(\lambda;T_1)$ とする．T_1 と T_2 は交換可能であるから，T_2 は $W(\lambda;T_1)$ を $W(\lambda;T_1)$ に写像する．従って，T_2 が $W(\lambda;T_1)$ において，固有値 μ と固有ベクトル $\boldsymbol{u}$ をもつならば

$$T_1(\boldsymbol{u})=\lambda\boldsymbol{u}, \qquad T_2(\boldsymbol{u})=\mu\boldsymbol{u}$$

となるから，$\boldsymbol{u}$ は T_1, T_2 の共通の固有ベクトルである．

(2) (1)を行列の言葉に言い換えただけである． 終

線形変換の直和 ベクトル空間 V が，部分空間 W_i の直和で

$$V=W_1\oplus\cdots\oplus W_r$$

と表されているとする．V のベクトル $\boldsymbol{v}$ は $\boldsymbol{w}_i\in W_i$ の和で1通りに表されるから，$1\leqq i\leqq r$ に対して，T_i が W_i の線形変換ならば

$$\boldsymbol{v}=\boldsymbol{w}_1+\cdots+\boldsymbol{w}_r \quad \text{に対して} \quad T(\boldsymbol{v})=T_1(\boldsymbol{w}_1)+\cdots+T_r(\boldsymbol{w}_r)$$

と定義し，$\{T_1,\cdots,T_r\}$ の直和という．このように定義した，V の線形変換 T を

$$T=T_1\oplus\cdots\oplus T_r$$

と表す．

行列の直和 A が正方行列 $A_1,\cdots,A_r$ の直和であるとは

$$A=\begin{bmatrix} A_1 & & O \\ & \ddots & \\ O & & A_r \end{bmatrix}$$

のときにいう．この行列を $A=A_1\oplus\cdots\oplus A_r$ と表す．

補空間 ベクトル空間 V の部分空間 W が与えられたとき，

$$V=W\oplus W'$$

を満たす W' を W の補空間という．補空間は一意的には定まらない．

問題 7.2

1. $V=\boldsymbol{R}^3$ の部分空間 W_1, W_2 は，$V=W_1\oplus W_2$ を満たすことを示せ．

（1） $W_1=\left\{a\begin{bmatrix}1\\1\\-1\end{bmatrix}+b\begin{bmatrix}0\\1\\1\end{bmatrix}\middle|\, a, b\in\boldsymbol{R}\right\},\quad W_2=\left\{c\begin{bmatrix}0\\1\\0\end{bmatrix}\middle|\, c\in\boldsymbol{R}\right\}$

（2） $W_1=\left\{a\begin{bmatrix}1\\0\\-1\end{bmatrix}+b\begin{bmatrix}0\\1\\-1\end{bmatrix}\middle|\, a, b\in\boldsymbol{R}\right\},\quad W_2=\left\{c\begin{bmatrix}1\\2\\0\end{bmatrix}\middle|\, c\in\boldsymbol{R}\right\}$

（3） $\boldsymbol{x}=\begin{bmatrix}x_1\\x_2\\x_3\end{bmatrix}$ に対して，$T(\boldsymbol{x})=x_1-x_2+2x_3$ と定義するとき

$$W_1=\mathrm{Ker}(T),\qquad W_2=\left\{a\begin{bmatrix}1\\0\\0\end{bmatrix}\middle|\, a\in\boldsymbol{R}\right\}$$

2. V をベクトル空間，W_1, W_2 が V の部分空間とする．$V=W_1+W_2=\{\boldsymbol{w}_1+\boldsymbol{w}_2 \mid \boldsymbol{w}_1\in W_1, \boldsymbol{w}_2\in W_2\}$ のとき，$U=W_1\cap W_2$ とおくと，

$$V/U=W_1/U\oplus W_2/U$$

が成り立つことを示せ．

3. B を k 次正方行列，C を l 次正方行列とする．

$$A=B\oplus C=\begin{bmatrix}B & O\\O & C\end{bmatrix}$$

とおくと，$p_A(t)$ は $p_B(t)$ と $p_C(t)$ の最小公倍多項式であることを示せ．

4. 次の行列の最小多項式を求めよ．

（1） $A=\begin{bmatrix}2&1&0&0&0\\0&2&1&0&0\\0&0&2&0&0\\0&0&0&2&0\\0&0&0&0&5\end{bmatrix}$　　（2） $A=\begin{bmatrix}3&1&0&0&0\\0&3&1&0&0\\0&0&3&0&0\\0&0&0&3&0\\0&0&0&0&3\end{bmatrix}$

5. 対角化可能な線形変換 T_1, T_2 が交換可能ならば，T_1 と T_2 には表現行列がともに対角行列となるような共通の基がとれることを示せ．

8 ジョルダン標準形

8.1 準固有空間

§5.3で述べた固有空間を拡張して，準固有空間を定義しよう．以下では，$K=\boldsymbol{C}$，すなわち，V は複素数体 $\boldsymbol{C}$ 上のベクトル空間とする．

固有値 λ に属する準固有空間　T を V の線形変換，λ を T の固有値とする．このとき

$$\widetilde{W}(\lambda)=\widetilde{W}(\lambda\,;\,T)$$
$$=\{\boldsymbol{v}\in V \mid (T-\lambda I)^m(\boldsymbol{v})=\boldsymbol{0},\ \ m:\text{正の整数}\}$$

とおき，T の固有値 λ に属する準固有空間という．T の固有値 λ に属する固有空間は，準固有空間の部分空間である．

例 1　$A=\begin{bmatrix}2&1&4\\0&2&-3\\0&0&2\end{bmatrix}$ とし，$\boldsymbol{C}^3$ の線形変換 T_A を考える．$g_A(t)=(t-2)^3$ であるから，A の固有値は 1 個で，$\lambda=2$ となる．このとき

$$\left(\begin{bmatrix}2&1&4\\0&2&-3\\0&0&2\end{bmatrix}-\begin{bmatrix}2&0&0\\0&2&0\\0&0&2\end{bmatrix}\right)^3=\begin{bmatrix}0&1&4\\0&0&-3\\0&0&0\end{bmatrix}^3=O$$

である．従って

$$(T_A-2E)^3(\boldsymbol{a})=\boldsymbol{0}\qquad(\boldsymbol{a}\in\boldsymbol{C}^3)$$

となるので，$\widetilde{W}(2\,;\,T_A)=\boldsymbol{C}^3$ である．

定理 8.1.1 —— **直和分解と準固有空間**

T を V の線形変換とし，$\{\lambda_1, \lambda_2, \cdots, \lambda_r\}$ を T の全ての相異なる固有値の集合とする．

（1） T は準固有空間 $\widetilde{W}(\lambda_i\,;\,T)$ を $\widetilde{W}(\lambda_i\,;\,T)$ に写像する．

（2） $V=\widetilde{W}(\lambda_1\,;\,T)\oplus\widetilde{W}(\lambda_2\,;\,T)\oplus\cdots\oplus\widetilde{W}(\lambda_r\,;\,T)$.

証明 （1） m を自然数とすると，T と $(T-\lambda_i I)^m$ は可換であるから，T は $\widetilde{W}(\lambda_i\,;\,T)$ を $\widetilde{W}(\lambda_i\,;\,T)$ に写像する．

（2） T の固有多項式を $g_T(t)=\prod_{i=1}^{r}(t-\lambda_i)^{m_i}$ とする．$f_i(t)=\prod_{j\neq i}(t-\lambda_j)^{m_j}$ とおくと $f_1, \cdots, f_r$ は共通因子をもたないから，定理 7.2.2 により，多項式 $g_i(t)$ で

$$(*) \qquad 1=g_1(t)f_1(t)+g_2(t)f_2(t)+\cdots+g_r(t)f_r(t)$$

となるものが存在する．$I_i=g_i(T)f_i(T)$ とおくと $(*)$ より単位写像 I は

$$I=I_1+I_2+\cdots+I_r$$

と分解される．

この I_i が定理 7.2.4 の 3 条件を満たすことを示す．

(i) は上で示した．

(ii) を示す．$i\neq j$ ならば $g_T(t)\,|\,f_i(t)f_j(t)$ であるから，$f_i(T)f_j(T)=0$ で，よって $I_iI_j=O$ がわかる．

(iii) を示す．$I=I_1+I_2+\cdots+I_r$ となるから

$$I_i=I_i(I_1+I_2+\cdots+I_r)=I_iI_i$$

であり，(iii) が示された．従って

$$V=I_1(V)\oplus I_2(V)\oplus\cdots\oplus I_r(V)$$

が成り立ち，V は $I_i(V)$ の直和であることが示される．よって，(2) を示すには，$I_i(V)=\widetilde{W}(\lambda_i\,;\,T)$ を示せばよい．

任意に $\boldsymbol{v}\in V$ をとると，$g_T(T)(\boldsymbol{v})=\boldsymbol{0}$ である．$\boldsymbol{w}=I_i(\boldsymbol{v})\in I_i(V)$ とおくと

$$\begin{aligned}(T-\lambda_i I)^{m_i}(\boldsymbol{w})&=(T-\lambda_i I)^{m_i}g_i(T)f_i(T)(\boldsymbol{v})\\&=g_i(T)\,g_T(T)(\boldsymbol{v})=\boldsymbol{0}\end{aligned}$$

となる．よって，$\boldsymbol{w}\in\widetilde{W}(\lambda_i\,;\,T)$ が成り立つ．

逆に，$\boldsymbol{w}_i\in\widetilde{W}(\lambda_i\,;\,T)$ と仮定する．$t-\lambda_i$ と $g_i(t)f_i(t)$ が共通因子をもてば，$(*)$ により，1 が $t-\lambda_i$ で割り切れることになり，矛盾である．よって，$t-\lambda_i$ と $g_i(t)f_i(t)$ は共通因子をもたない．ここで再び，定理 7.2.2 を用いると，多項式 $p(t), q(t)$ で

$$p(t)(t-\lambda_i)^m+q(t)g_i(t)f_i(t)=1$$

を満たすものが存在する．従って

$$p(T)(T-\lambda_i I)^m+q(T)g_i(T)f_i(T)=I$$

となる．上式の両辺を，ベクトル $\boldsymbol{w}_i$ に施す．m を十分大きくとると

$$(T-\lambda_i I)^m(\boldsymbol{w}_i)=\boldsymbol{0}$$

となる．また，$I_i=g_i(T)f_i(T)$ は T と可換で

$$\begin{aligned}\boldsymbol{w}_i&=q(T)g_i(T)f_i(T)(\boldsymbol{w}_i)=q(T)I_i(\boldsymbol{w}_i)\\&=I_i(q(T)(\boldsymbol{w}_i))\in I_i(V)\end{aligned}$$

となり，$\widetilde{W}(\lambda_i\,;T)=I_i(V)$ がわかる． 終

固有値の重複度 正方行列 A の異なる固有値を $\lambda_1, \lambda_2, \cdots, \lambda_r$ とする．A の固有多項式が

$$g_A(t)=\prod_{k=1}^{r}(t-\lambda_k)^{m_k}$$

であるときに，m_k を固有値 λ_k の重複度という．

定理 8.1.1 の証明は抽象的であるから，具体的に T_A について例をあげる．

例題 8.1.1

$A=\begin{bmatrix}1&-2&0\\0&1&0\\-2&-4&3\end{bmatrix}$ とし，$\boldsymbol{C}^3$ の線形変換 T_A を考える．

（1） T_A の固有多項式は $g_A(t)=(t-3)(t-1)^2$ で，固有値は $\lambda_1=3$ と $\lambda_2=1$ であることを示し，それぞれの重複度 m_1 と m_2 を求めよ．

（2） $f_1(t)=(t-1)^2$，$f_2(t)=t-3$ とおくとき

$$g_1(t)f_1(t)+g_2(t)f_2(t)=1$$

を満たす $g_1(t), g_2(t)$ を 1 組求めよ．

（3） $\widetilde{W}(3\,;T_A)$，$\widetilde{W}(1\,;T_A)$ を求め，

$$\boldsymbol{C}^3=\widetilde{W}(3\,;T_A)\oplus\widetilde{W}(1\,;T_A)$$

を示せ．

解答 （1） 線形変換 T_A の固有多項式を計算すると

$$g_A(t)=|tE-A|=(t-3)(t-1)^2$$

であるから，T_A の固有値は $\lambda_1=3$，$\lambda_2=1$ である．

また，固有値 $\lambda_1=3$ の重複度は $m_1=1$ であり，固有値 $\lambda_2=1$ の重複度は $m_2=2$ である．

（2）　$f_i(t)=\prod_{j\neq i}(t-\lambda_j)^{m_j}$ とおくと

$$f_1(t)=(t-1)^2, \qquad f_2(t)=t-3$$

である．関係式

$$(*) \qquad g_1(t)f_1(t)+g_2(t)f_2(t)=1$$

を満たす多項式 $g_1(t), g_2(t)$ を計算する．これにはユークリッドの互除法を用いる．すなわち，$f_1(t)$ は 2 次の多項式で，$f_2(t)$ は 1 次の多項式であるから，$f_1(t)$ を $f_2(t)$ で割ると

$$f_1(t)-(t+1)f_2(t)=4$$

となる．従って，両辺を 4 で割り

$$g_1(t)=\frac{1}{4}, \qquad g_2(t)=-\frac{1}{4}(t+1)$$

とおくと，この $g_1(t), g_2(t)$ は$(*)$を満たす．もし $f_1(t)$ を $f_2(t)$ で割った余りが定数(ここでは 4)でなければ，さらに割り算を繰り返す必要がある(問題 8.1-4).

（3）　$g_1(t)f_1(t)=\frac{1}{4}(t-1)^2$ に対応する行列は，t に A を代入して

$$g_1(A)f_1(A)=\frac{1}{4}\begin{bmatrix} 0 & -2 & 0 \\ 0 & 0 & 0 \\ -2 & -4 & 2 \end{bmatrix}^2=\begin{bmatrix} 0 & 0 & 0 \\ 0 & 0 & 0 \\ -1 & -1 & 1 \end{bmatrix}$$

となる．従って

$$\begin{aligned}\widetilde{W}(3\,;T_A)&=\left\{g_1(A)f_1(A)\begin{bmatrix} a \\ b \\ c \end{bmatrix} \middle|\, a, b, c\in \boldsymbol{C}\right\} \\ &=\left\{\begin{bmatrix} 0 & 0 & 0 \\ 0 & 0 & 0 \\ -1 & -1 & 1 \end{bmatrix}\begin{bmatrix} a \\ b \\ c \end{bmatrix} \middle|\, a, b, c\in \boldsymbol{C}\right\} \\ &=\left\{\begin{bmatrix} 0 \\ 0 \\ -a-b+c \end{bmatrix} \middle|\, a, b, c\in \boldsymbol{C}\right\}\left(=\left\{\begin{bmatrix} 0 \\ 0 \\ a \end{bmatrix} \middle|\, a\in \boldsymbol{C}\right\}\right)\end{aligned}$$

となり，これは 1 次元ベクトル空間である．

同様に，$g_2(t)f_2(t)=-\dfrac{1}{4}(t+1)(t-3)$ の t に A を代入すると

$$g_2(A)f_2(A)=-\frac{1}{4}(A+E)(A-3E)=\begin{bmatrix}1&0&0\\0&1&0\\1&1&0\end{bmatrix}$$

である．よって

$$\widetilde{W}(1\,;T_A)=\left\{\begin{bmatrix}1&0&0\\0&1&0\\1&1&0\end{bmatrix}\begin{bmatrix}a\\b\\c\end{bmatrix}\middle|\, a,b,c\in\boldsymbol{C}\right\}$$
$$=\left\{\begin{bmatrix}a\\b\\a+b\end{bmatrix}\middle|\, a,b\in\boldsymbol{C}\right\}$$

となる．この空間は

$$\begin{bmatrix}a\\b\\a+b\end{bmatrix}=a\begin{bmatrix}1\\0\\1\end{bmatrix}+b\begin{bmatrix}0\\1\\1\end{bmatrix}$$

となるから，$\widetilde{W}(1\,;T_A)$ は 2 次元ベクトル空間である．よって，定理 8.1.1(2) により，$\boldsymbol{C}^3$ は $\widetilde{W}(3\,;T_A)$ と $\widetilde{W}(1\,;T_A)$ の直和になる．

この直和を具体的に確かめてみよう．すなわち，$\boldsymbol{C}^3$ の任意のベクトルは $\widetilde{W}(3\,;T_A)$ と $\widetilde{W}(1\,;T_A)$ のベクトルの和で一意的に

$$\begin{bmatrix}a\\b\\c\end{bmatrix}=\begin{bmatrix}0\\0\\-a-b+c\end{bmatrix}+\begin{bmatrix}a\\b\\a+b\end{bmatrix}$$

と表される．よって，$\boldsymbol{C}^3$ は $\widetilde{W}(3\,;T_A)$ と $\widetilde{W}(1\,;T_A)$ の直和であることが直接にも確かめられる．

次の§8.2 のジョルダン標準形の結果を用いると，T_A の各固有値 λ の重複度 m_i がわかっているから，$\widetilde{W}(\lambda\,;T_A)$ は $(A-\lambda)^{m_i}$ の解空間の直和になる．よって，その解空間を計算しても準固有空間 $\widetilde{W}(\lambda_i\,;T_A)$ が求まる．ただし，準固有空間はジョルダン標準形を求めるために定義したものだから，準固有空間を計算するためにジョルダン標準形を用いるのは，いささか本末転倒であるが．

問題 8.1

1. $A=\begin{bmatrix}1 & 0 & -2\\ 2 & 1 & -1\\ 0 & 0 & 1\end{bmatrix}$に対して，固有値$\lambda$を求めよ．また，それぞれの$\lambda$について準固有空間 $\widetilde{W}(\lambda; T_A)$を求めよ．

2. $A=\begin{bmatrix}2 & 0 & 0\\ 2 & 5 & 3\\ 0 & -6 & -4\end{bmatrix}$ とする．A の固有値は $2, -1$ であることを示せ．また，$\widetilde{W}(2; T_A)$，$\widetilde{W}(-1; T_A)$を求めよ．

3. $A=\begin{bmatrix}4 & 0 & 6\\ 0 & 1 & 0\\ -3 & 0 & -5\end{bmatrix}$とする．$A$ の固有値は $1, -2$ であることを示せ．また，$\widetilde{W}(1; T_A)$，$\widetilde{W}(-2; T_A)$を求めよ．

4. $A=\begin{bmatrix}2 & 2 & 1 & 0\\ 0 & 5 & 3 & 0\\ 0 & -6 & -4 & 0\\ 0 & 0 & 0 & -1\end{bmatrix}$とし，$\boldsymbol{C}^4$ の線形変換 T_A を考える．

（1） T_A の固有多項式は $g_A(t)=(t-2)^2(t+1)^2$ で，固有値は $\lambda_1=2$ と $\lambda_2=-1$ であることを示し，それぞれの固有値の重複度を求めよ．

（2） $f_1(t)=(t+1)^2$，$f_2(t)=(t-2)^2$ のとき，$g_1(t)f_1(t)+g_2(t)f_2(t)=1$ を満たす $g_1(t), g_2(t)$ を1組求めよ．

（3） $\widetilde{W}(\lambda_1; T_A)(=\widetilde{W}(2; T_A)), \widetilde{W}(\lambda_2; T_A)(=\widetilde{W}(-1; T_A))$を求めよ．

5. $A_1, \cdots, A_k$ を正方行列とし，$A=A_1\oplus\cdots\oplus A_k$ とおく．ここで，A_i の最小多項式 $\{p_{A_i}(t)\}$ の任意の2つは共通因子をもたないと仮定する．行列 B_i がそれぞれ $f_i(t)$ を用いて，A_i の多項式で $B_i=f_i(A_i)$ と表されるならば，B_i の直和 $B=B_1\oplus\cdots\oplus B_k$ も A の多項式で表されることを示せ．

8.2 ジョルダン標準形

全ての線形変換が対角化可能ならば都合がいいが，それは大抵の場合に不可能である．しかし，複素数体 $\boldsymbol{C}$ の範囲では，任意の線形変換はジョルダン標準形と呼ばれる，わかりやすい形の行列を表現行列としてもつ．この非常に有用なジョルダン標準形を求めるのが，この節の目的である．

ジョルダン細胞　複素数 λ を固有値にもつ，次のように表される n 次正方行列 $J(\lambda\,;n)$ を λ を固有値とする（n 次の）ジョルダン細胞という．

$$J(\lambda\,;n)=\left.\begin{bmatrix} \lambda & 1 & & & & O \\ & \lambda & 1 & & & \\ & & \ddots & \ddots & & \\ & & & \lambda & 1 & \\ & O & & & & \lambda \end{bmatrix}\right\}n, \qquad J(\lambda\,;1)=[\lambda].$$

ジョルダン標準形　ジョルダン細胞の直和で表される行列をジョルダン標準形という．また，線形変換 T の表現行列がジョルダン標準形になるとき，その表現行列を T のジョルダン標準形という．

例 1　$A=\begin{bmatrix} 2i & 1 & 0 & 0 & 0 \\ 0 & 2i & 0 & 0 & 0 \\ 0 & 0 & 2i & 1 & 0 \\ 0 & 0 & 0 & 2i & 0 \\ 0 & 0 & 0 & 0 & 3 \end{bmatrix}$ はジョルダン標準形である．このジョルダン標準形 A はジョルダン細胞を用いると，次のように表される．

$$A=J(2i\,;2)\oplus J(2i\,;2)\oplus J(3\,;1).$$

まず，べき零変換から始めよう．

定理 8.2.1　　**べき零変換の特徴付け**

次の 3 条件は同値である．

（1）　T はべき零変換である．

（2）　表現行列 A はべき零行列である．

（3）　表現行列 A の固有値は全て 0 である．

証明　(1)⇔(2)　線形変換に対して，その表現行列を考えれば明らかである．
(1)⇒(3)　Tの固有値をλとする．固有値の定義により$T(\boldsymbol{u})=\lambda\boldsymbol{u}$を満たすベクトル$\boldsymbol{u}(\neq\boldsymbol{0})\in V$が存在する．$T^k=O$ならば

$$T^k\boldsymbol{u}=\lambda^k\boldsymbol{u}=\boldsymbol{0}$$

となるから，$\lambda=0$がわかる．
(3)⇒(2)　nをAの次数とする．$g_A(t)=0$の根は全て0なので，$g_A(t)=t^n$で，定理5.3.2(ケイリー・ハミルトンの定理)により$A^n=O$となる．よって，Aはべき零行列である．　終

べき零変換のジョルダン標準形を調べよう．

定理 8.2.2　――――　**べき零変換のジョルダン標準形**

ベクトル空間Vのべき零変換Tは，Vの適当な基をとると，表現行列が0を固有値とするジョルダン細胞$J(0\,;k)$のいくつかの行列の直和によって

$$B=J(0\,;k_1)\oplus\cdots\oplus J(0\,;k_r),\qquad J(0\,;k_i)=\underbrace{\begin{bmatrix}0&1&&&O\\&0&1&&\\&&\ddots&\ddots&\\&&&0&1\\O&&&&0\end{bmatrix}}_{k_i}$$

と表される．行列Bはジョルダン細胞の順序を除き一意的に定まる．
この行列Bをべき零変換Tのジョルダン標準形という．

考え方　この定理は，問題5.2-4の一般化である．$T^m=O$，$T^{m-1}\neq O$としたとき，$\boldsymbol{u}\in V$を$T^{m-1}(\boldsymbol{u})\neq\boldsymbol{0}$にとると，部分空間

$$\langle T^{m-1}(\boldsymbol{u}),\cdots,T(\boldsymbol{u}),\boldsymbol{u}\rangle$$

はTによって自分自身にうつされ，この部分空間において，Tの表現行列は$J(0\,;m)$となる．これが基本的な考え方である．V全体での表現行列を求めるには，さらに，ベクトルを追加してとらなければならないが，取り方は証明で述べる．

証明 (存在) $T=O$ ならば，表現行列は零行列 O でジョルダン標準形である．$T\neq O$ とし，$m\geqq 2$ に対して，$T^{m}=O$，$T^{m-1}=O$ であると仮定する．

整数 k $(0\leqq k\leqq m)$ に対して

$$V(k)=\{\boldsymbol{u}\in V \mid T^{k}(\boldsymbol{u})=\boldsymbol{0}\}$$

とおく．$T^{0}=I$ であるから，$V(0)=\{\boldsymbol{0}\}$ であり，$V=V(m)$ である．$T^{k}(\boldsymbol{u})=\boldsymbol{0}$ ならば $T^{k+1}(\boldsymbol{u})=\boldsymbol{0}$ であるから，$V(k+1)\supset V(k)$ である．すなわち

$$V=V(m)\supset V(m-1)\supset\cdots\supset V(1)\supset V(0)=\{\boldsymbol{0}\}$$

が成り立つ．ここで，$s_{k}=\dim(V(k))-\dim(V(k-1))$ $(1\leqq k\leqq m)$ とおき，さらに $t_{m}=s_{m}$ とする．$V(m)$ の1次独立なベクトル $\{\boldsymbol{u}_{m,1},\cdots,\boldsymbol{u}_{m,t_m}\}$ を

$$V=V(m)=\langle \boldsymbol{u}_{m,1},\cdots,\boldsymbol{u}_{m,t_m}\rangle\oplus V(m-1)$$

にとる．

任意の整数 k $(0\leqq k\leqq m-1)$ に対して，$\{T^{k}(\boldsymbol{u}_{m,1}),\cdots,T^{k}(\boldsymbol{u}_{m,t_m})\}$ は1次独立である．実際，1次関係

$$a_{1}T^{k}(\boldsymbol{u}_{m,1})+\cdots+a_{t_m}T^{k}(\boldsymbol{u}_{m,t_m})=\boldsymbol{0} \qquad (a_{i}\in \boldsymbol{C},\ 1\leqq i\leqq t_{m})$$

が成り立つと仮定し，$\boldsymbol{u}=a_{1}\boldsymbol{u}_{m,1}+\cdots+a_{t_m}\boldsymbol{u}_{m,t_m}$ とおく．

$$T^{k}(\boldsymbol{u})=a_{1}T^{k}(\boldsymbol{u}_{m,1})+\cdots+a_{t_m}T^{k}(\boldsymbol{u}_{m,t_m})=\boldsymbol{0}$$

であるから，$\boldsymbol{u}\in V(k)\subset V(m-1)$ となる．従って，

$$\boldsymbol{u}\in\langle \boldsymbol{u}_{m,1},\cdots,\boldsymbol{u}_{m,t_m}\rangle\cap V(m-1)=\{\boldsymbol{0}\}$$

となるから，$\boldsymbol{u}=\boldsymbol{0}$ である．$\boldsymbol{u}_{m,1},\cdots,\boldsymbol{u}_{m,t_m}$ は1次独立であるから $a_{1}=\cdots=a_{t_m}=0$ がわかり，$\{T^{k}(\boldsymbol{u}_{m,1}),\cdots,T^{k}(\boldsymbol{u}_{m,t_m})\}$ は1次独立である．さらに，

$$T^{k}(\boldsymbol{u})\in V(m-k),\quad T^{k}(\boldsymbol{u})\notin V(m-k-1) \qquad (0\leqq k\leqq m-1)$$

であるから

$$\begin{cases} \boldsymbol{u}_{m,1},\cdots,\boldsymbol{u}_{m,t_m}, \\ T(\boldsymbol{u}_{m,1}),\cdots,T(\boldsymbol{u}_{m,t_m}), \\ \qquad\cdots\cdots\cdots \\ T^{m-1}(\boldsymbol{u}_{m,1}),\cdots,T^{m-1}(\boldsymbol{u}_{m,t_m}) \end{cases}$$

は，1次独立なベクトルである．

次に，$t_{m-1}=s_{m-1}-s_{m}$ とおき，$V(m-1)$ の1次独立なベクトル $\{\boldsymbol{u}_{m-1,1},\cdots,\boldsymbol{u}_{m-1,t_{m-1}}\}$ を

$$V(m-1)=\langle T(\boldsymbol{u}_{m,1}),\cdots,T(\boldsymbol{u}_{m,t_m})\rangle\oplus\langle \boldsymbol{u}_{m-1,1},\cdots,\boldsymbol{u}_{m-1,t_{m-1}}\rangle\oplus V(m-2)$$

であるようにとる．このとき，次のベクトルの集合(＊)

$$(*)\quad \begin{cases} T(\boldsymbol{u}_{m,1}),\ \cdots,\ T(\boldsymbol{u}_{m,t_m}),\ \ \boldsymbol{u}_{m-1,1},\ \cdots,\ \boldsymbol{u}_{m-1,t_{m-1}}, \\ T^2(\boldsymbol{u}_{m,1}),\ \cdots,\ T^2(\boldsymbol{u}_{m,t_m}),\ T(\boldsymbol{u}_{m-1,1}),\ \cdots,\ T(\boldsymbol{u}_{m-1,t_{m-1}}), \\ \quad\cdots\cdots\cdots \\ T^{m-1}(\boldsymbol{u}_{m,1}),\ \cdots,\ T^{m-1}(\boldsymbol{u}_{m,t_m}),\ T^{m-2}(\boldsymbol{u}_{m-1,1}),\ \cdots,\ T^{m-2}(\boldsymbol{u}_{m-1,t_{m-1}}) \end{cases}$$

は1次独立である．整数 k $(1\leqq k\leqq m-1)$ に対して，$V(m-k)$ のベクトル

$$(**)\qquad T^k(\boldsymbol{u}_{m,1}),\ \cdots,\ T^k(\boldsymbol{u}_{m,t_m}),\ T^{k-1}(\boldsymbol{u}_{m-1,1}),\ \cdots,\ T^{k-1}(\boldsymbol{u}_{m-1,t_{m-1}})$$

の1次独立が示されれば，$(*)$は1次独立となる．$(**)$の1次独立を示すために

$$a_1T^k(\boldsymbol{u}_{m,1})+\cdots+a_{t_m}T^k(\boldsymbol{u}_{m,t_m}) \\ +b_1T^{k-1}(\boldsymbol{u}_{m-1,1})+\cdots+b_{t_{m-1}}T^{k-1}(\boldsymbol{u}_{m-1,t_{m-1}})=\boldsymbol{0}$$

$(a_i,\ b_j\in \boldsymbol{C},\ 1\leqq i\leqq t_m,\ 1\leqq j\leqq t_{m-1})$ とおく．ここで

$$\boldsymbol{u}=a_1T(\boldsymbol{u}_{m,1})+\cdots+a_{t_m}T(\boldsymbol{u}_{m,t_m})+b_1\boldsymbol{u}_{m-1,1}+\cdots+b_{t_{m-1}}\boldsymbol{u}_{m-1,t_{m-1}}$$

とおく．k $(1\leqq k\leqq m-1)$ に対して $T^{k-1}(\boldsymbol{u})=\boldsymbol{0}$ ならば，$\boldsymbol{u}$ は $V(k-1)$ のベクトルである．$V(k-1)\subset V(m-2)$ であるから，上の議論と同様に $\boldsymbol{u}=\boldsymbol{0}$ である．ベクトル空間の直和の定義より

$$a_1T(\boldsymbol{u}_{m,1})+\cdots+a_{t_m}T(\boldsymbol{u}_{m,t_m})=\boldsymbol{0}, \\ b_1\boldsymbol{u}_{m-1,1}+\cdots+b_{t_{m-1}}\boldsymbol{u}_{m-1,t_{m-1}}=\boldsymbol{0}$$

を満たす．よって，$a_1=\cdots=a_{t_m}=0$ であり，$\boldsymbol{u}_{m-1,1},\ \cdots,\ \boldsymbol{u}_{m-1,t_{m-1}}$ は1次独立であるから，$b_1=\cdots=b_{t_{m-1}}=0$ がわかり，$(**)$のベクトルの1次独立が示された．

一般に，$t_k=s_k-s_{k-1}$ とおき，これを繰り返すと，V の1次独立なベクトル

$$\begin{cases} \boldsymbol{u}_{m,1},\quad \cdots,\quad \boldsymbol{u}_{m,t_m}, \\ T(\boldsymbol{u}_{m,1}),\ \cdots,\ T(\boldsymbol{u}_{m,t_m}),\ \boldsymbol{u}_{m-1,1},\ \cdots,\ \boldsymbol{u}_{m-1,t_{m-1}}, \\ T^2(\boldsymbol{u}_{m,1}),\ \cdots,\ T^2(\boldsymbol{u}_{m,t_m}),\ T(\boldsymbol{u}_{m-1,1}),\ \cdots,\ T(\boldsymbol{u}_{m-1,t_{m-1}}),\ \boldsymbol{u}_{m-2,1},\ \cdots,\ \boldsymbol{u}_{m-2,t_{m-2}}, \\ \quad\cdots\cdots\cdots \\ T^{m-1}(\boldsymbol{u}_{m,1}),\ \cdots,\ T^{m-1}(\boldsymbol{u}_{m,t_m}),\ T^{m-2}(\boldsymbol{u}_{m-1,1}),\ \cdots,\ T^{m-2}(\boldsymbol{u}_{m-1,t_{m-1}}),\ \cdots, \\ \qquad\qquad \boldsymbol{u}_{1,1},\ \cdots,\ \boldsymbol{u}_{1,t_1} \end{cases}$$

を得る．これらのベクトルは V を生成し，1次独立であることと合わせて，V の基となる．1次独立なベクトル $T^{m-1}(\boldsymbol{u}_{m,i})$ $T^{m-2}(\boldsymbol{u}_{m,i}),\ \cdots,\ \boldsymbol{u}_{m,i}$ ($i=1$ のときは，青色の網をかけたベクトル)で生成される V の部分空間

$$W(m\,;i)=\langle T^{m-1}(\boldsymbol{u}_{m,i}),\ T^{m-2}(\boldsymbol{u}_{m,i}),\ \cdots,\ \boldsymbol{u}_{m,i}\rangle$$

を考える．T は部分空間 $W(m\,;i)$ を自分自身にうつし，T を $W(m\,;i)$ に制限すると，この基に関する表現行列は

$$J(0\,;m)=\left.\begin{bmatrix} 0 & 1 & & & \\ & 0 & 1 & & O \\ & & \ddots & \ddots & \\ & & & 0 & 1 \\ & O & & & 0 \end{bmatrix}\right\}m$$

で，T の表現行列の直和成分に現れる $J(0\,;m)$ の個数は $t_m=s_m$ である．

一般に，k $(1\leqq k\leqq m)$ に対し，i $(1\leqq i\leqq t_k)$ をとり固定する．このとき，部分空間を

$$W(k\,;i)=\langle T^{k-1}(\boldsymbol{u}_{k,i}),\ T^{k-2}(\boldsymbol{u}_{k,i}),\ \cdots,\ \boldsymbol{u}_{k,i}\rangle$$

と定義すると，T は $W(k\,;i)$ を自分自身にうつし，$W(k\,;i)$ に制限したときの表現行列はジョルダン細胞 $J(0\,;k)$ になる．よって，T の表現行列に現れる $J(0\,;k)$ の個数は t_k である．

特に，最後の $k=1$ のときには，i $(1\leqq i\leqq t_1)$ に対して

$$W(1\,;i)=\langle \boldsymbol{u}_{1,i}\rangle$$

となるから，$T(\boldsymbol{u}_{1,i})=\boldsymbol{0}$ である．よって，T を $W(1\,;i)$ $(1\leqq i\leqq t_1)$ に制限したときの表現行列は

$$J(0\,;1)=[0]$$

で，T の表現行列に含まれる $J(0\,;1)$ の個数は t_1 である．

以上のことから，べき零変換 T に，表現行列としてジョルダン標準形が存在する．

(一意性)　T の表現行列が，もう 1 つのジョルダン標準形 C になるとする．C に含まれる $J(0\,;k)$ の個数を p_k とすると，$V(k)$ の次元は

$$r_k=k(p_m+\cdots+p_k)+(k-1)\,p_{k-1}+(k-2)\,p_{k-2}+\cdots+p_1$$

となる．よって

$$s_k=\dim(V(k))-\dim(V(k-1))=p_m+\cdots+p_k$$

である．従って，$t_m=s_m=p_m$ で k $(m-1\geqq k\geqq 1)$ については

$$t_k=s_k-s_{k+1}=p_k$$

となる．すなわち，B と C に含まれる $J(0\,;k)$ の個数は等しい．　終

例題 8.2.1

$$A=\begin{bmatrix}0&0&0&0&0\\0&0&1&1&0\\0&0&0&1&0\\0&0&0&0&0\\1&0&0&0&0\end{bmatrix}$$ とする．べき零変換 T_A のジョルダン標準形を求めよ．

解答　$V=\boldsymbol{C}^5$ とおくと，T_A の固有多項式は $g_A(t)=t^5$ であるから，T_A はべき零変換で $n=5$．$A^3=O$，$A^2\neq O$であるから $m=3$ である．$1\leqq k\leqq 3$ に対して，$V(k)=\{\boldsymbol{u}\in V\,|\,A^k\boldsymbol{u}=\boldsymbol{0}\}$ とおき，$V(k)$ と $V(k-1)$ の次元の差を

$$s_k=\dim(V(k))-\dim(V(k-1))$$

と定義する．$V(3)$, $V(2)$ は

$$V=V(3),\qquad V(2)=\{\boldsymbol{u}\in V\,|\,A^2\boldsymbol{u}=\boldsymbol{0}\}$$

となる．$V(2)$ と，その次元を計算するために，A^2 を簡約化する．

$$A^2=\begin{bmatrix}0&0&0&0&0\\0&0&0&1&0\\0&0&0&0&0\\0&0&0&0&0\\0&0&0&0&0\end{bmatrix}\longrightarrow\begin{bmatrix}0&0&0&1&0\\0&0&0&0&0\\0&0&0&0&0\\0&0&0&0&0\\0&0&0&0&0\end{bmatrix}$$

となるから，$A^2\boldsymbol{u}=\boldsymbol{0}$ の解空間 $V(2)$ は $\boldsymbol{C}$ 上の 4 次元ベクトル空間

$$V(2)=\left\{\begin{bmatrix}x_1\\x_2\\x_3\\0\\x_5\end{bmatrix}\,\middle|\, x_1,\,x_2,\,x_3,\,x_5\in\boldsymbol{C}\right\}$$

である．よって

$$s_3=\dim(V(3))-\dim(V(2))=5-4=1,\qquad t_3=s_3=1$$

となる．$V(3)$ に含まれ，$V(2)$ に含まれないベクトル，例えば，$\boldsymbol{u}_{3,1}=\begin{bmatrix}0\\0\\0\\1\\0\end{bmatrix}$ をとると，$\langle\boldsymbol{u}_{3,1}\rangle\cap V(2)=\{\boldsymbol{0}\}$ である．

次に，$V(1)$と，その次元を計算する．Aを簡約化すると

$$A=\begin{bmatrix}0&0&0&0&0\\0&0&1&1&0\\0&0&0&1&0\\0&0&0&0&0\\1&0&0&0&0\end{bmatrix}\longrightarrow\begin{bmatrix}1&0&0&0&0\\0&0&1&0&0\\0&0&0&1&0\\0&0&0&0&0\\0&0&0&0&0\end{bmatrix}$$

となる．よって，$A\boldsymbol{u}=\boldsymbol{0}$ の解空間は

$$V(1)=\left\{\begin{bmatrix}0\\y_2\\0\\0\\y_5\end{bmatrix}\middle|\, y_2,\ y_5\in\boldsymbol{C}\right\}$$

で，次元は2である．従って

$$s_2=\dim(V(2))-\dim(V(1))=2,\qquad t_2=s_2-s_3=1$$

である．$V(2)$に含まれ，$V(1)$に含まれないベクトルとして $\boldsymbol{u}_{3,1}$, $A\boldsymbol{u}_{3,1}$, $\boldsymbol{u}_{2,1}$ が

とれる．$A\boldsymbol{u}_{3,1}=\begin{bmatrix}0\\1\\1\\0\\0\end{bmatrix}$ であるので，$\boldsymbol{u}_{2,1}=\begin{bmatrix}1\\0\\0\\0\\0\end{bmatrix}$ ととれば

$$\langle\boldsymbol{u}_{3,1},\ A\boldsymbol{u}_{3,1},\ \boldsymbol{u}_{2,1}\rangle\cap V(1)=\{\boldsymbol{0}\}$$

である．さらに，$A^2\boldsymbol{u}_{3,1}$, $A\boldsymbol{u}_{2,1}$ に $\boldsymbol{u}_{3,1}$, $A\boldsymbol{u}_{3,1}$, $\boldsymbol{u}_{2,1}$ を加えても1次独立である．よって，次元を考慮すると

$$\{\boldsymbol{u}_{3,1},\ \ A\boldsymbol{u}_{3,1},\ \ A^2\boldsymbol{u}_{3,1},\ \ \boldsymbol{u}_{2,1},\ \ A\boldsymbol{u}_{2,1}\}$$

は V の基になる．基の順序を変えて $\{A^2\boldsymbol{u}_{3,1}, A\boldsymbol{u}_{3,1}, \boldsymbol{u}_{3,1}, A\boldsymbol{u}_{2,1}, \boldsymbol{u}_{2,1}\}$ の順に並べる．この基に関する表現行列を考えると，T_A のジョルダン標準形

$$B=\left[\begin{array}{ccc:cc}0&1&0&0&0\\0&0&1&0&0\\0&0&0&0&0\\\hdashline 0&0&0&0&1\\0&0&0&0&0\end{array}\right]\qquad(=J(0\,;3)\oplus J(0\,;2))$$

が求まる．

固有値を差し引いた変換　線形変換 T の全ての相異なる固有値の集合を $\{\lambda_1, \cdots, \lambda_r\}$ とする．部分空間 $\widetilde{W}(\lambda_i ; T)$ を固有値 λ_i に属する準固有空間とし，I_i を $\widetilde{W}(\lambda_i ; T)$ の単位変換とする．線形変換 T は $\widetilde{W}(\lambda_i ; T)$ を自分自身にうつす．また，T から線形変換 $\lambda_1 I_1 \oplus \cdots \oplus \lambda_r I_r$ を引いた線形変換の差

$$T - \{\lambda_1 I_1 \oplus \cdots \oplus \lambda_r I_r\}$$

の固有値は全て 0 であるから，定理 8.2.1 により，べき零変換である．

定理 8.2.3 —— **線形変換のジョルダン標準形**

T をベクトル空間 V の線形変換とし，$\{\lambda_1, \cdots, \lambda_r\}$ を T の全ての相異なる固有値の集合とする．適当な基をとると，T の表現行列はジョルダン標準形にジョルダン細胞の順序を除き一意的に表される．

ジョルダン標準形を

$$B = \underbrace{J(\lambda_1 ; k_{1,1}) \oplus \cdots \oplus J(\lambda_1 ; k_{1,m_1})}_{\text{固有値が } \lambda_1} \oplus \cdots \oplus \underbrace{J(\lambda_r ; k_{r,1}) \oplus \cdots \oplus J(\lambda_r ; k_{r,m_r})}_{\text{固有値が } \lambda_r}$$

と表すと，T の最小多項式は

$$p_T(t) = \prod_{i=1}^{r} (t - \lambda_i)^{l_i} \qquad (l_i \text{ は } k_{i,1}, \cdots, k_{i,m_i} \text{ の最大値})$$

である．

証明　$T - \{\lambda_1 I_1 \oplus \cdots \oplus \lambda_r I_r\}$ はべき零変換である．よって，この変換を $\widetilde{W}(\lambda_i ; T)$ に制限して得られる変換もべき零変換である．T を $\widetilde{W}(\lambda_i ; T)$ に制限した線形変換を T_i と書くことにする．べき零変換のジョルダン標準形(定理 8.2.2)により，べき零変換 $T_i - \lambda_i I_i$ の表現行列は，いくつかのジョルダン細胞の直和で

$$J(0 ; k_{i,1}) \oplus \cdots \oplus J(0 ; k_{i,m_i})$$

と表される．T_i の $\widetilde{W}(\lambda_i ; T)$ における固有値は λ_i なので，T_i の表現行列は

$$J(\lambda_i ; k_{i,j}) = \lambda_i E + J(0 ; k_{i,j}) \qquad (1 \leqq j \leqq m_i)$$

の直和になる．次に，$\widetilde{W}(\lambda_i ; T)$ を全ての i $(1 \leqq i \leqq r)$ に対してとることにより，T のジョルダン標準形が得られる．よって，ジョルダン標準形の一意性は，べき零変換のジョルダン標準形の一意性(定理 8.2.2)よりわかる．また，T の最小多項式が与えられたものになることは，最小多項式の定義とジョルダン標準形の形から明らかである．　終

行列のジョルダン標準形 正方行列 A がジョルダン標準形 B に同値であるとき，B を A のジョルダン標準形という．線形変換で基を取り替えることは，表現行列では同値な行列を考えることだから，次の定理 8.2.4 を得る．

定理 8.2.4 **行列のジョルダン標準形**

（1） 任意の正方行列 A は，ジョルダン標準形に同値である．すなわち，適当な正則行列 P をとると，$B=P^{-1}AP$ がジョルダン標準形になる．

（2） A と T_A のジョルダン標準形は一致する．

（3） A の最小多項式は T_A の最小多項式で，ジョルダン標準形を用いて定理 8.2.3 のように表される．

例題 8.2.2

次の行列のジョルダン標準形を求めよ．

$$A=\begin{bmatrix} 2 & 0 & 0 \\ 0 & 1 & 0 \\ 1 & 0 & 2 \end{bmatrix}$$

解答 固有多項式は $g_A(t)=(t-1)(t-2)^2$ であるから，固有値は $\lambda=1,2$ である．よって，最小多項式 $p_A(t)$ は $g_A(t)$ または $(t-1)(t-2)$ のいずれかである．実際，$(t-1)(t-2)$ に A を具体的に代入すると

$$\begin{bmatrix} 0 & 0 & 0 \\ 0 & 0 & 0 \\ 1 & 0 & 0 \end{bmatrix} \neq O$$

となる．従って，$p_A(t)=g_A(t)=(t-1)(t-2)^2$ となるから，ジョルダン標準形はジョルダン細胞 $J(1\,;1)$ と $J(2\,;2)$ の直和で

$$\begin{bmatrix} 1 & 0 & 0 \\ 0 & 2 & 1 \\ 0 & 0 & 2 \end{bmatrix}$$

となる．（A の次数が小さく，ジョルダン標準形を求めるだけなら，最小多項式を用いればよい．）

別解 行列 P を求めるには，次のようにする．$T=T_A$ とおく．固有多項式は $g_A(t)=(t-1)(t-2)^2$ であるから，固有値は $\lambda=1,2$ である．

$\lambda=1$とする．$A-1E=\begin{bmatrix}1&0&0\\0&0&0\\1&0&1\end{bmatrix}\longrightarrow\begin{bmatrix}1&0&0\\0&0&1\\0&0&0\end{bmatrix}$と簡約化すると

$\widetilde{W}(1\,;\,T_A)=\left\{a\begin{bmatrix}0\\1\\0\end{bmatrix}\middle|\,a\in\boldsymbol{C}\right\}$ になるので，$\boldsymbol{u}_1=\begin{bmatrix}0\\1\\0\end{bmatrix}$

とおく．次に，$\lambda=2$とする．$A-2E=\begin{bmatrix}0&0&0\\0&-1&0\\1&0&0\end{bmatrix}\rightarrow\begin{bmatrix}1&0&0\\0&1&0\\0&0&0\end{bmatrix}$と簡約化さ

れるから，$\lambda=2$の固有ベクトルは$b\begin{bmatrix}0\\0\\1\end{bmatrix}$である．また，$(A-2E)^2$を

$$(A-2E)^2=\begin{bmatrix}0&0&0\\0&1&0\\0&0&0\end{bmatrix}\longrightarrow\begin{bmatrix}0&1&0\\0&0&0\\0&0&0\end{bmatrix}$$

と簡約化すると，$\widetilde{W}(2\,;\,T_A)$は

$$\widetilde{W}(2\,;\,T_A)=\left\{b\begin{bmatrix}0\\0\\1\end{bmatrix}+c\begin{bmatrix}1\\0\\0\end{bmatrix}\middle|\,b,c\in\boldsymbol{C}\right\}$$

となる．ここで，$\boldsymbol{u}_2=\begin{bmatrix}0\\0\\1\end{bmatrix}$，$\boldsymbol{u}_3=\begin{bmatrix}1\\0\\0\end{bmatrix}$とおくと

$$A\boldsymbol{u}_2=2\boldsymbol{u}_2,\qquad A\boldsymbol{u}_3=\boldsymbol{u}_2+2\boldsymbol{u}_3$$

である．従って，次のようなジョルダン標準形Bを得る．

$$A(\boldsymbol{u}_1,\boldsymbol{u}_2,\boldsymbol{u}_3)=(\boldsymbol{u}_1,\boldsymbol{u}_2,\boldsymbol{u}_3)\,B,\qquad B=\begin{bmatrix}1&0&0\\0&2&1\\0&0&2\end{bmatrix}.$$

正則行列Pを$P=[\boldsymbol{u}_1\quad\boldsymbol{u}_2\quad\boldsymbol{u}_3]=\begin{bmatrix}0&0&1\\1&0&0\\0&1&0\end{bmatrix}$ととると

$$B=P^{-1}AP\qquad\text{（ジョルダン標準形）}$$

になる．

問題 8.2

1．次の行列のジョルダン標準形を求めよ．

（1） $A=\begin{bmatrix} 2 & 1 & 0 \\ 0 & 3 & 0 \\ 0 & 0 & 3 \end{bmatrix}$　　（2） $A=\begin{bmatrix} 3 & 0 & 0 \\ 1 & 3 & 0 \\ 1 & 1 & 3 \end{bmatrix}$

（3） $A=\begin{bmatrix} 0 & 0 & -1 \\ 0 & i & 0 \\ 1 & 0 & 0 \end{bmatrix}$　　（4） $A=\begin{bmatrix} 2 & 0 & -3 & 1 \\ 0 & 2 & 0 & 0 \\ 0 & 0 & -1 & 0 \\ 0 & 0 & 0 & 2 \end{bmatrix}$

2．次の正方行列の最小多項式を求めよ．

（1） $A=J(2\,;3)\oplus J(2\,;2)$

（2） $A=J(3\,;2)\oplus J(3\,;2)\oplus J(3\,;1)\oplus J(i\,;2)$

（3） $A=J(1\,;1)\oplus J(2\,;3)\oplus J(i\,;2)\oplus J(-i\,;1)$

3．正方行列 A に対して，次の(1), (2)は同値であることを示せ．

（1） A の最小多項式 $p_A(t)$ は，固有多項式 $g_A(t)$ に一致する．

（2） 異なる固有値 λ に対して，1つのジョルダン細胞が定まる．

4．正方行列 H は対角化可能のとき**半単純行列**という．このとき，次を示せ．

（1） 正方行列 A は，半単純行列 H とべき零行列 N の和で表される．

（2） (1)の H と N は A の多項式で表される．

（3） A を与えると(1)の H と N は一意的に決まり，交換可能である．

9 エルミート空間

9.1 エルミート内積

この章では実ベクトル空間の代わりに，複素ベクトル空間にエルミート内積と呼ばれる内積を定義する．エルミート内積も実ベクトル空間の内積と同様の性質をもつ．

エルミート内積 複素数体 $\boldsymbol{C}$ 上のベクトル空間 V のベクトル $\boldsymbol{u}, \boldsymbol{v}$ に対して，複素数 $(\boldsymbol{u}, \boldsymbol{v})$ を対応させる対応 $(\ ,\ )$ が，次の 4 条件を満たすときに $(\ ,\ )$ を複素ベクトル空間 V のエルミート内積という．ここで，$\boldsymbol{u}, \boldsymbol{u}', \boldsymbol{v}, \boldsymbol{v}' \in V$，$c \in \boldsymbol{C}$ で，$\overline{c}$ は c の複素共役である．

(1) $(\boldsymbol{u}+\boldsymbol{u}', \boldsymbol{v}) = (\boldsymbol{u}, \boldsymbol{v}) + (\boldsymbol{u}', \boldsymbol{v})$, $(\boldsymbol{u}, \boldsymbol{v}+\boldsymbol{v}') = (\boldsymbol{u}, \boldsymbol{v}) + (\boldsymbol{u}, \boldsymbol{v}')$,

(2) $(c\boldsymbol{u}, \boldsymbol{v}) = c(\boldsymbol{u}, \boldsymbol{v})$, $(\boldsymbol{u}, c\boldsymbol{v}) = \overline{c}(\boldsymbol{u}, \boldsymbol{v})$,

(3) $(\boldsymbol{v}, \boldsymbol{u}) = \overline{(\boldsymbol{u}, \boldsymbol{v})}$,

(4) $\boldsymbol{u} \neq \boldsymbol{0}$ ならば $(\boldsymbol{u}, \boldsymbol{u}) > 0$.

これがエルミート内積の定義であるが，そのうち (1) と (2) の後半の性質は，(3) とそれぞれの前半の性質からも得られる．また，§6.1 と同様に

$$(\boldsymbol{u}, \boldsymbol{0}) = (\boldsymbol{0}, \boldsymbol{u}) = 0$$

がわかる．

エルミート空間 エルミート内積をもつ複素ベクトル空間 V をエルミート空間という．

例 1　$\boldsymbol{C}^n$ のベクトル $\boldsymbol{a}=\begin{bmatrix} a_1 \\ \vdots \\ a_n \end{bmatrix}$，$\boldsymbol{b}=\begin{bmatrix} b_1 \\ \vdots \\ b_n \end{bmatrix}$ に対して

$$(\boldsymbol{a}, \boldsymbol{b}) = {}^t\boldsymbol{a}\,\overline{\boldsymbol{b}} = a_1\overline{b_1} + \cdots + a_n\overline{b_n}$$

と定義すると，$\boldsymbol{C}^n$ のエルミート内積である．これを $\boldsymbol{C}^n$ の**標準エルミート内積**という．

例 2　$\boldsymbol{C}^n$ のベクトル $\boldsymbol{a}$ と $\boldsymbol{b}$ は例 1 と同様とする．$(\ ,\ )$ を

$$(\boldsymbol{a}, \boldsymbol{b}) = a_1\overline{b_1} + 2a_2\overline{b_2} + \cdots + na_n\overline{b_n}$$

と定義しても，$\boldsymbol{C}^n$ のエルミート内積である．

エルミート空間のノルム　V がエルミート空間のとき，$\boldsymbol{u} \in V$ に対して

$$\|\boldsymbol{u}\| = \sqrt{(\boldsymbol{u}, \boldsymbol{u})}$$

とおき，ベクトル $\boldsymbol{u}$ のノルム，あるいは**長さ**という．

定理 9.1.1　　**シュヴァルツの不等式と三角不等式**

エルミート空間 V のノルムについて，次が成り立つ $(\boldsymbol{u}, \boldsymbol{v} \in V,\ c \in \boldsymbol{C})$．

（1）　$\|c\boldsymbol{u}\| = |c|\|\boldsymbol{u}\|$.

（2）　$|(\boldsymbol{u}, \boldsymbol{v})| \leqq \|\boldsymbol{u}\|\|\boldsymbol{v}\|$　　（シュヴァルツの不等式）.

（3）　$\|\boldsymbol{u}+\boldsymbol{v}\| \leqq \|\boldsymbol{u}\| + \|\boldsymbol{v}\|$　　（三角不等式）.

証明　(1), (3) は定理 6.1.1 と同様に示されるから (2) のみ示す．

$\boldsymbol{u}=\boldsymbol{0}$ ならば，両辺はともに 0 であるから成立する．$\boldsymbol{u} \neq \boldsymbol{0}$ と仮定する．任意の複素数 a と b に対して $\|a\boldsymbol{u}+b\boldsymbol{v}\|^2 \geqq 0$ である．さて

$$\|a\boldsymbol{u}+b\boldsymbol{v}\|^2 = |a|^2\|\boldsymbol{u}\|^2 + a\overline{b}(\boldsymbol{u}, \boldsymbol{v}) + \overline{a}b\overline{(\boldsymbol{u}, \boldsymbol{v})} + |b|^2\|\boldsymbol{v}\|^2$$

が成り立つ．ここで，$a = -\overline{(\boldsymbol{u}, \boldsymbol{v})}$，$b = \|\boldsymbol{u}\|^2$ とおくと

$$\begin{aligned} &= |(\boldsymbol{u}, \boldsymbol{v})|^2\|\boldsymbol{u}\|^2 - \|\boldsymbol{u}\|^2|(\boldsymbol{u}, \boldsymbol{v})|^2 - \|\boldsymbol{u}\|^2|(\boldsymbol{u}, \boldsymbol{v})|^2 + \|\boldsymbol{u}\|^4\|\boldsymbol{v}\|^2 \\ &= \|\boldsymbol{u}\|^2\{\|\boldsymbol{u}\|^2\|\boldsymbol{v}\|^2 - |(\boldsymbol{u}, \boldsymbol{v})|^2\} \end{aligned}$$

と変形できる．$\|a\boldsymbol{u}+b\boldsymbol{v}\|^2 \geqq 0$ であるから，最後の項は $\geqq 0$ となる．この両辺を $\|\boldsymbol{u}\|^2 (>0)$ で割れば (2) が示される．　終

以下では，V はエルミート空間とし，そのエルミート内積を $(\ ,\ )$ と書く．また，断らないかぎり，$\boldsymbol{C}^n$ のエルミート内積は標準エルミート内積とする．

ベクトルの直交　V の 2 つのベクトル $\boldsymbol{u}, \boldsymbol{v}$ が直交するとは

$$(\boldsymbol{u}, \boldsymbol{v})=0$$

が成り立つときにいい，$\boldsymbol{u}\perp\boldsymbol{v}$ と書く．

次の定理 9.1.2 は定理 6.1.2 と同様に証明できる．

定理 9.1.2　——　**直交するベクトルの 1 次独立**

V のベクトル $\boldsymbol{u}_1, \cdots, \boldsymbol{u}_n$ $(\boldsymbol{u}_k \neq \boldsymbol{0},\ 1\leqq k\leqq n)$ が互いに直交すれば，$\boldsymbol{C}$ 上に 1 次独立である．

直交補空間　W を V の部分空間とする．このとき

$$W^{\perp}=\{\boldsymbol{u}\in V \mid (\boldsymbol{u}, \boldsymbol{v})=0 \text{ が全ての } \boldsymbol{v}\in W \text{ に対して成り立つ}\}$$

と定義し，$W^{\perp}$ を W の直交補空間という．

部分空間が直交する　V の部分空間 W_1 と W_2 が直交するとは，任意のベクトル $\boldsymbol{w}_1\in W_1$，$\boldsymbol{w}_2\in W_2$ に対して，$(\boldsymbol{w}_1, \boldsymbol{w}_2)=0$ が成り立つときにいう．

例 3　$V=\boldsymbol{C}^3$ の部分空間 $W=\left\{\begin{bmatrix} a_1 \\ 0 \\ a_3 \end{bmatrix} \middle| \ a_1, a_3\in\boldsymbol{C}\right\}$ とすると

$$W^{\perp}=\left\{\begin{bmatrix} 0 \\ a_2 \\ 0 \end{bmatrix} \middle| \ a_2\in\boldsymbol{C}\right\}.$$

正規直交基　V の $\boldsymbol{C}$ 上の基 $\{\boldsymbol{u}_1, \cdots, \boldsymbol{u}_n\}$ が正規直交基であるとは

$$(\boldsymbol{u}_i, \boldsymbol{u}_j)=\delta_{ij} \qquad (1\leqq i, j\leqq n)$$

が成り立つときにいう．

標準基　エルミート空間 $\boldsymbol{C}^n$ の基本ベクトル $\{\boldsymbol{e}_1, \cdots, \boldsymbol{e}_n\}$ は標準エルミート内積に関して正規直交基である．これを $\boldsymbol{C}^n$ の標準基という．

内積空間の場合（定理 6.2.1）と同様にして，次の定理 9.1.3 が成り立つ．

定理 9.1.3　エルミート空間のシュミットの正規直交化

V の１組の基を $\{\boldsymbol{v}_1, \cdots, \boldsymbol{v}_n\}$ とすると，正規直交基 $\{\boldsymbol{u}_1, \cdots, \boldsymbol{u}_n\}$ で

$$\langle \boldsymbol{u}_1, \cdots, \boldsymbol{u}_r \rangle_C = \langle \boldsymbol{v}_1, \cdots, \boldsymbol{v}_r \rangle_C \qquad (1 \leqq r \leqq n)$$

となるものが存在する．特に，有限次元エルミート空間は正規直交基をもつ．

W とその直交補空間 $W^{\perp}$ には，次の定理 9.1.4 が成り立つ．

定理 9.1.4　直交補空間

V の部分空間に対して，次の (1),(2),(3) が成り立つ．

（1）　$V = W \oplus W^{\perp}$.

（2）　$\dim(W) + \dim(W^{\perp}) = n$.

（3）　$(W^{\perp})^{\perp} = W$.

証明　（1）　$\dim(W) = r$ とし，W の正規直交基 $\{\boldsymbol{u}_1, \cdots, \boldsymbol{u}_r\}$ をとる．$\boldsymbol{v} \in V$ に対して

$$\boldsymbol{w} = \sum_{i=1}^{r} (\boldsymbol{v}, \boldsymbol{u}_i)\, \boldsymbol{u}_i, \qquad \boldsymbol{w}' = \boldsymbol{v} - \boldsymbol{w}$$

とおく．$\boldsymbol{w} \in W$ であり，任意の $\boldsymbol{u}_j$ $(1 \leqq j \leqq r)$ に対して

$$\begin{aligned}(\boldsymbol{w}', \boldsymbol{u}_j) &= (\boldsymbol{v} - \boldsymbol{w}, \boldsymbol{u}_j) = (\boldsymbol{v} - \sum_{i=1}^{r} (\boldsymbol{v}, \boldsymbol{u}_i)\, \boldsymbol{u}_i, \boldsymbol{u}_j) \\ &= (\boldsymbol{v}, \boldsymbol{u}_j) - \sum_{i=1}^{r} (\boldsymbol{v}, \boldsymbol{u}_i)(\boldsymbol{u}_i, \boldsymbol{u}_j) \\ &= (\boldsymbol{v}, \boldsymbol{u}_j) - (\boldsymbol{v}, \boldsymbol{u}_j) = 0\end{aligned}$$

となるから，$\boldsymbol{w}' \in W^{\perp}$ がわかる．定義より

$$\boldsymbol{v} = \boldsymbol{w} + \boldsymbol{w}' \qquad (\boldsymbol{w} \in W,\ \ \boldsymbol{w}' \in W^{\perp})$$

であり，$W \cap W^{\perp} = \{\boldsymbol{0}\}$ は明らかに成り立つから，定理 7.2.3 により

$$V = W \oplus W^{\perp}$$

がわかる．

（2）　(1) より明らかである．

（3）　$W \subset (W^{\perp})^{\perp}$ である．W と $(W^{\perp})^{\perp}$ の $\boldsymbol{C}$ 上の次元を考えると，(2) より W と $(W^{\perp})^{\perp}$ は一致する．　終

射影子 V は W と $W^{\perp}$ の直和になるから，$\boldsymbol{v} \in V$ は

$$\boldsymbol{v} = \boldsymbol{w} + \boldsymbol{w}' \qquad (\boldsymbol{w} \in W,\ \boldsymbol{w}' \in W^{\perp})$$

と一意に表される．$\boldsymbol{v} \in V$ に対して，$\boldsymbol{w} \in W$ を対応させる線形変換を $P_{V/W}$ と書く．この $P_{V/W}$ をエルミート空間 V から W への射影子という．W の正規直交基を $\{\boldsymbol{u}_1, \cdots, \boldsymbol{u}_r\}$ とすると，W への射影子は，定理 9.1.4 (1) の証明中に示したように

$$P_{V/W}(\boldsymbol{v}) = \boldsymbol{w} = \sum_{i=1}^{r} (\boldsymbol{v}, \boldsymbol{u}_i)\, \boldsymbol{u}_i \qquad (\boldsymbol{v} \in V)$$

で与えられる．

例題 9.1.1

$V = \boldsymbol{C}^2$ とし，$W = \left\{ c \begin{bmatrix} 1 \\ -i \end{bmatrix} \middle| c \in \boldsymbol{C} \right\}$ とする．V から W への射影子を求めよ．

解答 $\begin{bmatrix} 1 \\ -i \end{bmatrix}$ を正規直交化すると $\boldsymbol{w} = \dfrac{1}{\sqrt{2}} \begin{bmatrix} 1 \\ -i \end{bmatrix}$ となるから

$$P_{V/W} : V \ni \boldsymbol{x} = \begin{bmatrix} x_1 \\ x_2 \end{bmatrix} \longmapsto (\boldsymbol{x}, \boldsymbol{w})\, \boldsymbol{w} = \frac{x_1 + ix_2}{2} \begin{bmatrix} 1 \\ -i \end{bmatrix} \in W$$

が V から W への射影子である． 終

随伴変換 V の線形変換 T に対して，T^* が T の随伴変換であるとは

$$(T(\boldsymbol{u}), \boldsymbol{v}) = (\boldsymbol{u}, T^*(\boldsymbol{v})) \qquad (\boldsymbol{u}, \boldsymbol{v} \in V)$$

を満たすときにいう．

随伴行列 正方行列 A に対して $A^* = {}^t\bar{A}$ とおき，随伴行列という．行列式をとると

$$|A^*| = |\bar{A}|$$

である．

例 4 $A = \begin{bmatrix} i & 1+2i \\ 3 & 5-i \end{bmatrix}$ とすると，$A^* = \begin{bmatrix} -i & 3 \\ 1-2i & 5+i \end{bmatrix}$ となる．

随伴変換と随伴行列の関係について，次の定理 9.1.5 が成り立つ．

定理 9.1.5　　**随伴変換と随伴行列**

（1）　V の正規直交基を $\{\boldsymbol{u}_1, \cdots, \boldsymbol{u}_n\}$ とする．V の線形変換 T の表現行列を A とすると，$\{\boldsymbol{u}_1, \cdots, \boldsymbol{u}_n\}$ に関する T^* の表現行列は A^* になる．
（2）　T の随伴変換は一意的に存在する．また，T が同型変換ならば T^* も同型変換である．
（3）　$V=\boldsymbol{C}^n$ において $(T_A)^*=T_{A^*}$ が成り立つ．

証明　（1）　$B=[b_{ij}]$ を T^* の $\{\boldsymbol{u}_1, \cdots, \boldsymbol{u}_n\}$ に関する表現行列とする．$T(\boldsymbol{u}_i)$ と $\boldsymbol{u}_j$ のエルミート内積をとると，T^* の定義より

$$(*) \qquad (T(\boldsymbol{u}_i), \boldsymbol{u}_j)=(\boldsymbol{u}_i, T^*(\boldsymbol{u}_j))$$

と表される．$T(\boldsymbol{u}_i)=a_{1i}\boldsymbol{u}_1+\cdots+a_{ni}\boldsymbol{u}_n$ であるから，$(*)$ の左辺は a_{ji} である．また，$T^*(\boldsymbol{u}_j)=b_{1j}\boldsymbol{u}_1+\cdots+b_{nj}\boldsymbol{u}_n$ より，$(*)$ の右辺は $\overline{b_{ij}}$ となる．よって，

$$\overline{b_{ij}}=a_{ji} \qquad (1\leqq i, j\leqq n)$$

である．従って，$B^*=A$，すなわち $B=A^*$ がわかる．
（2）　(1) のように V の基をとる．$\mathrm{End}_K(V)\cong \mathrm{M}_{n\times n}(K)$ は常に成り立つから，T^* の表現行列は A^* で，線形変換 T^* は一意的に存在する．T が同型変換ならば A は正則行列であるので，$A^*={}^t\overline{A}$ も正則行列となり，T^* は同型変換となる．
（3）　(1) の特別な場合である．　終

定理 9.1.6　　**随伴変換**

T^* の随伴変換は T である．すなわち，$(T^*)^*=T$ である．

証明　定理 7.1.6 により，任意の正規直交基に対して $\mathrm{End}_K(V)\cong \mathrm{M}_{n\times n}(K)$ が成り立つ．$(T_A)^*=T_{A^*}$ であるから，$(A^*)^*=A$ が示されればよいが，これは定義より明らかである．　終

定理 9.1.7　　**線形変換の積の随伴変換**

V の線形変換 T_1, T_2 に対して，次の等式が成り立つ．

$$(T_1T_2)^*=T_2^*T_1^*.$$

証明　この定理も V の正規直交基を固定して，同型 $\mathrm{End}_K(V)\cong \mathrm{M}_{n\times n}(K)$ を考えれば $V=\boldsymbol{C}^n$ のときに，行列の等式 $(AB)^*=B^*A^*$ を示すことに帰着されるが，これは定義より明らかである．　終

問題 9.1

$\boldsymbol{C}^n$ のエルミート内積は，断らないかぎり標準エルミート内積を考える．

1．次の $\boldsymbol{C}^2$ のベクトルのノルムを求めよ．

（1） $\begin{bmatrix} 2+3i \\ -1+i \end{bmatrix}$　　（2） $\begin{bmatrix} 1+2i \\ -5-i \end{bmatrix}$

2．次の $\boldsymbol{C}^2$ のベクトルの標準エルミート内積を計算せよ．

（1） $\left(\begin{bmatrix} 1+i \\ 2-i \end{bmatrix}, \begin{bmatrix} 2-3i \\ 1+2i \end{bmatrix}\right)$　　（2） $\left(\begin{bmatrix} i \\ 1-i \end{bmatrix}, \begin{bmatrix} 1+2i \\ 3-i \end{bmatrix}\right)$

3．次の $\boldsymbol{C}^2$ のベクトルは直交することを示せ．

（1） $\begin{bmatrix} 3+i \\ 1+i \end{bmatrix}, \begin{bmatrix} 2-i \\ -5 \end{bmatrix}$　　（2） $\begin{bmatrix} -1+i \\ -1 \end{bmatrix}, \begin{bmatrix} i \\ 1-i \end{bmatrix}$

4．$\boldsymbol{C}^3$ のベクトル $\begin{bmatrix} 1-i \\ 3 \\ 8-i \end{bmatrix}$ と $\begin{bmatrix} 2 \\ -1+2i \\ -i \end{bmatrix}$ は直交することを示せ．

5．$\boldsymbol{C}^2$ のベクトル $\boldsymbol{a}=\begin{bmatrix} a_1 \\ a_2 \end{bmatrix}$ と $\boldsymbol{b}=\begin{bmatrix} b_1 \\ b_2 \end{bmatrix}$ に対して

$$(\boldsymbol{a}, \boldsymbol{b}) = a_1 \overline{b_1} + 3a_2 \overline{b_2}$$

と定義すると，これは $\boldsymbol{C}^2$ のエルミート内積であるが標準エルミート内積でないことを示せ．

6．エルミート空間 V のベクトル $\boldsymbol{v}$ は正規直交基 $\{\boldsymbol{u}_1, \cdots, \boldsymbol{u}_n\}$ に対して，$(\boldsymbol{v}, \boldsymbol{u}_k)$ $(1 \leqq k \leqq n)$ の値で決まることを示せ．

7．W_1, W_2 をエルミート空間 V の部分空間とする．次を示せ．

（1） $(W_1 + W_2)^{\perp} = W_1^{\perp} \cap W_2^{\perp}$

（2） $(W_1 \cap W_2)^{\perp} = W_1^{\perp} + W_2^{\perp}$

8．V をエルミート空間とし，W_1, W_2 を V の部分空間とする．$I_1 = P_{V/W_1}$，$I_2 = P_{V/W_2}$ をそれぞれ W_1, W_2 への射影子とする．このとき，W_1 と W_2 が直交するための必要十分条件は，$I_1 I_2 = O$ であることを示せ．

9.2 エルミート変換，ユニタリ変換，正規変換

エルミート変換　V の線形変換 T がエルミート変換であるとは，$T^*=T$ であるときにいう．言い換えると，T がエルミート変換であることは，T が

$$(T(\boldsymbol{u}), \boldsymbol{v})=(\boldsymbol{u}, T(\boldsymbol{v})) \qquad (\boldsymbol{u}, \boldsymbol{v}\in V)$$

を満たす線形変換のときである．定理 9.1.7 により，V の線形変換 T に対して，TT^* および T^*T はともにエルミート変換である．

エルミート行列　正方行列 A がエルミート行列であるとは，A が随伴行列に等しいとき，つまり

$$A=A^*(={}^t\bar{A})$$

となるときにいう．

定理 9.2.1　——　**エルミート変換とエルミート行列**

（1）　A を正方行列とする．$\boldsymbol{C}^n$ の標準エルミート内積について

$$T_A \text{ がエルミート変換} \iff A \text{ がエルミート行列.}$$

（2）　T を V の線形変換とする．V の正規直交基に対して

$$T \text{ がエルミート変換} \iff T \text{ の表現行列がエルミート行列.}$$

証明　いずれも，定理 9.1.5 (1) により明らかである．　終

定理 9.2.2　——　**エルミート変換（行列）の固有値**

エルミート変換（行列）の全ての固有値は実数である．

証明　定理 6.3.1 の証明と同様であるが，定理 6.3.1 では行列についてのみ述べたので，T が線形変換の場合に証明を繰り返しておく．

エルミート空間 V のエルミート変換 T が，固有値 $\lambda(\in \boldsymbol{C})$ をもつならば

$$T(\boldsymbol{u})=\lambda\boldsymbol{u}$$

となる固有ベクトル $\boldsymbol{u}(\neq\boldsymbol{0})$ が存在する．このとき

$$(T(\boldsymbol{u}), \boldsymbol{u})=(\lambda\boldsymbol{u}, \boldsymbol{u})=\lambda(\boldsymbol{u}, \boldsymbol{u})=\lambda\|\boldsymbol{u}\|^2$$

である．T はエルミート変換だから

$$(T(\boldsymbol{u}), \boldsymbol{u})=(\boldsymbol{u}, T(\boldsymbol{u}))=(\boldsymbol{u}, \lambda\boldsymbol{u})=\bar{\lambda}(\boldsymbol{u}, \boldsymbol{u})=\bar{\lambda}\|\boldsymbol{u}\|^2$$

となる．従って

$$\lambda\|\boldsymbol{u}\|^2=\bar{\lambda}\|\boldsymbol{u}\|^2$$

で，両辺を $\|\boldsymbol{u}\|^2(\neq 0)$ で割って $\lambda=\bar{\lambda}$ を得る．すなわち，λ は実数である．　終

ユニタリ変換　V の線形変換 T がエルミート内積の値を変えないときにユニタリ変換という．すなわち，T がユニタリ変換とは

$$(T(\boldsymbol{u}),\ T(\boldsymbol{v}))=(\boldsymbol{u},\ \boldsymbol{v}) \qquad (\boldsymbol{u},\ \boldsymbol{v}\in V)$$

のときにいう．ユニタリ変換である必要十分条件は，次のようにも表される．

$$T^*T=I_V.$$

ユニタリ行列　正方行列 U がユニタリ行列であるとは

$$U^*U=E \qquad (U^*={}^t\bar{U})$$

のときにいう．この条件は $UU^*=E$ あるいは ${}^tU\bar{U}=E$ といってもよい．この行列式をとると，ユニタリ行列 U の行列式は絶対値が 1 である複素数である．

例 1　$U=\begin{bmatrix} \cos\theta & i\sin\theta \\ i\sin\theta & \cos\theta \end{bmatrix}$ は $U^*U=E$ を満たすからユニタリ行列である．

定理 9.2.3　――――　ユニタリ変換の表現行列

T を V の線形変換とする．V の正規直交基に対して

T がユニタリ変換 $\Longleftrightarrow$ T の表現行列がユニタリ行列．

証明　T を線形変換とする．T の V の正規直交基 $\{\boldsymbol{u}_1,\ \cdots,\ \boldsymbol{u}_n\}$ に関する表現行列を $U=[\boldsymbol{a}_1\ \cdots\ \boldsymbol{a}_n]$ とすると

$$(T(\boldsymbol{u}_i),\ T(\boldsymbol{u}_j))={}^t\boldsymbol{a}_i\bar{\boldsymbol{a}}_j \qquad (1\leqq i,\ j\leqq n)$$

であるから，T がユニタリ変換である必要十分条件は，$\{T(\boldsymbol{u}_1),\ \cdots,\ T(\boldsymbol{u}_n)\}$ が $\boldsymbol{C}^n$ の標準エルミート内積に関する正規直交基になることである．　終

また，定理 6.2.5 と同様に，次の定理が成り立つ．

定理 9.2.4　――――　ユニタリ行列

n 次正方行列を $U=[\boldsymbol{a}_1\ \cdots\ \boldsymbol{a}_n]$ と列ベクトル表示する．このとき，次の 3 条件は同値である．

(1)　U はユニタリ行列である．

(2)　T_U は $\boldsymbol{C}^n$ の標準エルミート内積に関してユニタリ変換である．

(3)　$\{\boldsymbol{a}_1,\ \cdots,\ \boldsymbol{a}_n\}$ は $\boldsymbol{C}^n$ の標準エルミート内積に関して正規直交基である．

例題 9.2.1

次の行列はユニタリ行列であることを示せ．

$$U=\begin{bmatrix} 1/2 & i/\sqrt{2} & 1/2 \\ (1+i)/2 & 0 & -(1+i)/2 \\ i/2 & -1/\sqrt{2} & i/2 \end{bmatrix}$$

解答 行列を列ベクトル表示で $U=[\boldsymbol{a}_1 \quad \boldsymbol{a}_2 \quad \boldsymbol{a}_3]$とすると

$$(\boldsymbol{a}_i, \boldsymbol{a}_j)=\delta_{ij} \qquad (1\leqq i, j\leqq 3)$$

であるから，$\{\boldsymbol{a}_1, \boldsymbol{a}_2, \boldsymbol{a}_3\}$ は正規直交基となる．よって，U はユニタリ行列である． 終

また，T がユニタリ変換であることは，次のようにも表される．

定理 9.2.5 **ユニタリ変換**

T が V のユニタリ変換 $\iff$ $\|T(\boldsymbol{u})\|=\|\boldsymbol{u}\|$ $(\boldsymbol{u}\in V)$.

証明 (⇒) 明らかである．
(⇐) $\boldsymbol{u}, \boldsymbol{v}\in V$ とすると

$$\|\boldsymbol{u}+\boldsymbol{v}\|^2=\|\boldsymbol{u}\|^2+(\boldsymbol{u}, \boldsymbol{v})+\overline{(\boldsymbol{u}, \boldsymbol{v})}+\|\boldsymbol{v}\|^2,$$

$$\|T(\boldsymbol{u}+\boldsymbol{v})\|^2=\|T(\boldsymbol{u})\|^2+(T(\boldsymbol{u}), T(\boldsymbol{v}))+\overline{(T(\boldsymbol{u}), T(\boldsymbol{v}))}+\|T(\boldsymbol{v})\|^2$$

であるから

$$(\boldsymbol{u}, \boldsymbol{v})+\overline{(\boldsymbol{u}, \boldsymbol{v})}=(T(\boldsymbol{u}), T(\boldsymbol{v}))+\overline{(T(\boldsymbol{u}), T(\boldsymbol{v}))}$$

となる．よって

$$\mathrm{Re}\{(\boldsymbol{u}, \boldsymbol{v})\}=\mathrm{Re}\{(T(\boldsymbol{u}), T(\boldsymbol{v}))\}$$

がわかる．一方，$\boldsymbol{u}$ として $i\boldsymbol{u}$ をとると

$$\mathrm{Re}\{-i(\boldsymbol{u}, \boldsymbol{v})\}=\mathrm{Im}\{(\boldsymbol{u}, \boldsymbol{v})\},$$

$$\mathrm{Re}\{-i(T(\boldsymbol{u}), T(\boldsymbol{v}))\}=\mathrm{Im}\{(T(\boldsymbol{u}), T(\boldsymbol{v}))\}$$

となるので

$$\mathrm{Im}\{(\boldsymbol{u}, \boldsymbol{v})\}=\mathrm{Im}\{(T(\boldsymbol{u}), T(\boldsymbol{v}))\}$$

も示される．従って，任意の $\boldsymbol{u}, \boldsymbol{v}\in V$ に対して

$$(\boldsymbol{u}, \boldsymbol{v})=(T(\boldsymbol{u}), T(\boldsymbol{v}))$$

が成り立つ． 終

正規変換 V の線形変換 T が正規変換とは，T と T^* が交換可能，すなわち

$$T^*T = TT^*$$

を満たすときにいう．

正規行列 正方行列 A が正規行列であるとは，A と A^* が交換可能，すなわち

$$A^*A = AA^*$$

を満たすときにいう．

次の定理 9.2.6 は，定理 9.2.1 と同様にして示される．

定理 9.2.6 正規変換と正規行列

（1） A を正方行列とする．$\boldsymbol{C}^n$ の標準エルミート内積について

$$T_A \text{ が正規変換} \iff A \text{ が正規行列}.$$

（2） T を V の線形変換とする．V の正規直交基に対して

$$T \text{ が正規変換} \iff T \text{ の表現行列が正規行列}.$$

例 2 エルミート変換 T は正規変換である．実際，T がエルミート変換ならば，定義により $T^* = T$ である．よって，$T^*T = TT = TT^*$ が成り立つ．

例 3 ユニタリ変換 T は正規変換である．実際，T がユニタリ変換ならば

$$(\boldsymbol{u}, \boldsymbol{v}) = (T(\boldsymbol{u}), T(\boldsymbol{v})) = (\boldsymbol{u}, T^*T(\boldsymbol{v}))$$

である．よって，$\boldsymbol{u}$ として 1 組の基のベクトルを動くと $T^*T(\boldsymbol{v}) = \boldsymbol{v}$ が成り立つから，$T^*T = I_V$ である．よって，$T^* = T^{-1}$ で，$T^*T = I_V = TT^*$ である．

例 4 例 2 ではエルミート変換，例 3 ではユニタリ変換は正規変換であることを示した．しかし，それ以外にも正規変換は存在する．例えば，ユニタリ変換の 2 倍はもはやユニタリ変換ではないが，正規変換である．さらに

$$A = \begin{bmatrix} 3 & i \\ 1 & 3 \end{bmatrix}$$

はエルミート行列でもユニタリ行列でもない行列であるが，正規行列である．定理 9.2.6 (1) により，T_A は $\boldsymbol{C}^2$ の標準エルミート内積に関し正規変換である．

定理 9.2.7 **交換可能な線形変換**

$\dim(V)=n$ とする．T_1, T_2 が交換可能な V の線形変換ならば，次のような T_1, T_2 の変換で不変な V の部分空間の集合 $\{W(0), \cdots, W(n)\}$ が存在して，次の性質をもつ．

（1） $\{\mathbf{0}\}=W(0)\subset W(1)\subset\cdots\subset W(n-1)\subset W(n)=V$,

（2） $\dim(W(k))=k \qquad (1\leqq k\leqq n)$.

証明 n に関する帰納法を用いて示す．

$n=1$ のときには，明らかに成り立つ．エルミート空間の次元が $n-1$ までのときには成り立つと仮定し，$\dim(V)=n$ のときに示す．T_1 と T_2 の随伴変換 T_1^* と T_2^* は交換可能である．実際

$$T_1^*T_2^*=(T_2T_1)^*=(T_1T_2)^*=T_2^*T_1^*$$

となるからである．従って，定理 7.2.7 (1) により，T_1^*, T_2^* に共通の固有ベクトル $\boldsymbol{u}$ が存在する．$T_i^*(\boldsymbol{u})=\bar{\lambda}_i\boldsymbol{u}$ $(i=1,2)$ とし，$W(n-1)=\{\boldsymbol{u}\}^\perp$ とおく．定理 9.1.4 (2) により，$\dim(W(n-1))=n-1$ であり，線形変換 T_1 および T_2 は $W(n-1)$ を $W(n-1)$ にうつす．実際，任意に $\boldsymbol{v}\in W(n-1)$ をとると

$$(\boldsymbol{u}, T_i(\boldsymbol{v}))=(T_i^*(\boldsymbol{u}), \boldsymbol{v})=(\bar{\lambda}_i\boldsymbol{u}, \boldsymbol{v})=\bar{\lambda}_i(\boldsymbol{u}, \boldsymbol{v})=0$$

となるから，T_1, T_2 はともに $W(n-1)\,(=\{\boldsymbol{u}\}^\perp)$ を $W(n-1)\,(=\{\boldsymbol{u}\}^\perp)$ にうつす．$\dim(W(n-1))=n-1$ であるから，この $W(n-1)$ に帰納法の仮定を用いると

（1） $\{\mathbf{0}\}=W(0)\subset W(1)\subset\cdots\subset W(n-1)$,

（2） $\dim(W(k))=k \qquad (1\leqq k\leqq n-1)$

を満たし，T_1, T_2 の変換で自分自身にうつる部分空間 $W(k)$ $(0\leqq k\leqq n-2)$ が存在する．$W(n)=V$ とおくと，$W(n-1)\subset W(n)$ で $\dim(W(n))=n$ となるから，定理 9.2.7 が示される． 終

定理 9.2.8 **交換可能な線形変換の表現行列**

T_1, T_2 が交換可能な V の線形変換とする．T_1, T_2 の表現行列が同時に上三角行列となる V の正規直交基が存在する．

証明 定理 9.2.7 とシュミットの正規直交化 (定理 9.1.3) により，V の正規直交基 $\{\boldsymbol{u}_1, \cdots, \boldsymbol{u}_n\}$ を $\boldsymbol{u}_k\in W(k), \boldsymbol{u}_k\notin W(k-1)$ にとると，この基に関する T_1, T_2 の表現行列 A_1, A_2 は上三角行列である． 終

下三角行列 上三角行列と同様に，正方行列 $A=[a_{ij}]$が $a_{ij}=0$ $(i<j)$ のときに，行列 A は下三角行列という．

次の定理 9.2.9 は，問題 6.3-3 の一般化である．

定理 9.2.9 ―― **線形変換の対角化と正規変換**

V の線形変換 T に対し，次の 3 条件は同値である．

(1) T は正規変換である．

(2) T の表現行列が対角行列であるような，正規直交基が存在する．

(3) T の固有ベクトルからなる正規直交基が存在する．

証明 (1)⇒(2) T が正規変換であると仮定する．T, T^* は交換可能であるから，T, T^* に定理 9.2.8 を用いる．V に T と T^* の表現行列 A および A^* がともに上三角行列となるような正規直交基がとれる．このとき，$A^*={}^t\overline{A}$ であるから，${}^t\overline{A}$ が上三角行列ならば A は下三角行列になる．よって，A と ${}^t\overline{A}$ は上三角行列でかつ下三角行列であるから，いずれも対角行列でなければならない．

(2)⇒(1) T の適当な正規直交基に関する表現行列 A が対角行列であると仮定する．定理 9.1.5 (1) により，T^* の表現行列は $A^*={}^t\overline{A}$ である．A と ${}^t\overline{A}$ はいずれも対角行列であるから交換可能である．よって，T と T^* は交換可能である．

(2)⇔(3) 明らかである． 終

この定理 9.2.9 を行列の言葉で言い表すと，次のようになる．

定理 9.2.10 ―― **正方行列の対角化**

A を n 次正方行列とすると，次の 3 条件は同値である．

(1) A は正規行列である．

(2) A はユニタリ行列を用いて対角化される．

(3) T_A は $\boldsymbol{C}^n$ の標準エルミート内積に関して正規変換である．

証明 (2)⇒(1) 明らかである．

(1)⇒(3) 定理 9.2.6 (1) により，$\boldsymbol{C}^n$ の標準エルミート内積に関して，T_A は正規変換である．

(3)⇒(2) $\boldsymbol{C}^n$ の正規直交基 $\{\boldsymbol{a}_1, \cdots, \boldsymbol{a}_n\}$ を定理 9.2.9 (1) のようにとる．

$U=[\boldsymbol{a}_1 \ \cdots \ \boldsymbol{a}_n]$はユニタリ行列であり，$T_A$ のこの基に関する表現行列 $U^{-1}AU$ は対角行列である． 終

例題 9.2.2

行列 $A=\begin{bmatrix} 0 & i & 0 \\ -i & 0 & 0 \\ 0 & 0 & 1 \end{bmatrix}$ を，ユニタリ行列を用いて対角化せよ．

解答 行列 A はエルミート行列であるから正規行列で，ユニタリ行列で対角化される．固有値を計算する．固有多項式は

$$g_A(t)=\begin{vmatrix} t & -i & 0 \\ i & t & 0 \\ 0 & 0 & t-1 \end{vmatrix}=(t-1)^2(t+1)$$

であるから，固有値は $\lambda=1$ (重根)，-1 である．

$\lambda=1$ とする．$A\boldsymbol{x}=\lambda\boldsymbol{x}$ を行列 $A-\lambda E$ の簡約化を用いて解くと

$$W(1;A)=\left\{ c_1\begin{bmatrix} i \\ 1 \\ 0 \end{bmatrix}+c_2\begin{bmatrix} 0 \\ 0 \\ 1 \end{bmatrix} \middle| c_1,\ c_2\in \boldsymbol{C} \right\}$$

である．$W(1;A)$ の基にシュミットの方法 (定理 9.1.3) を用いて正規直交化する．この場合にはベクトルは直交しているから，ノルムを 1 にすればよい．

次に，$\lambda=-1$ とすると，同様の計算で

$$W(-1;A)=\left\{ c_3\begin{bmatrix} -i \\ 1 \\ 0 \end{bmatrix} \middle| c_3\in \boldsymbol{C} \right\}$$

を得る．よって，$U=\begin{bmatrix} i/\sqrt{2} & 0 & -i/\sqrt{2} \\ 1/\sqrt{2} & 0 & 1/\sqrt{2} \\ 0 & 1 & 0 \end{bmatrix}$ はユニタリ行列で，$U^{-1}AU$ は

$$U^{-1}AU=\begin{bmatrix} 1 & 0 & 0 \\ 0 & 1 & 0 \\ 0 & 0 & -1 \end{bmatrix}.$$

スペクトル分解　T を V の正規変換とし，$\lambda_1, \cdots, \lambda_r$ を全ての異なる固有値とすると，$W(\lambda_k\,;T)$ は互いに直交する．このとき，k $(1 \leqq k \leqq r)$ に対して，$W(\lambda_k\,;T)$ への射影子を I_k とすると，$\{I_k\}$ は定理 7.2.4 の 3 条件を満たすから，$\dim(W(\lambda_k\,;T)) = n_k$ とすると

$$V = W(\lambda_1\,;T) \oplus \cdots \oplus W(\lambda_r\,;T)$$

であり，この直和に関して

$$T = \lambda_1 I_1 + \cdots + \lambda_r I_r$$

と表される．これを T のスペクトル分解という．スペクトル分解は $\lambda_k I_k$ の順序を除いて一意的に決まる．また，定理 9.1.5 により，T^* のスペクトル分解は

$$T^* = \overline{\lambda_1} I_1 + \cdots + \overline{\lambda_r} I_r.$$

これを行列で表現する．n 次の正規行列 A は適当なユニタリ行列 U により

$$U^{-1}AU = \lambda_1 E_{n_1} \oplus \cdots \oplus \lambda_r E_{n_r} = \begin{bmatrix} \overbrace{\begin{matrix} \lambda_1 & & \\ & \ddots & \\ & & \lambda_1 \end{matrix}}^{n_1} & & \text{\huge O} \\ & \ddots & \\ \text{\huge O} & & \overbrace{\begin{matrix} \lambda_r & & \\ & \ddots & \\ & & \lambda_r \end{matrix}}^{n_r} \end{bmatrix}$$

と対角化される．ここで，E_k は k 次の単位行列である．

正定値エルミート変換，半正定値エルミート変換　エルミート変換 T の全ての固有値が正のとき，正定値エルミート変換という．エルミート変換 T が正定値エルミート変換であることは，$V \times V$ から $\boldsymbol{C}$ への写像

$$V \times V \ni (\boldsymbol{u}, \boldsymbol{v}) \quad \longmapsto \quad (T(\boldsymbol{u}), \boldsymbol{v}) \in \boldsymbol{C}$$

がエルミート内積になることを意味する (定理 9.2.11)．また，全ての固有値が非負(正または 0)であるエルミート変換を半正定値エルミート変換という．

正定値エルミート行列，半正定値エルミート行列　エルミート行列 A の全ての固有値は実数であるが (定理 9.2.2)，その固有値が全て正のとき，正定値エルミート行列という．また，全ての固有値が非負であるエルミート行列を半正定値エルミート行列という．

定理 9.2.11　　**正定値(半正定値)エルミート変換**

V のエルミート変換 T について，次が成り立つ．

（1）　T が正定値エルミート変換

$\Longleftrightarrow$　$(T(\boldsymbol{u}), \boldsymbol{v})$　$(\boldsymbol{u} \in V)$ が V のエルミート内積．

（2）　T が半正定値エルミート変換

$\Longleftrightarrow$　$(T(\boldsymbol{u}), \boldsymbol{u}) \geqq 0$　$(\boldsymbol{u} \in V)$．

証明　エルミート変換は正規変換であるから，T の固有ベクトルからなる正規直交基 $\{\boldsymbol{u}_1, \cdots, \boldsymbol{u}_n\}$ が存在し，$T(\boldsymbol{u}_k) = l_k \boldsymbol{u}_k$ とする．$\boldsymbol{u} = a_1\boldsymbol{u}_1 + \cdots + a_n\boldsymbol{u}_n$ $(a_i \in \boldsymbol{C},\ 1 \leqq i \leqq n)$ とすると

$$(T(\boldsymbol{u}), \boldsymbol{u}) = \lambda_1 |a_1|^2 + \cdots + \lambda_n |a_n|^2$$

であるから

$$T \text{ が正定値エルミート変換} \quad \Longleftrightarrow \quad (T(\boldsymbol{u}), \boldsymbol{u}) > 0 \quad (\boldsymbol{u} \neq \boldsymbol{0})$$

となる．半正定値エルミート変換の場合も同様である．　終

この定理 9.2.11 を行列に言い換えると，次の定理 9.2.12 になる．

定理 9.2.12　　**正定値(半正定値)エルミート行列**

n 次エルミート行列 A について，次が成り立つ．

（1）　A が正定値エルミート行列

$\Longleftrightarrow$　$(A\boldsymbol{u}, \boldsymbol{v})$　$(\boldsymbol{u}, \boldsymbol{v} \in C^n)$ が C^n のエルミート内積．

（2）　A が半正定値エルミート行列

$\Longleftrightarrow$　$(A\boldsymbol{u}, \boldsymbol{u}) \geqq 0$　$(\boldsymbol{u} \in C^n)$．

次の 2 つの定理も，変換と行列の違いで同値な命題である．

定理 9.2.13　　**正定値(半正定値)エルミート変換**

T が正定値 (半正定値) エルミート変換ならば，$T = S^2$ を満たす正定値 (半正定値) エルミート変換 S がただ 1 つ存在する．

証明　エルミート変換 T のスペクトル分解を

$$T = \lambda_1 I_1 + \cdots + \lambda_r I_r \qquad \lambda_i \geqq 0 \ (1 \leqq i \leqq r)$$

とする (半正定値なら等号も現れる)．ここで

$$S = \sqrt{\lambda_1}\, I_1 + \cdots + \sqrt{\lambda_r}\, I_r$$

とおく.

$$W(\lambda_k\,;T)=W(\sqrt{\lambda_k}\,;S) \qquad (1\leqq k\leqq r)$$

であるから，S も正定値(半正定値)エルミート変換であり

$$T=S^2$$

を満たす．S の一意性を示す．S' が正定値(半正定値)エルミート変換で $S'^2=T$ を満たすとする．S' の異なる固有値を $\mu_1,\cdots,\mu_s$ とし，$I_1',\cdots,I_s'$ を V から $W(\mu_k\,;S')$ への射影子とする．S' のスペクトル分解を

$$S'=\mu_1 I_1'+\cdots+\mu_s I_s'$$

と表す．$\mu_1,\cdots,\mu_s$ が S' の固有値であり $S'^2=T$ を満たすから $r=s$ であり，必要なら順番を取り替えると $\mu_1^2=\lambda_1$，$\cdots$，$\mu_r^2=\lambda_r$ である．よって，I_k' も I_k もともに V から

$$W(\mu_k\,;S')=W(\lambda_k\,;T)$$

への射影子であるので $I_k'=I_k$ $(1\leqq k\leqq r)$ がわかる．さらに，$\mu_k\geqq 0$，$\sqrt{\lambda_k}\geqq 0$ であり，μ_k も $\sqrt{\lambda_k}$ も 2 乗すれば λ_k となるから，$\mu_k=\sqrt{\lambda_k}$ $(1\leqq k\leqq r)$ がわかり，$S'=S$ である．よって，$S^2=T$ となる S は一意的に定まる． 終

この定理 9.2.13 は，次のようにエルミート行列の定理に言い換えられる．

定理 9.2.14 —— **正定値(半正定値)エルミート行列**

A が正定値 (半正定値) エルミート行列ならば，A がエルミート行列で，$A=B^2$ となる正定値 (半正定値) エルミート行列 B が一意的に存在する．

証明 正規直交基をとれば，エルミート変換はエルミート行列で表現される． 終

エルミート変換 T の平方根 $\sqrt{T}$ 正定値および半正定値エルミート変換 T に対して，定理 9.2.13 の線形変換 S を $\sqrt{T}$ と書く．

エルミート行列 A の平方根 $\sqrt{A}$ 正定値および半正定値エルミート行列に対して，定理 9.2.14 の行列 B を $\sqrt{A}$ と書く．

最後に，エルミート空間のベクトル空間としての同型変換は，正定値エルミート変換とユニタリ変換の積として表されること，および n 次正則行列は正定値エルミート行列とユニタリ行列の積で表されることを示そう．

定理 9.2.15 　**同型変換と正則行列**

（1） エルミート空間の任意のベクトル空間としての同型変換は，正定値エルミート変換とユニタリ変換の積として一意的に表される．

（2） 任意の正則行列は，正定値エルミート行列とユニタリ行列の積で一意的に表される．

証明 （1） エルミート空間のベクトル空間としての同型変換 T をとる．T は同型であるから，T の固有値は 0 ではない．線形変換 TT^* はエルミート変換で，定理 9.2.2 により，TT^* の全ての固有値は実数である．また，T が同型変換ならば，定理 9.1.5 (2) により T^* も同型変換であるから

$$(TT^*(\boldsymbol{u}), \boldsymbol{u}) = (T^*(\boldsymbol{u}), T^*(\boldsymbol{u})) > 0$$

となるので，TT^* は正定値エルミート変換である．よって，定理 9.2.13 より $\sqrt{TT^*}$ も存在し，$H = \sqrt{TT^*}$ とおくと正定値エルミート変換である．ここで，$U = H^{-1}T$ とおけば

$$\begin{aligned} UU^* &= (H^{-1}T)(H^{-1}T)^* = H^{-1}TT^*H^{-1} \\ &= H^{-1}H^2H^{-1} = I \end{aligned}$$

となり，U はユニタリ変換である．よって，$T = HU$ と表される．

一意性を示す．$T = H_1U_1 = H_2U_2$ と仮定すると

$$H_2 = H_1U_1U_2^{-1}, \qquad H_2 = H_2^* = (U_2^{-1})^*U_1^*H_1^* = U_2U_1^{-1}H_1$$

であるから

$$H_2^2 = (H_1U_1U_2^{-1})(U_2U_1^{-1}H_1) = H_1^2$$

となる．H_1, H_2 はともに正定値エルミート変換であるから

$$H_1 = \sqrt{H_1^2} = \sqrt{H_2^2} = H_2$$

となる．従って，$U_1 = U_2$ もわかる．

（2） 同型変換の表現行列は正則行列であるから，(1) を行列の命題に言い換えたものである． 終

問題 9.2

1. エルミート行列であることを確かめ，ユニタリ行列を用いて対角化せよ．

(1) $\begin{bmatrix} 1 & i & 0 \\ -i & 1 & 0 \\ 0 & 0 & 2 \end{bmatrix}$ (2) $\begin{bmatrix} 3 & 0 & i \\ 0 & 2 & 0 \\ -i & 0 & 1 \end{bmatrix}$

2. ユニタリ行列であることを確かめ，ユニタリ行列を用いて対角化せよ．

(1) $\begin{bmatrix} \frac{1+i}{2} & \frac{-1+i}{2} & 0 \\ \frac{-1+i}{2} & \frac{1+i}{2} & 0 \\ 0 & 0 & -i \end{bmatrix}$ (2) $\begin{bmatrix} \frac{1+3i}{4} & 0 & \frac{\sqrt{3}}{4}(-1+i) \\ 0 & \frac{\sqrt{2}}{2}(1+i) & 0 \\ \frac{\sqrt{3}}{4}(-1+i) & 0 & \frac{3+i}{4} \end{bmatrix}$

3. 正規行列であることを確かめ，ユニタリ行列を用いて対角化せよ．

(1) $\begin{bmatrix} 0 & \sqrt{2}i \\ \sqrt{2} & 0 \end{bmatrix}$ (2) $\begin{bmatrix} i & 0 & 2 \\ 0 & 2i & 0 \\ -2 & 0 & i \end{bmatrix}$

4. 次の正規変換 T のスペクトル分解を，行列の言葉に言い換えよ．

(1) $T=2I_1+3I_2$, $\dim(W(2\,;T))=1$, $\dim(W(3\,;T))=2$

(2) $T=3I_1+(-1)I_2+5I_3$,

$\dim(W(3\,;T))=2$, $\dim(W(-1\,;T))=2$, $\dim(W(5\,;T))=3$

5. 交換可能な正規変換 T_1, T_2 は，共通の正規直交基で対角化されることを示せ．

6. 正規変換 T について，次を示せ．

(1) T がエルミート変換 $\Longleftrightarrow$ T の全ての固有値が実数．

(2) T がユニタリ変換

$\Longleftrightarrow$ T の全ての固有値は絶対値が 1 である複素数．

7. $A=\begin{bmatrix} 0 & i \\ 2 & 0 \end{bmatrix}$ を正定値エルミート行列とユニタリ行列の積で表せ．

参考文献

本書を執筆するにあたり，次の書物を参考にさせていただいた．ここに記して，感謝の意を表したい．

（1） 佐武一郎「線型代数学(数学選書 1)」裳華房

✐ 第 1 版の出版は 1958 年であるから，ちょうど 50 年前となり，線形代数の教科書としては古典といえる．最初のタイトルは「行列と行列式」であるが，それを越えてベクトル空間が取り扱われたところに著者の先見性が感じられる．線形代数のほとんどの内容を網羅する．

（2） 齋藤正彦「線型代数入門(基礎数学 1)」東京大学出版会

✐ 1966 年の出版であるから，佐武氏の書物よりは少し新しい．しかし，スタイルには時間の経過以上の新しさを感じる．この本も，しっかりと書かれているので，読み通すには決意を要するかもしれない．

（3） 白岩謙一「基礎課程線形代数入門」サイエンス社

✐ 1976 年に出版された．ベクトル空間から入って，行列と連立方程式が述べられる．ジョルダン標準形もきちんと述べられている．

（4） 小林正典・寺尾宏明「線形代数・講義と演習」培風館

✐ 2007 年に出版された B 5 サイズの教科書である．補足としてジョルダン標準形が述べられている．

（5） 津野義道「経済数学 II — 線形代数と産業連関論」培風館

✐ 線形代数は，もちろん工学や情報といった分野に応用されるが，経済の分野でも威力を発揮する．この本の前半はジョルダン標準形を含む線形代数で，後半には応用として産業連関論が述べられている．

（6） George Mostow and Joseph Sampson, “Linear Algebra”, MacGraw-Hill

（7） Gilbert Strang, “Linear Algebra and Its Applications”, Academic Press

✐ 上記 2 冊の書物は，英語で書かれた標準的な教科書である．いずれにも，日本語訳が存在するが，このようなやさしい英語の数学書を読むのも悪くないと思う．

問題の略解

問題 1.1

1. (1) 3×4 型　(2) 0　(3) $[3\ \ -1\ \ 2\ \ -5]$

(4) $\begin{bmatrix} -3 \\ 2 \\ 2 \end{bmatrix}$　(5) $\begin{bmatrix} 2 & 3 & 18 \\ 4 & -1 & 0 \\ -3 & 2 & 2 \\ 8 & -5 & 12 \end{bmatrix}$

2. (1) $\begin{bmatrix} 1 & -1 & 1 \\ -1 & 1 & -1 \\ 1 & -1 & 1 \end{bmatrix}$　(2) $\begin{bmatrix} -1 & 0 & 0 \\ 0 & 1 & 0 \\ 0 & 0 & -1 \end{bmatrix}$

(3) $\begin{bmatrix} 0 & 0 & 0 \\ 1 & 0 & 0 \\ 0 & 1 & 0 \end{bmatrix}$　(4) $\begin{bmatrix} 0 & 0 & 1 \\ 0 & 1 & 0 \\ 1 & 0 & 0 \end{bmatrix}$

3. (1) $a_{ij}=i\delta_{ij}$(または $j\delta_{ij}$ など)　(2) $a_{ij}=\delta_{i+1,j}+\delta_{i,j+1}$
4. (1) $a=4,\ b=4,\ c=5,\ d=1$　(2) $a=3,\ b=1,\ c=1,\ d=2$
5. (1) $a=3,\ b=3,\ c=1$　(2) $a=1,\ b=3,\ c=2$
6. ${}^tA$ の (i,j) 成分は a_{ji} であるから，A が交代行列である必要十分条件は $a_{ji}=-a_{ij}$. $i=j$ とおくと $a_{ii}=-a_{ii}$，すなわち $2a_{ii}=0$ となるから $a_{ii}=0$.
7. (1) $a=5,\ b=2,\ c=-3,\ d=5$　(2) $a=-4,\ b=3,\ c=0,\ d=1$
8. A は対称行列だから ${}^tA=A$，また A は交代行列だから ${}^tA=-A$. よって $A=-A$ となる．よって $a_{ij}=-a_{ij}$ となるから $a_{ij}=0$. すなわち $A=O$.

問題 1.2

1. (1) $\begin{bmatrix} 6 & 10 & -5 \\ 0 & -9 & 27 \end{bmatrix}$　(2) $\begin{bmatrix} 6 & 2 & -4 \\ -3 & -1 & 2 \\ 12 & 4 & -8 \end{bmatrix}$　(3) -3

(4) O　(5) $\begin{bmatrix} -12 & -12 & 17 \\ 13 & -14 & 22 \\ -16 & -13 & -13 \end{bmatrix}$

2. $AC=\begin{bmatrix} 4 & 0 & 2 \\ 2 & 0 & 1 \\ -2 & 0 & -1 \end{bmatrix}$, $BD=\begin{bmatrix} 4 & 17 \\ 7 & 16 \\ -1 & 4 \end{bmatrix}$, $CA=3$, $CB=[6\ \ 5]$

3. （1） $A^2=\begin{bmatrix}0&0&1\\0&0&0\\0&0&0\end{bmatrix}$, $A^n=O$ $(n\geqq 3)$

（2） $A^{3k+1}=\begin{bmatrix}0&0&1\\1&0&0\\0&1&0\end{bmatrix}$, $A^{3k+2}=\begin{bmatrix}0&1&0\\0&0&1\\1&0&0\end{bmatrix}$, $A^{3k}=E$

（3） $A^n=\begin{bmatrix}a^n&0&0\\0&b^n&0\\0&0&c^n\end{bmatrix}$ （4） $A^n=\begin{bmatrix}a^n&(a^{n-1}+a^{n-2}+\cdots+a+1)b\\0&1\end{bmatrix}$

4. （1） 非可換 （2） $a=c$ のとき可換，$a\neq c$ のとき非可換

5. $a=1$, $b=-1$, $c=-1$, $d=6$

6. E （$\because$ $(E+A+\cdots+A^{m-1})-(A+A^2+\cdots+A^m)=E-A^m=E-O=E$）

7. $A^m=O$, $B^n=O$ とする．$(AB)^m=ABAB\cdots AB=A^mB^m=OB^m=O$.

8. $A=[a_{ij}]$, $B=[b_{ij}]$ がともに上三角行列とすると $a_{ij}=b_{ij}=0$ $(i>j)$ である．$C=A\pm B=[c_{ij}]$ とおくと $c_{ij}=a_{ij}\pm b_{ij}=0$ $(i>j)$．また $D=AB=[d_{ij}]$ とおく．$i>j$ ならば $d_{ij}=\sum_{k=1}^{n}a_{ik}\,b_{kj}=\sum_{k=1}^{i-1}a_{ik}\,b_{kj}+\sum_{k=i}^{n}a_{ik}\,b_{kj}$ であり，$1\leqq k\leqq i-1$ ならば $a_{ik}=0$, $i\leqq k\leqq n$ ならば $j<i\leqq k$ であるから $b_{kj}=0$ となるので $d_{ij}=0$.

問題 1.3

1. $\left[\begin{array}{cc:cc}5&4&4&2\\13&10&5&3\\\hdashline 0&0&4&1\\0&0&1&0\end{array}\right]$

2. $2\boldsymbol{a}_1+\boldsymbol{a}_2+3\boldsymbol{a}_3$

3. $[2\boldsymbol{a}_1+4\boldsymbol{a}_2\quad \boldsymbol{a}_1+7\boldsymbol{a}_2]$

4. $\begin{bmatrix}A_1&O\\O&A_2\end{bmatrix}\begin{bmatrix}B_1&O\\O&B_2\end{bmatrix}=\begin{bmatrix}A_1B_1&O\\O&A_2B_2\end{bmatrix}=\begin{bmatrix}B_1A_1&O\\O&B_2A_2\end{bmatrix}=\begin{bmatrix}B_1&O\\O&B_2\end{bmatrix}\begin{bmatrix}A_1&O\\O&A_2\end{bmatrix}$

5. $\begin{bmatrix}E_m&kA\\O&E_n\end{bmatrix}$

問題 1.4

1. （1） $\begin{bmatrix}2&3\\1&-1\end{bmatrix}\boldsymbol{x}=\begin{bmatrix}-1\\2\end{bmatrix}$, $\begin{bmatrix}2&3\\1&-1\end{bmatrix}$, $\left[\begin{array}{cc:c}2&3&-1\\1&-1&2\end{array}\right]$

（2） $\begin{bmatrix}1&2&-1\\-1&0&3\\0&1&-2\end{bmatrix}\boldsymbol{x}=\begin{bmatrix}2\\8\\-4\end{bmatrix}$, $\begin{bmatrix}1&2&-1\\-1&0&3\\0&1&-2\end{bmatrix}$, $\left[\begin{array}{ccc:c}1&2&-1&2\\-1&0&3&8\\0&1&-2&-4\end{array}\right]$

2.　(1)　$\begin{cases} 2x_1+x_2+3x_3=1 \\ \quad -x_2+2x_3=2 \\ x_1 \quad -x_3=-2 \end{cases}$　(2)　$\begin{cases} 3x_1 \quad +x_3=-1 \\ x_1-x_2+2x_3=0 \end{cases}$

3.　(1)　$\boldsymbol{a}=(-3/4)\boldsymbol{b}_1+(1/4)\boldsymbol{b}_2$　(2)　表せない

4.　(1)　$a=-1$　(2)　$a=3b$

5.　$\boldsymbol{w}=5\boldsymbol{u}_1-9\boldsymbol{u}_2$

6.　$\boldsymbol{w}=b_1\boldsymbol{v}_1+\cdots+b_s\boldsymbol{v}_s,\ \boldsymbol{v}_j=a_{j1}\boldsymbol{u}_1+\cdots+a_{jr}\boldsymbol{u}_r\ (1\leqq j\leqq s)$ とすると

$$\boldsymbol{w}=(b_1a_{11}+\cdots+b_sa_{s1})\boldsymbol{u}_1+\cdots+(b_1a_{1r}+\cdots+b_sa_{sr})\boldsymbol{u}_r$$

と $\boldsymbol{w}$ は $\boldsymbol{u}_1, \cdots, \boldsymbol{u}_r$ の 1 次結合で書ける.

問題 2.1

1.　(1)　$\begin{cases} x_1=1 \\ x_2=-1 \end{cases}$　(2)　$\begin{cases} x_1=2 \\ x_2=-3 \end{cases}$　(3)　$\begin{cases} x_1=1 \\ x_2=2 \\ x_3=3 \end{cases}$　(4)　$\begin{cases} x_1=1 \\ x_2=1/2 \\ x_3=1/2 \end{cases}$

2.　(1)　$\begin{cases} x_1=1/4 \\ x_2=-7/4 \end{cases}$　(2)　$\begin{cases} x_1=3/2 \\ x_2=-1/2 \end{cases}$　(3)　$\begin{cases} x_1=-1 \\ x_2=0 \\ x_3=1 \end{cases}$　(4)　$\begin{cases} x_1=1/2 \\ x_2=1 \\ x_3=3/2 \end{cases}$

3.　(V)⇒(IV)　②×(−1),　(IV)⇒(III)　①と②を入れ替える
(III)⇒(II)　②+①×(−2),　(II)⇒(I)　①+②×2

問題 2.2

1.　(1)　$\begin{bmatrix} 0 & 0 & 1 \\ 0 & 0 & 0 \end{bmatrix}$　(2)　$\begin{bmatrix} 1 & 0 & -5 \\ 0 & 1 & 1 \\ 0 & 0 & 0 \end{bmatrix}$　(3)　$\begin{bmatrix} 0 & 1 & 0 \\ 0 & 0 & 1 \\ 0 & 0 & 0 \end{bmatrix}$

(4)　$\begin{bmatrix} 1 & 0 & 0 & 1 \\ 0 & 1 & 0 & -1/2 \\ 0 & 0 & 1 & 1 \end{bmatrix}$　(5)　簡約　(6)　$\begin{bmatrix} 1 & 0 & 0 & 0 \\ 0 & 1 & 0 & 0 \\ 0 & 0 & 1 & 0 \end{bmatrix}$

(7)　$\begin{bmatrix} 1 & 0 & 0 & 0 \\ 0 & 0 & 0 & 1 \\ 0 & 0 & 0 & 0 \end{bmatrix}$

2.　省略

3.　$\begin{bmatrix} 0 & 0 & 0 \\ 0 & 0 & 0 \\ 0 & 0 & 0 \end{bmatrix}$, $\begin{bmatrix} 0 & 0 & 1 \\ 0 & 0 & 0 \\ 0 & 0 & 0 \end{bmatrix}$, $\begin{bmatrix} 0 & 1 & * \\ 0 & 0 & 0 \\ 0 & 0 & 0 \end{bmatrix}$, $\begin{bmatrix} 1 & * & * \\ 0 & 0 & 0 \\ 0 & 0 & 0 \end{bmatrix}$,

$\begin{bmatrix} 0 & 1 & 0 \\ 0 & 0 & 1 \\ 0 & 0 & 0 \end{bmatrix}$, $\begin{bmatrix} 1 & 0 & * \\ 0 & 1 & * \\ 0 & 0 & 0 \end{bmatrix}$, $\begin{bmatrix} 1 & * & 0 \\ 0 & 0 & 1 \\ 0 & 0 & 0 \end{bmatrix}$, $\begin{bmatrix} 1 & 0 & 0 \\ 0 & 1 & 0 \\ 0 & 0 & 1 \end{bmatrix}$.

4. (1) $\begin{bmatrix} 1 & 0 \\ 0 & 1 \end{bmatrix}$ rank は 2　(2) $\begin{bmatrix} 1 & 0 & 5 \\ 0 & 1 & -4 \end{bmatrix}$ rank は 2　(3) $\begin{bmatrix} 1 & 0 & -1 \\ 0 & 1 & 0 \end{bmatrix}$ rank は 2

(4) $\begin{bmatrix} 1 & 0 & 0 & 0 \\ 0 & 1 & 0 & -1/2 \\ 0 & 0 & 1 & 1/2 \end{bmatrix}$ rank は 3　(5) $\begin{bmatrix} 1 & 0 & 0 & 3 \\ 0 & 1 & 0 & 1 \\ 0 & 0 & 1 & 0 \end{bmatrix}$ rank は 3

(6) $\begin{bmatrix} 1 & 0 & 1 & 1 \\ 0 & 1 & 3 & 1 \\ 0 & 0 & 0 & 0 \end{bmatrix}$ rank は 2　(7) $\begin{bmatrix} 1 & 2 & 0 & 1/2 \\ 0 & 0 & 1 & 1/2 \\ 0 & 0 & 0 & 0 \end{bmatrix}$ rank は 2

問題 2.3

1. (1) $\boldsymbol{x}=\begin{bmatrix} 1 \\ 3 \\ 0 \end{bmatrix}+c\begin{bmatrix} -3 \\ -1 \\ 1 \end{bmatrix}$ $(c\in\boldsymbol{R})$　(2) $\boldsymbol{x}=\begin{bmatrix} -2/7 \\ 0 \\ 1/7 \end{bmatrix}+c\begin{bmatrix} 1 \\ 1 \\ 0 \end{bmatrix}$ $(c\in\boldsymbol{R})$

(3) 解なし　(4) $\boldsymbol{x}=c\begin{bmatrix} -6 \\ -3 \\ 1 \end{bmatrix}$ $(c\in\boldsymbol{R})$

(5) $\boldsymbol{x}=\begin{bmatrix} 1 \\ -2 \\ 0 \\ 0 \\ 1 \end{bmatrix}+c_1\begin{bmatrix} -2 \\ 1 \\ 1 \\ 0 \\ 0 \end{bmatrix}+c_2\begin{bmatrix} 1 \\ -1 \\ 0 \\ 1 \\ 0 \end{bmatrix}$ $(c_1, c_2\in\boldsymbol{R})$　(6) 解なし

(7) $\boldsymbol{x}=c_1\begin{bmatrix} -1 \\ 0 \\ -1 \\ 1 \\ 0 \end{bmatrix}+c_2\begin{bmatrix} -2 \\ -2 \\ -1 \\ 0 \\ 1 \end{bmatrix}$ $(c_1, c_2\in\boldsymbol{R})$

2. (1) $a+2b=1$　(2) $a\neq 2$

3. $A(\boldsymbol{x}_0+\boldsymbol{x}_1)=A\boldsymbol{x}_0+A\boldsymbol{x}_1=\boldsymbol{b}+\boldsymbol{0}=\boldsymbol{b}$ となるから $\boldsymbol{x}_0+\boldsymbol{x}_1$ も(＊)の解である．また，(＊)の解を $\boldsymbol{x}$ とすると $A(\boldsymbol{x}-\boldsymbol{x}_0)=A\boldsymbol{x}-A\boldsymbol{x}_0=\boldsymbol{b}-\boldsymbol{b}=\boldsymbol{0}$ となるから，$\boldsymbol{x}_1=\boldsymbol{x}-\boldsymbol{x}_0$ とおくと $\boldsymbol{x}_1$ は同次形の方程式(＊＊)の解で，$\boldsymbol{x}=\boldsymbol{x}_0+\boldsymbol{x}_1$.

問題 2.4

1. (1) $\begin{bmatrix} 1 & -1 & 1 \\ 1 & -2 & 2 \\ 1 & -1 & 0 \end{bmatrix}$　(2) $\begin{bmatrix} -1 & 0 & -2 \\ -1 & -1 & 0 \\ -4 & -3 & -3 \end{bmatrix}$　(3) $\begin{bmatrix} 3/2 & 1/2 & 1 \\ -1 & 1/2 & -1/2 \\ 1/2 & 0 & 1/2 \end{bmatrix}$

(4) $\begin{bmatrix} 1 & -1 & 0 & 0 \\ 0 & 1 & -1 & 0 \\ 0 & 0 & 1 & -1 \\ 0 & 0 & 0 & 1 \end{bmatrix}$ (5) $\begin{bmatrix} 1 & 0 & -1 & 0 \\ -1 & -3 & 2 & -2 \\ -1 & 0 & 2 & 0 \\ 0 & 1 & 0 & 1 \end{bmatrix}$

2. (1) $\boldsymbol{x}=\begin{bmatrix} 5 \\ 11 \\ -2 \end{bmatrix}$ (2) $\boldsymbol{x}=\begin{bmatrix} a-b+2c \\ -a+b-c \\ 2a-3b+7c \end{bmatrix}$

3. (1) $\begin{bmatrix} 1/a & -1/a^2 & -1/a^2+1/a^3 \\ 0 & 1/a & -1/a^2 \\ 0 & 0 & 1/a \end{bmatrix}$ (2) $\begin{bmatrix} -2+3/a & -1 & 5-3/a \\ 2-2/a & 1 & -4+2/a \\ -1/a & 0 & 1/a \end{bmatrix}$

4. (1) $A^{-1}A=E$ であるから A は A^{-1} の逆行列である．すなわち $(A^{-1})^{-1}=A$.
(2) $A^{-1}A=E$ である．この両辺の転置行列をとると ${}^tA\,{}^t(A^{-1})={}^tE=E$ である．すなわち，${}^tA$ は正則行列で $({}^tA)^{-1}={}^t(A^{-1})$.
(3) $AB(B^{-1}A^{-1})=AA^{-1}=E$．よって AB は正則で $(AB)^{-1}=B^{-1}A^{-1}$.

5. (1) $AB=BA$ の両辺に左右から A^{-1} を掛けると $A^{-1}ABA^{-1}=A^{-1}BAA^{-1}$. この両辺を計算して $BA^{-1}=A^{-1}B$.
(2) $AB=BA$ の両辺の逆行列をとると $(AB)^{-1}=B^{-1}A^{-1}$，$(BA)^{-1}=A^{-1}B^{-1}$ であるから $B^{-1}A^{-1}=A^{-1}B^{-1}$.
(3) $AB=BA$ の両辺の転置行列をとると ${}^t(AB)={}^tB\,{}^tA$，${}^t(BA)={}^tA\,{}^tB$ であるから ${}^tB\,{}^tA={}^tA\,{}^tB$.

6. A が正則とする．$AB=O$ の両辺に左側から A^{-1} を掛けると $A^{-1}AB=O$．すなわち，$B=O$ となり仮定と矛盾する．

7. $A^m=O$ とすると，問題 1.2-6 より $(E-A)(E+A+\cdots+A^{m-1})=E$．よって，$E-A$ は正則で $(E-A)^{-1}=E+A+\cdots+A^{m-1}$．同様にして，$(E+A)^{-1}=E-A+\cdots+(-1)^{m-1}A^{m-1}$.

8. $X^{-1}=\begin{bmatrix} A^{-1} & -A^{-1}BD^{-1} \\ O & D^{-1} \end{bmatrix}$, $Y^{-1}=\begin{bmatrix} A^{-1} & O \\ -D^{-1}CA^{-1} & D^{-1} \end{bmatrix}$,

$Z^{-1}=\begin{bmatrix} O & D^{-1} \\ A^{-1} & -A^{-1}BD^{-1} \end{bmatrix}$

問題 3.1

1. (1) $\begin{pmatrix} 1 & 2 & 3 \\ 2 & 3 & 1 \end{pmatrix}=(1\ \ 2\ \ 3)$ (2) $\begin{pmatrix} 1 & 2 & 3 & 4 \\ 1 & 2 & 4 & 3 \end{pmatrix}=(3\ \ 4)$
(3) $\begin{pmatrix} 1 & 2 & 3 & 4 \\ 3 & 4 & 2 & 1 \end{pmatrix}=(1\ \ 3\ \ 2\ \ 4)$ (4) $\begin{pmatrix} 1 & 2 & 3 & 4 \\ 3 & 4 & 1 & 2 \end{pmatrix}$

2. (1) $(2\ \ 7\ \ 3\ \ 6)(1\ \ 4\ \ 5)$ (2) $(4\ \ 8\ \ 7\ \ 6)(1\ \ 3\ \ 5\ \ 2)$

3. (1) $(1\ \ 4)(1\ \ 6)(1\ \ 3)$，$-$ (2) $(1\ \ 4)(1\ \ 3)(1\ \ 5)(1\ \ 2)$，$+$
(3) $(2\ \ 6)(2\ \ 4)$，$+$ (4) $(2\ \ 5)(2\ \ 6)(2\ \ 7)(1\ \ 4)(1\ \ 3)$，$-$
(5) $(5\ \ 7)(5\ \ 8)(2\ \ 9)(2\ \ 4)(1\ \ 3)$，$-$

4.　偶置換　ε, (1　2　3), (1　3　2), (1　2　4), (1　4　2), (1　3　4), (1　4　3), (2　3　4), (2　4　3), (1　2)(3　4), (1　3)(2　4), (1　4)(2　3)
　奇置換　(1　2), (1　3), (1　4), (2　3), (2　4), (3　4), (1　2　3　4), (1　2　4　3), (1　3　2　4), (1　3　4　2), (1　4　2　3), (1　4　3　2)

5.　(1)　$\sigma f = x_1x_2 + 2x_1 + 3x_3$　　(2)　$\sigma f = x_2x_3 + 2x_3 + 3x_1$
　(3)　$\sigma f = -f$　　(4)　$\sigma f = f$

6.　$\varDelta(x_1, \cdots, x_n)$

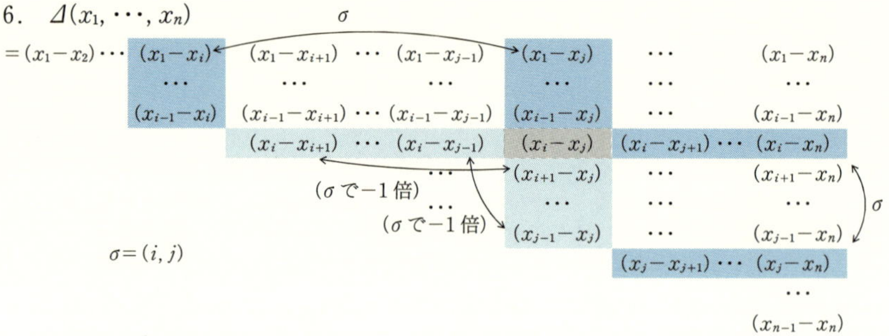
σ
= (x1 − x2) ⋯ (x1 − xi)　(x1 − xi+1) ⋯ (x1 − xj−1)　(x1 − xj)　⋯　(x1 − xn)
(xi−1 − xi)　(xi−1 − xi+1) ⋯ (xi−1 − xj−1)　(xi−1 − xj)　⋯　(xi−1 − xn)
(xi − xi+1) ⋯ (xi − xj−1)　(xi − xj)　(xi − xj+1) ⋯ (xi − xn)
(xi+1 − xj)　(xi+1 − xn)
(σで−1倍)
(σで−1倍)
(xj−1 − xj)　(xj−1 − xn)
σ = (i, j)
(xj − xj+1) ⋯ (xj − xn)
(xn−1 − xn)

であり $\sigma=(i, j)$ を $\varDelta$ に施すと の部分は互いに移りあう．また の部分は−1倍で移りあい積をとれば等しい． は σ によって自分自身の−1倍となる．以上より $\sigma\varDelta = -\varDelta$.

7.　$(\sigma\tau)f(x_1, \cdots, x_n) = f(x_{\sigma\tau(1)}, \cdots, x_{\sigma\tau(n)})$,
　$\sigma(\tau f)(x_1, \cdots, x_n) = \sigma f(x_{\tau(1)}, \cdots, x_{\tau(n)}) = f(x_{\sigma\tau(1)}, \cdots, x_{\sigma\tau(n)})$

8.　$\sigma = \sigma_m\sigma_{m-1}\cdots\sigma_1$ と互換の積に分解すると $\sigma\varDelta = \sigma_m\sigma_{m-1}\cdots\sigma_1\varDelta = -(\sigma_m\cdots\sigma_2\varDelta) = (-1)^m\varDelta$ となる．σ が $\sigma = \tau_l\tau_{l-1}\cdots\tau_1$ と互換の積に分解されるとすると，同様にして $\sigma\varDelta = (-1)^l\varDelta$ となるから $(-1)^m\varDelta = (-1)^l\varDelta$. $\varDelta \neq 0$ であるから $(-1)^m = (-1)^l$ となるので，$\mathrm{sgn}(\sigma)$ は σ の互換の積への分解によらない．

問題 3.2

1.　(1)　-2　　(2)　$ad-bc$　　(3)　-49　　(4)　142

2.　(1)　60　　(2)　-774　　(3)　-12720　　(4)　88　　(5)　-8910
　(6)　$-11/864$　　(7)　600　　(8)　192　　(9)　16
　(10)　$n=2m$ のとき $(-1)^m$，$n=2m+1$ のとき $(-1)^m$　　(11)　-19

問題 3.3

1.　(1)　-1470　　(2)　-1344　　(3)　-57　　(4)　-16
　(5)　72　　(6)　1310　　(7)　-528　　(8)　-18

2.　A は正則行列とする．$AA^{-1} = E$ の両辺の行列式をとると $\det(A)\det(A^{-1}) = 1$ となる．よって，$\det(A) \neq 0$ であり $\det(A^{-1}) = \det(A)^{-1}$.

3. (3)だけ示す．他も同様である．

(3) A の 2 つの列を入れ替えた行列を B とする．B の転置行列 ${}^tB$ は A の転置行列 ${}^tA$ の 2 つの行を入れ替えた行列だから，定理 3.2.3 により，$\det({}^tB)=-\det({}^tA)$ である．よって，定理 3.3.1 により，$\det(B)=\det({}^tB)=-\det({}^tA)=-\det(A)$．

4. $\begin{bmatrix} a & b \\ b & a \end{bmatrix}\begin{bmatrix} c & d \\ d & c \end{bmatrix}=\begin{bmatrix} ac+bd & ad+bc \\ ad+bc & ac+bd \end{bmatrix}$ の両辺の行列式をとればよい．

5. $(-1)^n\det(B)\det(C)$ （行を n 回入れ替える）

6.
$$\begin{vmatrix} A & B \\ B & A \end{vmatrix} \underset{\uparrow}{=} \begin{vmatrix} A-B & B-A \\ B & A \end{vmatrix}$$
（第 1 行−第 $n+1$ 行, ･･･, 第 n 行−第 $2n$ 行）
$$\underset{\uparrow}{=} \begin{vmatrix} A-B & O \\ B & A+B \end{vmatrix} = |A-B||A+B|$$
（第 $n+1$ 列＋第 1 列, ･･･, 第 $2n$ 列＋第 n 列）

7. 両辺の行列式をとると $|A|^m=1$．$|A|$ は実数だから $|A|=\pm1$ となるが，m が奇数だから $|A|=1$．

問題 3.4

1. (1) $\widetilde{A}=\begin{bmatrix} 2 & 4 & 0 \\ -14 & -1 & 9 \\ -6 & -3 & 9 \end{bmatrix}$, $A^{-1}=\dfrac{1}{18}\widetilde{A}$

(2) $\widetilde{A}=\begin{bmatrix} -3 & 9 & 6 \\ 1 & -2 & -1 \\ 5 & -10 & -8 \end{bmatrix}$, $A^{-1}=\dfrac{1}{3}\widetilde{A}$

(3) $\widetilde{A}=\begin{bmatrix} 6 & 9 & -3 \\ 14 & 16 & -4 \\ 2 & 1 & -1 \end{bmatrix}$, $A^{-1}=\dfrac{1}{-6}\widetilde{A}$

(4) $\widetilde{A}=\begin{bmatrix} bc & 0 & 0 \\ -cd & ac & 0 \\ df-be & -af & ab \end{bmatrix}$, $A^{-1}=\dfrac{1}{abc}\widetilde{A}$ $(abc\neq0)$

(5) $\widetilde{A}=\begin{bmatrix} x & 0 & -x \\ -2(x-1) & x & -(x-1)(x-2) \\ 2(2x-1) & -x & (2x-1)(x-2) \end{bmatrix}$, $A^{-1}=\dfrac{1}{x^2}\widetilde{A}$

2. (1) $\boldsymbol{x}=\dfrac{1}{9}\begin{bmatrix} 7 \\ 5 \\ 3 \end{bmatrix}=\begin{bmatrix} 7/9 \\ 5/9 \\ 1/3 \end{bmatrix}$ (2) $\boldsymbol{x}=\dfrac{-1}{2}\begin{bmatrix} -4 \\ -3 \\ 1 \end{bmatrix}=\begin{bmatrix} 2 \\ 3/2 \\ -1/2 \end{bmatrix}$

3. (1) $-6\begin{vmatrix} 2 & 3 \\ 1 & -2 \end{vmatrix}+5\begin{vmatrix} 2 & 1 \\ 1 & 3 \end{vmatrix}$ (2) $-x\begin{vmatrix} 3 & 2 \\ 2 & 1 \end{vmatrix}+y\begin{vmatrix} 1 & -1 \\ 2 & 1 \end{vmatrix}-z\begin{vmatrix} 1 & -1 \\ 3 & 2 \end{vmatrix}$

4. (1) $adgi-bcfh+bdeh$ (2) $-bc(4a+3d-7)$

5. $A\widetilde{A}=\det(A)E$ の両辺の行列式をとると $\det(A)\det(\widetilde{A})=\det(A)^n$．$\det(A)\neq 0$ ならば両辺を $\det(A)$ で割って問題の主張を得る．$\det(A)=0$ とする．$A=O$ ならば $\widetilde{A}=O$ であるから $\det(\widetilde{A})=0$．$A\neq O$ ならば $A\widetilde{A}=\det(A)E=O$ となり $A\neq O$ であるから，$\widetilde{A}$ は正則でない．よって，$\det(\widetilde{A})=0$ となり成立する．

6. A が対称行列ならば $A_{ij}=({}^tA)_{ij}={}^t(A_{ji})$ となるから，$\det(A_{ij})=\det({}^t(A_{ji}))=\det(A_{ji})$ である．よって，$a^*_{ji}=(-1)^{j+i}\det(A_{ij})=(-1)^{i+j}\det(A_{ji})=a^*_{ij}$ となり，$\widetilde{A}$ は対称行列である．

7. A が奇数次の交代行列ならば，$\widetilde{A}$ は対称行列になる．

問題 3.5

1. (1) $-2^4\cdot3\cdot5=-240$ (2) $-2^6\cdot3^2\cdot5=-2880$
 (3) $2^5\cdot3\cdot5^3=12000$ (4) $-2^7\cdot3^3=-3456$

2. (3) 帰納法を用いる．
 (4) a, f をくくりだし $(3,1)$，$(3,2)$，$(4,1)$，$(4,2)$ の成分を 0 にする．

問題 4.1

1. (1) ○ (2) × (3) ○ (4) × (5) ○ (6) ○

2. (1) ○ (2) × (3) ○ (4) × (5) ○ (6) ○
 (1，2 において，○：部分空間，×：部分空間でない)

3. (i′)⇒(i) $\boldsymbol{w}\in W$ とすると (iii) より $\boldsymbol{0}=0\cdot\boldsymbol{w}\in W$． (i)⇒(i′) は明らか．

4. (i) $\boldsymbol{0}\in W_1$ かつ $\boldsymbol{0}\in W_2$ であるから $\boldsymbol{0}\in W_1\cap W_2$．
 (ii) $\boldsymbol{u},\boldsymbol{v}\in W_1\cap W_2$ とする．$\boldsymbol{u},\boldsymbol{v}\in W_1$ であるから $\boldsymbol{u}+\boldsymbol{v}\in W_1$．同様に $\boldsymbol{u}+\boldsymbol{v}\in W_2$．よって $\boldsymbol{u}+\boldsymbol{v}\in W_1\cap W_2$．
 (iii) $\boldsymbol{u}\in W_1\cap W_2$，$c\in\boldsymbol{R}$ とする．$\boldsymbol{u}\in W_1$ であるから $c\boldsymbol{u}\in W_1$．同様に $c\boldsymbol{u}\in W_2$．よって $c\boldsymbol{u}\in W_1\cap W_2$．

5. $W_1\not\subset W_2$，$W_2\not\subset W_1$ とすると，$\boldsymbol{u}\in W_1$，$\boldsymbol{u}\notin W_2$ となる $\boldsymbol{u}$ および $\boldsymbol{v}\in W_2$，$\boldsymbol{v}\notin W_1$ となる $\boldsymbol{v}$ が存在する．仮定より $\boldsymbol{u}+\boldsymbol{v}\in W_1\cup W_2$ となる．もし $\boldsymbol{u}+\boldsymbol{v}\in W_1$ ならば $\boldsymbol{v}=(\boldsymbol{u}+\boldsymbol{v})-\boldsymbol{u}\in W_1$ となり矛盾であるし，もし $\boldsymbol{u}+\boldsymbol{v}\in W_2$ ならば $\boldsymbol{u}=(\boldsymbol{u}+\boldsymbol{v})-\boldsymbol{v}\in W_2$ となり矛盾となる．よって，$W_1\subset W_2$ または $W_1\supset W_2$ のいずれかが成り立たなければならない．

問題 4.2

1. (1) 1 次独立 (2) 1 次従属 (3) 1 次従属 (4) 1 次独立
 (5) 1 次従属 (6) 1 次独立 (7) 1 次独立

2. (1) $(\boldsymbol{v}_1, \boldsymbol{v}_2, \boldsymbol{v}_3)=(\boldsymbol{u}_1, \boldsymbol{u}_2, \boldsymbol{u}_3)\begin{bmatrix} 2 & 1 & 1 \\ 1 & -1 & 2 \\ -3 & 1 & 4 \end{bmatrix}$

(2) $(\boldsymbol{v}_1, \boldsymbol{v}_2, \boldsymbol{v}_3, \boldsymbol{v}_4)=(\boldsymbol{u}_1, \boldsymbol{u}_2, \boldsymbol{u}_3, \boldsymbol{u}_4)\begin{bmatrix} 2 & 1 & 1 & 2 \\ 1 & -1 & -1 & 1 \\ -1 & 2 & 1 & -2 \\ -1 & 1 & -1 & -3 \end{bmatrix}$

(3) $(\boldsymbol{v}_1, \boldsymbol{v}_2, \boldsymbol{v}_3, \boldsymbol{v}_4)=(\boldsymbol{u}_1, \boldsymbol{u}_2, \boldsymbol{u}_3, \boldsymbol{u}_4, \boldsymbol{u}_5)\begin{bmatrix} 1 & 2 & 2 & 1 \\ 1 & -1 & 0 & 1 \\ -1 & 1 & -1 & 0 \\ 0 & -1 & 1 & -3 \\ -2 & 1 & -3 & -2 \end{bmatrix}$

3. (1) 1次独立　(2) 1次従属　(3) 1次独立

4. (1) 否. 例えば $\boldsymbol{u}_1=\begin{bmatrix} 1 \\ 0 \end{bmatrix}$, $\boldsymbol{u}_2=\begin{bmatrix} 0 \\ 1 \end{bmatrix}$, $\boldsymbol{u}_3=\begin{bmatrix} 1 \\ 1 \end{bmatrix}$ は1次従属.

(2) 正. $\boldsymbol{u}_1, \boldsymbol{u}_2, \boldsymbol{u}_3$ が1次従属ならばその中の1つ，例えば $\boldsymbol{u}_3$ は $\boldsymbol{u}_1, \boldsymbol{u}_2$ の1次結合で書ける(定理4.2.2). これを $\boldsymbol{v}_1, \boldsymbol{v}_2, \boldsymbol{v}_3$ に代入すると，3個のベクトルが2個のベクトルで書けることになり，定理4.2.3により1次従属.

(3) 正. 例えば $\boldsymbol{u}_1=\boldsymbol{0}$ ならば $1\boldsymbol{u}_1+0\boldsymbol{u}_2+\cdots+0\boldsymbol{u}_m=\boldsymbol{0}$ は自明でない1次関係を与えるから，$\boldsymbol{u}_1, \boldsymbol{u}_2, \cdots, \boldsymbol{u}_m$ は1次従属.

5. $\boldsymbol{u}_1, \boldsymbol{u}_2, \cdots, \boldsymbol{u}_r$ が1次従属ならば，その中の1つ，例えば $\boldsymbol{u}_1$ は $\boldsymbol{u}_2, \cdots, \boldsymbol{u}_r$ の1次結合で，$\boldsymbol{u}_1=c_2\boldsymbol{u}_2+\cdots+c_r\boldsymbol{u}_r$ と書ける. よって，$\boldsymbol{u}_1=c_2\boldsymbol{u}_2+\cdots+c_r\boldsymbol{u}_r+0\boldsymbol{u}_{r+1}+\cdots+0\boldsymbol{u}_m$ と $\boldsymbol{u}_2, \cdots, \boldsymbol{u}_m$ の1次結合で書けるので，$\boldsymbol{u}_1, \boldsymbol{u}_2, \cdots, \boldsymbol{u}_m$ は1次従属となり矛盾.

6. 定理4.2.5の特別な場合である.

問題 4.3

1. (1) (i) $r=3$ (ii) $\boldsymbol{a}_1, \boldsymbol{a}_2, \boldsymbol{a}_4$ (iii) $\boldsymbol{a}_3=3\boldsymbol{a}_1-\boldsymbol{a}_2$, $\boldsymbol{a}_5=-\boldsymbol{a}_1+2\boldsymbol{a}_2+\boldsymbol{a}_4$

(2) (i) $r=3$ (ii) $\boldsymbol{a}_1, \boldsymbol{a}_2, \boldsymbol{a}_3$ (iii) $\boldsymbol{a}_4=3\boldsymbol{a}_1-\boldsymbol{a}_2+\boldsymbol{a}_3$, $\boldsymbol{a}_5=\boldsymbol{a}_1+2\boldsymbol{a}_2-2\boldsymbol{a}_3$

(3) (i) $r=3$ (ii) f_1, f_2, f_3 (iii) $f_4=-f_1+f_2$, $f_5=f_1-f_3$

(4) (i) $r=3$ (ii) f_1, f_2, f_5 (iii) $f_3=5f_1-2f_2$, $f_4=-2f_1+3f_2$

2. (1) A の列ベクトルを $\boldsymbol{a}_1, \cdots, \boldsymbol{a}_m$ とすると $AB=[\boldsymbol{a}_1 \ \cdots \ \boldsymbol{a}_m]B$ であるから，AB の列ベクトルは $\boldsymbol{a}_1, \cdots, \boldsymbol{a}_m$ の1次結合である(問題1.3-3参照). よって

$$\begin{aligned} \operatorname{rank}(AB) &= AB \text{ の列ベクトルの1次独立な最大個数} \\ &\leqq A \text{ の列ベクトルの1次独立な最大個数} = \operatorname{rank}(A) \end{aligned}$$

(2) B の行ベクトルを考えると(1)と同様である. 転置行列を考えて(1)に帰着してもよい.

3. 次の問4の方法を一般化すればよい.

4. 列ベクトルのうち1次独立なものをとった行列を求める. 次に，その行列の行ベ

クトルのうち1次独立なものをとればよい．$r=3$ で，例えば網を掛けた部分を取り除いたものが求める行列である．

$$\begin{bmatrix} 1 & 2 & 4 & 3 & 1 \\ -1 & 1 & -1 & 0 & 0 \\ -2 & -1 & -5 & -3 & -1 \\ 1 & -1 & 1 & 0 & 2 \end{bmatrix}$$

問題 4.4

1. (1) $\dim(W)=2$，基 $\left\{\begin{bmatrix}-1\\0\\1\\0\\0\end{bmatrix}, \begin{bmatrix}-2\\0\\0\\1\\1\end{bmatrix}\right\}$ (2) $\dim(W)=2$，基 $\left\{\begin{bmatrix}0\\-5\\3\\1\\0\end{bmatrix}, \begin{bmatrix}-3\\7\\-2\\0\\1\end{bmatrix}\right\}$

   (3) $\dim(W)=1$，基 $\left\{\begin{bmatrix}-1/9\\5/9\\1\end{bmatrix}\right\}$ (4) $\dim(W)=2$，基 $\left\{\begin{bmatrix}-3/2\\5/2\\1\\0\end{bmatrix}, \begin{bmatrix}1\\-2\\0\\1\end{bmatrix}\right\}$

   (5) $\dim(W)=2$，基 $\{1-2x+x^2,\ 2-3x+x^3\}$

   (6) $\dim(W)=2$，基 $\{-1+x^2,\ -x+x^3\}$

2. $\dim(V)=3$ であるから，1次独立であることを示せばよい．

3. 問2と同様． (1) 基 (2) 基でない．

4. 与えられたベクトルに1組の基を付け加え，与えられたベクトルを含む1次独立なベクトルを例題 4.3.1 または例題 4.3.2 の方法で見つければよい．

   (1) $\begin{bmatrix}1\\2\\1\end{bmatrix}, \begin{bmatrix}0\\2\\1\end{bmatrix}, \begin{bmatrix}1\\0\\0\end{bmatrix}, \begin{bmatrix}0\\1\\0\end{bmatrix}, \begin{bmatrix}0\\0\\1\end{bmatrix}$ の1次独立なベクトルを前からとって

$$\left\{\begin{bmatrix}1\\2\\1\end{bmatrix}, \begin{bmatrix}0\\2\\1\end{bmatrix}, \begin{bmatrix}0\\1\\0\end{bmatrix}\right\}.$$

   (2) $f_1, f_2, 1, x, x^2, x^3$ の1次独立なベクトルを前からとって $\{f_1, f_2, 1, x^3\}$.

5. V の1組の基を $\{\boldsymbol{u}_1, \boldsymbol{u}_2, \cdots, \boldsymbol{u}_n\}$ とする．$\boldsymbol{v}_1, \cdots, \boldsymbol{v}_r, \boldsymbol{u}_1, \boldsymbol{u}_2, \cdots, \boldsymbol{u}_n$ の1次独立な最大個数は n であるから，このベクトルの中から n 個の1次独立なベクトルを前からとれば，それが求めるものである．

6. (1) $W\subset V$ であるから，$\dim(W)=W$ のベクトルの1次独立な最大個数$\leqq V$ のベクトルの1次独立な最大個数$=\dim(V)$.

   (2) W の1組の基を $\{\boldsymbol{u}_1, \cdots, \boldsymbol{u}_n\}$ とする．$\boldsymbol{v}\in V$ とすると V の1次独立な最大個数は n であるから，$\boldsymbol{v}, \boldsymbol{u}_1, \cdots, \boldsymbol{u}_n$ は1次従属である．よって，定理 4.2.2 により，$\boldsymbol{v}$ は $\boldsymbol{u}_1, \cdots, \boldsymbol{u}_n$ の1次結合で書けるから，$\boldsymbol{v}$ は W のベクトルである．よって $W=V$.

7. 定理 4.3.6 と定理 4.4.4 による．

問題 5.1

1. 定理 4.1.1 の 3 条件を調べればよい.
   (1) $\boldsymbol{v}_1 = T(\boldsymbol{u}_1)$, $\boldsymbol{v}_2 = T(\boldsymbol{u}_2) \in \mathrm{Im}(T)$, $c \in \boldsymbol{R}$ とする.
      (i) $\boldsymbol{0}_V = T(\boldsymbol{0}_U) \in \mathrm{Im}(T)$.
      (ii) $\boldsymbol{v}_1 + \boldsymbol{v}_2 = T(\boldsymbol{u}_1) + T(\boldsymbol{u}_2) = T(\boldsymbol{u}_1 + \boldsymbol{u}_2) \in \mathrm{Im}(T)$.
      (iii) $c\boldsymbol{v}_1 = cT(\boldsymbol{u}_1) = T(c\boldsymbol{u}_1) \in \mathrm{Im}(T)$.
   (2) $\boldsymbol{u}_1, \boldsymbol{u}_2 \in \mathrm{Ker}(T)$, $c \in \boldsymbol{R}$ とする.
      (i) $T(\boldsymbol{0}_U) = \boldsymbol{0}_V$ だから $\boldsymbol{0}_U \in \mathrm{Ker}(T)$.
      (ii) $T(\boldsymbol{u}_1 + \boldsymbol{u}_2) = T(\boldsymbol{u}_1) + T(\boldsymbol{u}_2) = \boldsymbol{0}_V + \boldsymbol{0}_V = \boldsymbol{0}_V$ だから $\boldsymbol{u}_1 + \boldsymbol{u}_2 \in \mathrm{Ker}(T)$.
      (iii) $T(c\boldsymbol{u}_1) = cT(\boldsymbol{u}_1) = c\boldsymbol{0}_V = \boldsymbol{0}_V$ だから $c\boldsymbol{u}_1 \in \mathrm{Ker}(T)$.

2. (1), (3), (4) は線形写像, (2) は線形写像でない.

3. (1) (i) $\mathrm{null}(T) = 2$, $\mathrm{Ker}(T)$ の基 $\left\{ \begin{bmatrix} -2 \\ 1 \\ 0 \\ 0 \end{bmatrix}, \begin{bmatrix} 1 \\ 0 \\ -1 \\ 1 \end{bmatrix} \right\}$

      (ii) $\mathrm{rank}(T) = 2$, $\mathrm{Im}(T)$ の基 $\left\{ \begin{bmatrix} 2 \\ 0 \\ 1 \end{bmatrix}, \begin{bmatrix} 3 \\ 1 \\ 1 \end{bmatrix} \right\}$

   (2) (i) $\mathrm{null}(T) = 2$, $\mathrm{Ker}(T)$ の基 $\left\{ \begin{bmatrix} -3 \\ -1 \\ 1 \\ 0 \\ 0 \end{bmatrix}, \begin{bmatrix} -2 \\ -1 \\ 0 \\ 1 \\ 0 \end{bmatrix} \right\}$

      (ii) $\mathrm{rank}(T) = 3$, $\mathrm{Im}(T)$ の基 $\left\{ \begin{bmatrix} 1 \\ 1 \\ -2 \\ 1 \end{bmatrix}, \begin{bmatrix} -2 \\ -2 \\ 4 \\ -1 \end{bmatrix}, \begin{bmatrix} 0 \\ 1 \\ 2 \\ 1 \end{bmatrix} \right\}$

   (3) (i) $\mathrm{null}(T) = 3$, $\mathrm{Ker}(T)$ の基 $\left\{ \begin{bmatrix} -3 \\ -1 \\ 1 \\ 0 \\ 0 \end{bmatrix}, \begin{bmatrix} 1 \\ -1 \\ 0 \\ 1 \\ 0 \end{bmatrix}, \begin{bmatrix} 2 \\ -3 \\ 0 \\ 0 \\ 1 \end{bmatrix} \right\}$

      (ii) $\mathrm{rank}(T) = 2$, $\mathrm{Im}(T)$ の基 $\left\{ \begin{bmatrix} 0 \\ -1 \\ 1 \\ 1 \end{bmatrix}, \begin{bmatrix} 1 \\ -2 \\ 1 \\ -1 \end{bmatrix} \right\}$

4. $T: \boldsymbol{R}^n \to \boldsymbol{R}^m$ で, $\boldsymbol{R}^n$ の標準基を $\{\boldsymbol{e}_1, \boldsymbol{e}_2, \cdots, \boldsymbol{e}_n\}$, $\boldsymbol{R}^m$ の標準基を $\{\boldsymbol{e}'_1, \boldsymbol{e}'_2, \cdots, \boldsymbol{e}'_m\}$ とする. $T(\boldsymbol{e}_j) = \sum_{i=1}^{m} a_{ij}\boldsymbol{e}'_i$ とし行列 A を $A = [a_{ij}]$ と定義すると, 線形写像 T は $T(\boldsymbol{x}) = A\boldsymbol{x}$ となる($\boldsymbol{x}$ を成分で表し, 両辺が等しいことを確かめればよい).

問題 5.2

1. (1) $\begin{bmatrix} -1 & -2 & 1 \\ 2 & 7 & 2 \end{bmatrix}$ (2) $\begin{bmatrix} 5 & 6 & -1 & 5 \\ 3 & 4 & 0 & 4 \\ -6 & -7 & 0 & -7 \end{bmatrix}$

2. (1) $\begin{bmatrix} -11 & -15 & -18 \\ 8 & 13 & 14 \\ -1 & -2 & -1 \end{bmatrix}$ (2) $\begin{bmatrix} 3 & 2 & 3 \\ 9 & 1 & 5 \\ -5 & 0 & -2 \end{bmatrix}$

(3) $\begin{bmatrix} 3 & 2 & 0 \\ 0 & 3 & 4 \\ 0 & 0 & 3 \end{bmatrix}$ (4) $\begin{bmatrix} 7 & 0 & 8 \\ -4 & 7 & -16 \\ -2 & 2 & -5 \end{bmatrix}$

3. 線形写像の定義の2条件を確かめればよい.

4. $\dim(V)=n$ であるから1次独立のみを示せばよい. まず $c_0\boldsymbol{u}+c_1T(\boldsymbol{u})+\cdots+c_{n-1}T^{n-1}(\boldsymbol{u})=\boldsymbol{0}$ とおく. この両辺に T^{n-1} を施すと $c_0T^{n-1}(\boldsymbol{u})=\boldsymbol{0}$. $T^{n-1}(\boldsymbol{u})\neq\boldsymbol{0}$ であるから $c_0=0$. よって $c_1T(\boldsymbol{u})+\cdots+c_{n-1}T^{n-1}(\boldsymbol{u})=\boldsymbol{0}$. この両辺に T^{n-2} を施すと同様にして $c_1=0$. これを繰り返して $c_0=c_1=\cdots=c_{n-1}=0$ を得る. よって, $\{T^{n-1}(\boldsymbol{u}), T^{n-2}(\boldsymbol{u}), \cdots, \boldsymbol{u}\}$ は1次独立である. この基に関する T の表現行列は, $T^i(\boldsymbol{u})$ $(0\leqq i\leqq n-1)$ に T を施してわかり

$$\begin{bmatrix} 0 & 1 & 0 & \cdots & & 0 \\ & 0 & 1 & & & \\ \vdots & & \ddots & \ddots & & \vdots \\ & & & \ddots & 1 & 0 \\ & & & & 0 & 1 \\ 0 & & & \cdots & & 0 \end{bmatrix}.$$

問題 5.3

1. (1) $\begin{bmatrix} 17 & -1 \\ -4 & 22 \end{bmatrix}$ (2) O

2. (1) $g_A(t)=(t-1)^2(t-3)$, $\lambda=1, 3$

(2) $g_A(t)=(t-1)(t^2+1)$, $\lambda=1, \sqrt{-1}, -\sqrt{-1}$

(3) $g_A(t)=(t+1)(t-2)(t-3)$, $\lambda=-1, 2, 3$

(4) $g_A(t)=(t-1)^2(t-2)$, $\lambda=1, 2$

3. (1) $g_T(t)=(t+1)(t-1)(t-2)$, $\lambda=-1, 1, 2$

$$W(-1\,;T)=\left\{c\begin{bmatrix} 3 \\ 4 \\ 1 \end{bmatrix}\middle|\ c\in\boldsymbol{R}\right\},\quad W(1\,;T)=\left\{c\begin{bmatrix} 1 \\ 1 \\ 0 \end{bmatrix}\middle|\ c\in\boldsymbol{R}\right\},$$

$$W(2\,;T)=\left\{c\begin{bmatrix} -2 \\ -2 \\ 1 \end{bmatrix}\middle|\ c\in\boldsymbol{R}\right\}$$

（2）　$g_T(t)=(t-1)^2(t-3)$，　$\lambda=1, 3$

$$W(1\,;T)=\left\{c_1\begin{bmatrix}-2\\1\\0\end{bmatrix}+c_2\begin{bmatrix}0\\0\\1\end{bmatrix}\middle|\ c_1, c_2\in\boldsymbol{R}\right\},\quad W(3\,;T)=\left\{c\begin{bmatrix}3\\-1\\1\end{bmatrix}\middle|\ c\in\boldsymbol{R}\right\}$$

（3）　$g_T(t)=(t-1)(t-2)(t-3)$，　$\lambda=1, 2, 3$

$$W(1\,;T)=\left\{c\begin{bmatrix}-2\\-1\\1\end{bmatrix}\middle|\ c\in\boldsymbol{R}\right\},\quad W(2\,;T)=\left\{c\begin{bmatrix}-3\\-1\\1\end{bmatrix}\middle|\ c\in\boldsymbol{R}\right\},$$

$$W(3\,;T)=\left\{c\begin{bmatrix}1\\1\\0\end{bmatrix}\middle|\ c\in\boldsymbol{R}\right\}$$

（4）　$g_T(t)=(t-1)^2(t-2)$，　$\lambda=1, 2$

$$W(1\,;T)=\left\{c\begin{bmatrix}-1\\1\\1\end{bmatrix}\middle|\ c\in\boldsymbol{R}\right\},\quad W(2\,;T)=\left\{c\begin{bmatrix}-2\\1\\3\end{bmatrix}\middle|\ c\in\boldsymbol{R}\right\}$$

4．（1）　$g_T(t)=(t+1)(t-1)^2$，　$\lambda=-1, 1$

$W(-1\,;T)=\{c(-1+2x)\mid c\in\boldsymbol{R}\}$,

$W(1\,;T)=(c_1\cdot 1+c_2(-x+x^2)\mid c_1, c_2\in\boldsymbol{R}\}$

（2）　$g_T(t)=(t-1)(t-2)(t-4)$，　$\lambda=1, 2, 4$

$W(1\,;T)=\{c\cdot 1\mid c\in\boldsymbol{R}\}$，$W(2\,;T)=\{c(1+x)\mid c\in\boldsymbol{R}\}$,

$W(4\,;T)=\{c(1+3x+3x^2)\mid c\in\boldsymbol{R}\}$

5．定理 4.1.1 の 3 条件を調べればよい．

（i）　$T(\boldsymbol{0})=\boldsymbol{0}=\lambda\boldsymbol{0}$ であるから $\boldsymbol{0}\in W(\lambda\,;T)$．

（ii）　$\boldsymbol{u}, \boldsymbol{v}\in W(\lambda\,;T)$ とする．$T(\boldsymbol{u}+\boldsymbol{v})=T(\boldsymbol{u})+T(\boldsymbol{v})=\lambda\boldsymbol{u}+\lambda\boldsymbol{v}=\lambda(\boldsymbol{u}+\boldsymbol{v})$ となるから $\boldsymbol{u}+\boldsymbol{v}\in W(\lambda\,;T)$．

（iii）　$\boldsymbol{u}\in W(\lambda\,;T)$，$c\in\boldsymbol{R}$ とする．$T(c\boldsymbol{u})=cT(\boldsymbol{u})=c(\lambda\boldsymbol{u})=\lambda(c\boldsymbol{u})$ となるから $c\boldsymbol{u}\in W(\lambda\,;T)$．

6．$g_A(t)=t^2+t+1$ であるから，$A^2+A+E=O$，$A^3=E$ であることを用いる．

（1）　$\begin{bmatrix}-3 & -1\\ 7 & 2\end{bmatrix}$　　（2）　$\begin{bmatrix}-3 & 0\\ 0 & -3\end{bmatrix}$

問題 5.4

1．（1）　$P=\begin{bmatrix}1 & 2\\ 1 & 1\end{bmatrix}$，$P^{-1}AP=\begin{bmatrix}1 & 0\\ 0 & 4\end{bmatrix}$　　（2）　$P=\begin{bmatrix}2 & 3\\ 1 & 1\end{bmatrix}$，$P^{-1}AP=\begin{bmatrix}-2 & 0\\ 0 & 3\end{bmatrix}$

（3）　$P=\begin{bmatrix}\sqrt{3} & -\sqrt{3}\\ 1 & 1\end{bmatrix}$，$P^{-1}AP=\begin{bmatrix}2-\sqrt{3} & 0\\ 0 & 2+\sqrt{3}\end{bmatrix}$

（4）　$P=\begin{bmatrix}-1/2 & -1/2 & -1/2\\ 1 & 0 & 1/2\\ 0 & 1 & 1\end{bmatrix}$，$P^{-1}AP=\begin{bmatrix}1 & 0 & 0\\ 0 & 1 & 0\\ 0 & 0 & 3\end{bmatrix}$

（5） 対角化できない．

（6） $P=\begin{bmatrix}2&1&0\\1&0&-1\\0&0&1\end{bmatrix}$, $P^{-1}AP=\begin{bmatrix}1&0&0\\0&2&0\\0&0&2\end{bmatrix}$

（7） $P=\begin{bmatrix}-2&1&3\\-2&1&4\\1&0&1\end{bmatrix}$, $P^{-1}AP=\begin{bmatrix}-1&0&0\\0&1&0\\0&0&2\end{bmatrix}$

2．（1） $\begin{bmatrix}2^{2n+1}-1&2-2^{2n+1}\\2^{2n}-1&2-2^{2n}\end{bmatrix}$ （2） $\begin{bmatrix}3^{n+1}+(-2)^{n+1}&6((-2)^n-3^n)\\3^n-(-2)^n&-6((-2)^{n-1}+3^{n-1})\end{bmatrix}$

3．$B=P^{-1}AP$, $C=Q^{-1}BQ$ とすると $C=(PQ)^{-1}A(PQ)$.

4．$A^k=O$ とする．$P^{-1}AP=\begin{bmatrix}\lambda_1&&O\\&\ddots&\\O&&\lambda_n\end{bmatrix}$ とすると，$\begin{bmatrix}\lambda_1^k&&O\\&\ddots&\\O&&\lambda_n^k\end{bmatrix}=(P^{-1}AP)^k=$ $P^{-1}A^kP=O$. よって，$\lambda_1^k=\cdots=\lambda_n^k=0$ となるから $\lambda_1=\cdots=\lambda_n=0$. すなわち，$P^{-1}AP=O$ となるから $A=O$.

5．$g_A(t)=\det(tE-A)=(t-a_{11})(t-a_{22})\cdots(t-a_{nn})+(t$ の $n-2$ 次以下の項)となるから $a_{n-1}=-(a_{11}+a_{22}+\cdots+a_{nn})$. $a_0=g_A(0)=\det(-A)=(-1)^n\det(A)$.

6．$\mathrm{tr}(AB)=\sum_{i=1}^{m}\sum_{k=1}^{n}a_{ik}b_{ki}$, $\mathrm{tr}(BA)=\sum_{k=1}^{n}\sum_{i=1}^{m}b_{ik}a_{ki}$ となるから一致する．

7．問3と問5より明らか．または，問6を用いて $\mathrm{tr}(P^{-1}AP)=\mathrm{tr}(P^{-1}(AP))=\mathrm{tr}((AP)P^{-1})=\mathrm{tr}(A)$ としてもよい．

8．A が正則で A の固有値に 0 があるとする．固有値 0 に属する A の固有ベクトルを $\boldsymbol{u}$ とすると $A\boldsymbol{u}=0\boldsymbol{u}=\boldsymbol{0}$. この両辺に左から A^{-1} を掛けると $\boldsymbol{u}=\boldsymbol{0}$ となり，固有ベクトルの仮定に反する．よって，0 は正則行列の固有値ではない．逆に，A が正則でないならば $A\boldsymbol{x}=\boldsymbol{0}=0\boldsymbol{x}$ は非自明の解をもつ．すなわち，0 は A の固有値である．

問題 6.1

1．（1） -6 （2） 3 （3） 18/5

2．（1） $3\sqrt{2}$ （2） $\sqrt{14}$ （3） $4\sqrt{10}/5$

3．$a=1$

4．$\pm\begin{bmatrix}1/\sqrt{26}\\3/\sqrt{26}\\4/\sqrt{26}\end{bmatrix}$

5．（1） $\|\boldsymbol{u}+\boldsymbol{v}\|^2+\|\boldsymbol{u}-\boldsymbol{v}\|^2=(\boldsymbol{u},\boldsymbol{u})+2(\boldsymbol{u},\boldsymbol{v})+(\boldsymbol{v},\boldsymbol{v})+(\boldsymbol{u},\boldsymbol{u})-2(\boldsymbol{u},\boldsymbol{v})+(\boldsymbol{v},\boldsymbol{v})$
$=2(\boldsymbol{u},\boldsymbol{u})+2(\boldsymbol{v},\boldsymbol{v})=2\|\boldsymbol{u}\|^2+2\|\boldsymbol{v}\|^2$.

（2） $\|\boldsymbol{u}+\boldsymbol{v}\|^2=(\boldsymbol{u},\boldsymbol{u})+2(\boldsymbol{u},\boldsymbol{v})+(\boldsymbol{v},\boldsymbol{v})=\|\boldsymbol{u}\|^2+\|\boldsymbol{v}\|^2+2(\boldsymbol{u},\boldsymbol{v})$ であるから

$$\|\boldsymbol{u}+\boldsymbol{v}\|^2=\|\boldsymbol{u}\|^2+\|\boldsymbol{v}\|^2 \iff (\boldsymbol{u},\boldsymbol{v})=0.$$

（3） $(\boldsymbol{u}+\boldsymbol{v}, \boldsymbol{u}-\boldsymbol{v})=\|\boldsymbol{u}\|^2-\|\boldsymbol{v}\|^2$ であるから

$$(\boldsymbol{u}+\boldsymbol{v}, \boldsymbol{u}-\boldsymbol{v})=0 \Longleftrightarrow \|\boldsymbol{u}\|^2-\|\boldsymbol{v}\|^2=0 \Longleftrightarrow \|\boldsymbol{u}\|=\|\boldsymbol{v}\|.$$

6. 定理 4.1.1 の 3 条件を調べればよい．問題 5.1-1，問題 5.3-5 と同様.

7. （1） $\boldsymbol{u}\in W\cap W^{\perp}$ とする．$\boldsymbol{u}$ は $W^{\perp}$ のベクトルであるから，W のベクトルと直交する．特に，$\boldsymbol{u}(\in W)$ と直交するから $(\boldsymbol{u}, \boldsymbol{u})=0$ となる．よって $\boldsymbol{u}=\boldsymbol{0}$.

（2） $\boldsymbol{u}\in W_2^{\perp}$ とすると $\boldsymbol{u}$ は W_2 のベクトルと直交するから，特に W_1 のベクトルと直交する．よって $\boldsymbol{u}\in W_1^{\perp}$．すなわち $W_2^{\perp}\subset W_1^{\perp}$.

8. $W=\left\{c\begin{bmatrix}5\\-3\\1\end{bmatrix} \middle| c\in\boldsymbol{R}\right\}$ より $W^{\perp}=\{\boldsymbol{x}\in\boldsymbol{R}^3 \mid 5x_1-3x_2+x_3=0\}$ で

$$\dim(W^{\perp})=2, \qquad 基\ \left\{\begin{bmatrix}3\\5\\0\end{bmatrix}, \begin{bmatrix}-1\\0\\5\end{bmatrix}\right\}.$$

問題 6.2

1. （1） $\left\{\frac{1}{\sqrt{2}}\begin{bmatrix}1\\1\\0\end{bmatrix}, \begin{bmatrix}0\\0\\1\end{bmatrix}, \frac{1}{\sqrt{2}}\begin{bmatrix}1\\-1\\0\end{bmatrix}\right\}$ （2） $\left\{\frac{1}{\sqrt{6}}\begin{bmatrix}2\\1\\1\end{bmatrix}, \frac{1}{\sqrt{2}}\begin{bmatrix}0\\-1\\1\end{bmatrix}, \frac{1}{\sqrt{3}}\begin{bmatrix}-1\\1\\1\end{bmatrix}\right\}$

（3） $\left\{\frac{1}{2}\begin{bmatrix}1\\1\\1\\1\end{bmatrix}, \frac{1}{2}\begin{bmatrix}1\\1\\-1\\-1\end{bmatrix}, \frac{1}{2}\begin{bmatrix}1\\-1\\-1\\1\end{bmatrix}, \frac{1}{2}\begin{bmatrix}1\\-1\\1\\-1\end{bmatrix}\right\}$

（4） $\left\{\frac{1}{\sqrt{2}}\begin{bmatrix}1\\-1\\0\\0\end{bmatrix}, \frac{1}{\sqrt{6}}\begin{bmatrix}1\\1\\-2\\0\end{bmatrix}, \frac{1}{\sqrt{12}}\begin{bmatrix}1\\1\\1\\3\end{bmatrix}, \frac{1}{2}\begin{bmatrix}1\\1\\1\\-1\end{bmatrix}\right\}$

2. （1） $\{\sqrt{2}/2, (\sqrt{6}/2)x, (\sqrt{10}/4)(3x^2-1)\}$

（2） $\{(\sqrt{6}/4)(1+x), (\sqrt{10}/4)(-1+x+2x^2), (\sqrt{2}/4)(-1-2x+5x^2)\}$

3. ${}^tPP=E$ を確かめればよい.

4. （1） $a=\pm(\sqrt{3}/3)$，$b=\pm(\sqrt{2}/2)$，$c=\pm(\sqrt{6}/6)$

（2） $a=\pm(\sqrt{6}/6)$，$b=\pm(\sqrt{2}/2)$，$c=\pm(\sqrt{3}/3)$

5. ${}^tPP=E$ であるから P は ${}^tP$ の逆行列である．すなわち ${}^tP=P^{-1}$．よって $P{}^tP=E$．すなわち ${}^t({}^tP){}^tP=E$．よって，$P^{-1}={}^tP$ は直交行列である.

6. ${}^t(PQ)PQ={}^tQ{}^tPPQ={}^tQQ=E$．よって，$PQ$ は直交行列である.

7. $\|\boldsymbol{u}+\boldsymbol{v}\|^2-\|\boldsymbol{u}\|^2-\|\boldsymbol{v}\|^2=(\boldsymbol{u}+\boldsymbol{v}, \boldsymbol{u}+\boldsymbol{v})-(\boldsymbol{u}, \boldsymbol{u})-(\boldsymbol{v}, \boldsymbol{v})=2(\boldsymbol{u}, \boldsymbol{v})$ の両辺を 2 で割ればよい.

8. (⇒) は明らか．　(⇐) 問 7 を用いると

$$\begin{aligned}(T(\boldsymbol{u}), T(\boldsymbol{v}))&=(1/2)(\|T(\boldsymbol{u}+\boldsymbol{v})\|^2-\|T(\boldsymbol{u})\|^2-\|T(\boldsymbol{v})\|^2)\\&=(1/2)(\|\boldsymbol{u}+\boldsymbol{v}\|^2-\|\boldsymbol{u}\|^2-\|\boldsymbol{v}\|^2)=(\boldsymbol{u}, \boldsymbol{v}).\end{aligned}$$

問題 6.3

1．与えられた行列を A とする．次は解の 1 つの例である．正解は 1 通りではない．

（1）$P=\begin{bmatrix} 0 & 1/\sqrt{2} & -1/\sqrt{2} \\ 1 & 0 & 0 \\ 0 & 1/\sqrt{2} & 1/\sqrt{2} \end{bmatrix}$, $P^{-1}AP=\begin{bmatrix} 1 & 0 & 0 \\ 0 & 1 & 0 \\ 0 & 0 & -1 \end{bmatrix}$

（2）$P=\begin{bmatrix} -3/\sqrt{10} & 1/\sqrt{14} & 1/\sqrt{35} \\ 0 & -2/\sqrt{14} & 5/\sqrt{35} \\ 1/\sqrt{10} & 3/\sqrt{14} & 3/\sqrt{35} \end{bmatrix}$, $P^{-1}AP=\begin{bmatrix} 1 & 0 & 0 \\ 0 & -1 & 0 \\ 0 & 0 & 6 \end{bmatrix}$

（3）$P=\begin{bmatrix} -\sqrt{10}/\sqrt{30} & \sqrt{10}/\sqrt{20} & -\sqrt{10}/\sqrt{60} \\ 4/\sqrt{30} & 1/\sqrt{20} & -5/\sqrt{60} \\ 2/\sqrt{30} & 3/\sqrt{20} & 5/\sqrt{60} \end{bmatrix}$, $P^{-1}AP=\begin{bmatrix} 0 & 0 & 0 \\ 0 & 5 & 0 \\ 0 & 0 & -3 \end{bmatrix}$

（4）$P=\begin{bmatrix} 1/\sqrt{2} & -1/\sqrt{(6-2/\sqrt{3})} & -1/\sqrt{(6+2\sqrt{3})} \\ 0 & (\sqrt{3}-1)/\sqrt{(6-2\sqrt{3})} & -(\sqrt{3}+1)/\sqrt{(6+2\sqrt{3})} \\ 1/\sqrt{2} & 1/\sqrt{(6-2\sqrt{3})} & 1/\sqrt{(6+2\sqrt{3})} \end{bmatrix}$,

$$P^{-1}AP=\begin{bmatrix} 1 & 0 & 0 \\ 0 & \sqrt{3} & 0 \\ 0 & 0 & -\sqrt{3} \end{bmatrix}$$

2．与えられた行列を A とする．次は解の 1 つの例である．正解は 1 通りではない．

（1）固有値 $-1, 1, 2$ に属する固有ベクトルを正規直交化する．

$$P=\begin{bmatrix} 0 & -1 & 0 \\ 0 & 0 & 1 \\ 1 & 0 & 0 \end{bmatrix}, \qquad P^{-1}AP=\begin{bmatrix} -1 & 2 & 4 \\ 0 & 1 & -2 \\ 0 & 0 & 2 \end{bmatrix}$$

（2）固有値 $-1, 2, 3$ に属する固有ベクトルを正規直交化する．

$$P=\begin{bmatrix} -2/3 & 1/\sqrt{18} & -1/\sqrt{2} \\ -2/3 & 1/\sqrt{18} & 1/\sqrt{2} \\ 1/3 & 4/\sqrt{18} & 0 \end{bmatrix}, \qquad P^{-1}AP=\begin{bmatrix} -1 & -6\sqrt{2} & 14\sqrt{2}/3 \\ 0 & 2 & 11/3 \\ 0 & 0 & 3 \end{bmatrix}$$

3．十分条件であることは定理 6.3.3．正方行列 A が直交行列 P によって対角化されるとし，$P^{-1}AP=B$(対角行列) とする．このとき，$A=PBP^{-1}$ であるから
${}^tA={}^t(PBP^{-1})={}^tP^{-1}\,{}^tB\,{}^tP=PBP^{-1}=A$ $\quad({}^tP^{-1}=P,\ {}^tB=B,\ {}^tP=P^{-1})$.

4．$\lambda(\boldsymbol{u}, \boldsymbol{v})=(\lambda\boldsymbol{u}, \boldsymbol{v})=(A\boldsymbol{u}, \boldsymbol{v})={}^t(A\boldsymbol{u})\,\boldsymbol{v}={}^t\boldsymbol{u}\,{}^tA\boldsymbol{v}={}^t\boldsymbol{u}A\boldsymbol{v}=(\boldsymbol{u}, A\boldsymbol{v})=(\boldsymbol{u}, \mu\boldsymbol{v})=\mu(\boldsymbol{u}, \boldsymbol{v})$．よって $(\lambda-\mu)(\boldsymbol{u}, \boldsymbol{v})=0$，$\lambda\neq\mu$ であるから $(\boldsymbol{u}, \boldsymbol{v})=0$.

問題 6.4

1．（1）$q(x_1, x_2)=A[\boldsymbol{x}]=D[\boldsymbol{y}]=q_1(y_1, y_2)=3y_1^2-y_2^2$．$\boldsymbol{y}=P^{-1}\boldsymbol{x}$，$D=P^{-1}AP$.

$$A=\begin{bmatrix} 1 & 2 \\ 2 & 1 \end{bmatrix}, \qquad P=\frac{\sqrt{2}}{2}\begin{bmatrix} 1 & -1 \\ 1 & 1 \end{bmatrix}, \qquad P^{-1}=\frac{\sqrt{2}}{2}\begin{bmatrix} 1 & 1 \\ -1 & 1 \end{bmatrix}.$$

（2） $q(x_1, x_2, x_3)=A[\boldsymbol{x}]=D[\boldsymbol{y}]=q_1(y_1, y_2, y_3)=\sqrt{2}y_1^2-\sqrt{2}y_2^2.$
$\boldsymbol{y}=P^{-1}\boldsymbol{x}$, $D=P^{-1}AP$.

$$A=\begin{bmatrix}0&1&0\\1&0&1\\0&1&0\end{bmatrix},\quad P=\frac{1}{2}\begin{bmatrix}1&1&-\sqrt{2}\\\sqrt{2}&-\sqrt{2}&0\\1&1&\sqrt{2}\end{bmatrix},\quad P^{-1}=\frac{1}{2}\begin{bmatrix}1&\sqrt{2}&1\\1&-\sqrt{2}&1\\-\sqrt{2}&0&\sqrt{2}\end{bmatrix}.$$

（3） $q(x_1, x_2, x_3)=A[\boldsymbol{x}]=D[\boldsymbol{y}]=q_1(y_1, y_2, y_3)=y_1^2+3y_2^2-y_3^2.$
$\boldsymbol{y}=P^{-1}\boldsymbol{x}$, $D=P^{-1}AP$.

$$A=\begin{bmatrix}1&\sqrt{2}&0\\\sqrt{2}&1&\sqrt{2}\\0&\sqrt{2}&1\end{bmatrix},\quad P=\frac{1}{2}\begin{bmatrix}-\sqrt{2}&1&1\\0&\sqrt{2}&-\sqrt{2}\\\sqrt{2}&1&1\end{bmatrix},\quad P^{-1}=\frac{1}{2}\begin{bmatrix}-\sqrt{2}&0&\sqrt{2}\\1&\sqrt{2}&1\\1&-\sqrt{2}&1\end{bmatrix}.$$

2. A を2次形式の係数行列とする．まず標準化を行い，それから P^{-1} がわかる．

（1） $q(x_1, x_2, x_3)=x_1^2+2x_1x_2+x_2^2-x_3^2=(x_1+x_2)^2-x_3^2=y_1^2-y_2^2$, $y_1=x_1+x_2$, $y_2=x_3$. 符号は$(1, 1)$.

$$P^{-1}=\begin{bmatrix}1&1&0\\0&0&1\\0&1&0\end{bmatrix},\quad P=\begin{bmatrix}1&0&-1\\0&0&1\\0&1&0\end{bmatrix},\quad {}^tPAP=\begin{bmatrix}1&0&0\\0&-1&0\\0&0&0\end{bmatrix}.$$

$\boldsymbol{x}=P^{-1}\boldsymbol{y}$ である．P^{-1} の3行目は P^{-1} が正則になるように自由にとればよい．

（2） $q(x_1, x_2, x_3, x_4)=x_1^2+2x_1x_2+2x_2^2+4x_3x_4=(x_1+x_2)^2+x_2^2+(x_3+x_4)^2-(x_3-x_4)^2=y_1^2+y_2^2+y_3^2-y_4^2$, $y_1=x_1+x_2$, $y_2=x_2$, $y_3=x_3+x_4$, $y_4=x_3-x_4$.
符号は$(3, 1)$.

$$P=\begin{bmatrix}1&-1&0&0\\0&1&0&0\\0&0&1/2&1/2\\0&0&1/2&-1/2\end{bmatrix},\quad {}^tPAP=\begin{bmatrix}1&0&0&0\\0&1&0&0\\0&0&1&0\\0&0&0&-1\end{bmatrix}.$$

（3） $q(x_1, x_2, x_3, x_4)=x_1^2+4x_1x_3+3x_2^2+3x_3^2-6x_2x_4=(x_1+2x_3)^2-x_3^2+(2x_2-x_4)^2-(x_2+x_4)^2=y_1^2+y_2^2-y_3^2-y_4^2$, $y_1=x_1+2x_3$, $y_2=2x_2-x_4$, $y_3=x_3$, $y_4=x_2+x_4$. 符号は$(2, 2)$. $P=\begin{bmatrix}1&0&-2&0\\0&1/3&0&1/3\\0&0&1&0\\0&-1/3&0&2/3\end{bmatrix}$, ${}^tPAP=\begin{bmatrix}1&0&0&0\\0&1&0&0\\0&0&-1&0\\0&0&0&-1\end{bmatrix}$.

3. （1） $\det(A_3)=\begin{vmatrix}2&0&-1\\0&2&0\\-1&0&1\end{vmatrix}=2>0$, $\det(A_2)=\begin{vmatrix}2&0\\0&2\end{vmatrix}=4>0$,

$\det(A_1)=|2|=2>0$ であるから正定値.

（2） $\det(A_3)=\begin{vmatrix}1&1&1\\1&3&-1\\1&-1&4\end{vmatrix}=2>0$, $\det(A_2)=\begin{vmatrix}1&1\\1&3\end{vmatrix}=2>0$,

$\det(A_1)=|1|=1>0$ であるから正定値.

4. $q_1(x_1, \cdots, x_n)=-A[\boldsymbol{x}]$ が正定値であることを示せばよい．$B=-A$ とおき，B_k を B の k 次の主小行列とする．$\det(-B_k)=(-1)^k\det(A_k)>0$ であるから，

$q(x_1, \cdots, x_n)$が負定値である必要十分条件は，$(-1)^k \det(A_k)>0$ が $1 \leqq k \leqq n$ に対して成り立つことである．

5．（1）$(-1)^2\det(A_2)=\begin{vmatrix} -4 & 1 \\ 1 & -1 \end{vmatrix}=3>0$，$-\det(A_1)=4>0$ であるから負定値．

（2）$(-1)^3\det(A_3)=-\begin{vmatrix} -1 & -1 & 1 \\ -1 & -3 & 5 \\ 1 & 5 & -12 \end{vmatrix}=6>0$，

$(-1)^2\det(A_2)=\begin{vmatrix} -1 & -1 \\ -1 & -3 \end{vmatrix}=2>0$，$-\det(A_1)=1>0$ であるから負定値．

問題 7.1

1．（1）上への写像である．しかし，$\mathrm{Ker}(T)=\left\{a\begin{bmatrix} 2 \\ 1 \end{bmatrix} \middle| a \in K\right\} \neq \{\mathbf{0}\}$ であるから 1 対 1 ではない．

（2）$\mathrm{Ker}(T)=\{\mathbf{0}\}$ であるから 1 対 1 である．また，任意のベクトル $\begin{bmatrix} y_1 \\ y_2 \end{bmatrix}$ に対して，$T\left(\begin{bmatrix} x_1 \\ x_2 \end{bmatrix}\right)=\begin{bmatrix} y_1 \\ y_2 \end{bmatrix}$ は $x_1=y_1-y_2$，$x_2=-y_1+2y_2$ と解けるから，上への写像である．

2．$\{f_1, f_2\}$ を $\{\boldsymbol{a}_1, \boldsymbol{a}_2\}$ の双対基とする．$\boldsymbol{x}=\begin{bmatrix} x_1 \\ x_2 \end{bmatrix}$ とおく．$\boldsymbol{x}=(-x_2)\boldsymbol{a}_1+(x_1+x_2)\boldsymbol{a}_2$ であるから，$f_1(\boldsymbol{x})=-x_2$，$f_2(\boldsymbol{x})=x_1+x_2$．

3．（1）$A=\begin{bmatrix} 0 & -1 \\ 1 & 1 \end{bmatrix}\begin{bmatrix} 1 & -1 \\ 2 & 1 \end{bmatrix}\begin{bmatrix} 1 & 1 \\ -1 & 0 \end{bmatrix}=\begin{bmatrix} -1 & -2 \\ 3 & 3 \end{bmatrix}$

（2）B を計算で求める．$\{\boldsymbol{e}_1^*, \boldsymbol{e}_2^*\}$ を $\{\boldsymbol{e}_1, \boldsymbol{e}_2\}$ の双対基とする．

$$(T^*(f_1), T^*(f_2))=(T(\boldsymbol{e}_1^*), T(\boldsymbol{e}_2^*))\begin{bmatrix} 0 & 1 \\ -1 & 1 \end{bmatrix}=(\boldsymbol{e}_1^*, \boldsymbol{e}_2^*)\begin{bmatrix} 1 & 2 \\ -1 & 1 \end{bmatrix}\begin{bmatrix} 0 & -1 \\ 1 & 1 \end{bmatrix}$$
$$=(f_1, f_2)\begin{bmatrix} 1 & -1 \\ 1 & 0 \end{bmatrix}\begin{bmatrix} 1 & 2 \\ -1 & 1 \end{bmatrix}\begin{bmatrix} 0 & 1 \\ -1 & 1 \end{bmatrix}.$$

よって，$B=\begin{bmatrix} 1 & -1 \\ 1 & 0 \end{bmatrix}\begin{bmatrix} 1 & 2 \\ -1 & 1 \end{bmatrix}\begin{bmatrix} 0 & 1 \\ -1 & 1 \end{bmatrix}=\begin{bmatrix} -1 & 3 \\ -2 & 3 \end{bmatrix}={}^tA$.

4．W は定理 4.1.1 の条件(i), (ii), (iii)を満たすから，$\mathrm{M}_{n\times n}(K)$の部分空間である．

$$n \text{ 次正方行列 } A=[a_{ij}] \text{ が上三角行列} \iff a_{ij}=0 \ (i>j)$$

より，K 上の次元は $\dfrac{n(n+1)}{2}$.

5．$\boldsymbol{x}$ を K^n の元とすると $\dim_K(\{\boldsymbol{x} \mid A\boldsymbol{x}=\mathbf{0}\})=n-\mathrm{rank}(A)=n-r$ である．W は行列 X として，この空間のベクトル $\boldsymbol{x}$ を r 個並べたものだから，W の $\boldsymbol{R}$ 上の次元は $r(n-r)$.

6．$A=[a_{ij}]$ が $\boldsymbol{R}$ 上の対称行列 $\Leftrightarrow a_{ij}=a_{ji}$ であるから，定理 4.1.1 の条件(i)，(ii)，(iii)を満たす．従って，V は $\mathrm{M}_{n\times n}(\boldsymbol{R})$ の部分空間である．また，A は 1 次独立なベクトル $A_{ij}=[a_{ij}]$ で $a_{ij}=a_{ji}=1$ で，それ以外の成分は 0 となる行列の 1 次結合で書ける．このような A_{ij} は $\dfrac{n(n+1)}{2}$ 個存在するから，V の $\boldsymbol{R}$ 上の次元は $\dfrac{n(n+1)}{2}$.

7．$A=[a_{ij}]$ が実交代行列である必要十分条件は，$i>j$ のとき $a_{ji}=-a_{ij}$，$a_{ii}=0$ となることである．よって，実交代行列の $\boldsymbol{R}$ 上の次元は $\dfrac{n(n-1)}{2}$.

8．（1） V は $\boldsymbol{C}$ 上の基として $\begin{bmatrix}1\\0\end{bmatrix}$, $\begin{bmatrix}0\\1\end{bmatrix}$ がとれるから，$\boldsymbol{C}$ 上の次元は 2 である．

（2） V の $\boldsymbol{R}$ 上の基として $\begin{bmatrix}1\\0\end{bmatrix}$, $\begin{bmatrix}i\\0\end{bmatrix}$, $\begin{bmatrix}0\\1\end{bmatrix}$, $\begin{bmatrix}0\\i\end{bmatrix}$ がとれるから，$\boldsymbol{R}$ 上の次元は 4 である．

注意：ベクトル空間はどの体の上で考えるかによって次元は異なる．

問題 7.2

1．（1） $\begin{bmatrix}1&0&0\\1&1&1\\-1&1&0\end{bmatrix}$ は正則だから，任意の $\begin{bmatrix}a_1\\a_2\\a_3\end{bmatrix}\in V$ に対して $\begin{bmatrix}1&0&0\\1&1&1\\-1&1&0\end{bmatrix}\begin{bmatrix}x_1\\x_2\\x_3\end{bmatrix}=\begin{bmatrix}a_1\\a_2\\a_3\end{bmatrix}$ は，ただ 1 つの解をもつ．よって，$V=W_1\oplus W_2$ である．

（2） （1）と同様．

（3） $W_1=\left\{a\begin{bmatrix}1\\1\\0\end{bmatrix}+b\begin{bmatrix}-2\\0\\1\end{bmatrix}\middle|\ a, b\in\boldsymbol{R}\right\}$．後は(1)と同様．

2．(i) $V/U=W_1/U+W_2/U$ および (ii) $W_1/U\cap W_2/U=\{\boldsymbol{0}\}$ を示せばよい．(i) は $W=W_1+W_2$ より明らか．(ii) を示す．$\mathrm{cl}(\boldsymbol{w})\in W_1/U\cap W_2/U$ ならば，$\boldsymbol{w}\in W_1\cap W_2=U$．従って，$\mathrm{cl}(\boldsymbol{w})=\boldsymbol{0}$.

3．多項式 $g(t)$ に対して，$g(A)=g(B)\oplus g(C)$ であるから，$p_B(t)$ と $p_C(t)$ の最小公倍多項式$g(t)$ が $g(A)=O$ を満たすのは明らかである．逆に，$g(A)=O$ ならば $p_B(t)\mid g(t)$，$p_C(t)\mid g(t)$ であり，$p_A(t)$ の次数の最小性より，$p_A(t)$ は $p_B(t)$ と $p_C(t)$ の最小公倍多項式に一致する．

4．（1） $p_A(t)=(t-2)^3(t-5)$　　（2） $p_A(t)=(t-3)^3$

5．ベクトル空間を V とする．T_1 は対角化可能であるから，T_1 の固有値を λ とし $W(\lambda;T_1)$ を T_1 の固有値 λ の固有空間とすると，T_1 と T_2 は交換可能であるから，T_2 は $W(\lambda;T_1)$ を自分自身にうつす．従って，$W(\lambda;T_1)$ において T_2 を対角化するような基をとり，この基を合わせた V の基をとればよい．

問題 8.1

1. $g_A(t)=|tE-A|=(t-1)^3$. よって $\lambda=1$. 従って $\widetilde{W}(1\,;T_A)=\boldsymbol{C}^3$.

2. $g_A(t)=|tE-A|=(t-2)^2(t+1)$ より，固有値は 2, −1.

$$\widetilde{W}(2\,;T_A)=\left\{a\begin{bmatrix}3\\-2\\4\end{bmatrix}+b\begin{bmatrix}0\\-1\\1\end{bmatrix}\middle|\,a,b\in\boldsymbol{C}\right\},\quad \widetilde{W}(-1\,;T_A)=\left\{c\begin{bmatrix}0\\1\\-2\end{bmatrix}\middle|\,c\in\boldsymbol{C}\right\}.$$

3. $g_A(t)=|tE-A|=(t-1)^2(t+2)$ より，固有値は 1, −2.

$$\widetilde{W}(1\,;T_A)=\left\{a\begin{bmatrix}-2\\0\\1\end{bmatrix}+b\begin{bmatrix}0\\1\\0\end{bmatrix}\middle|\,a,b\in\boldsymbol{C}\right\},\quad \widetilde{W}(-2\,;T_A)=\left\{c\begin{bmatrix}-1\\0\\1\end{bmatrix}\middle|\,c\in\boldsymbol{C}\right\}.$$

4. (1) $g_A(t)=|tE-A|=(t-2)^2(t+1)^2$. よって，固有値は 2, −1，重複度はいずれも 2.

(2) $f_1(t)=\prod_{j\neq1}(t-\lambda_j)^{\mu_j}=(t+1)^2$，$f_2(t)=\prod_{j\neq2}(t-\lambda_j)^{\mu_j}=(t-2)^2$ である．そこで，$f_1(t)$ を $f_2(t)$ で割って $f_1(t)-f_2(t)=6t-3$. $f_2(t)$ を $6t-3$ で割って $f_2(t)=\left(\frac{1}{6}t-\frac{7}{12}\right)(6t-3)=\frac{9}{4}$. よって，$\frac{9}{4}=f_2(t)-\left(\frac{1}{6}t-\frac{7}{12}\right)(f_1(t)-f_2(t))$ $=-\left(\frac{1}{6}t-\frac{7}{12}\right)f_1(t)+\left(\frac{1}{6}t+\frac{5}{12}\right)f_2(t)$. この両辺を $\frac{9}{4}$ で割って

$$g_1(t)=-\frac{2}{27}t+\frac{7}{27},\qquad g_2(t)=\frac{2}{27}t+\frac{5}{27}.$$

(3)
$$\widetilde{W}(2\,;T_A)=\left\{a\begin{bmatrix}1\\0\\0\\0\end{bmatrix}+b\begin{bmatrix}0\\-1\\1\\0\end{bmatrix}\middle|\,a,b\in\boldsymbol{C}\right\},$$
$$\widetilde{W}(-1\,;T_A)=\left\{c\begin{bmatrix}0\\-1\\2\\0\end{bmatrix}+d\begin{bmatrix}0\\0\\0\\1\end{bmatrix}\middle|\,c,d\in\boldsymbol{C}\right\}.$$

5. $p_i(t)=p_{A_i}(t)$ $(1\leqq i\leqq k)$ とおく．問題 7.2-3 を用いると，行列の直和 $A_i\oplus A_j$ $(i\neq j)$ の最小多項式は $p_i(t)$ と $p_j(t)$ の最小公倍多項式であるから，$k=2$ のときに示せば十分である．$p_1(t), p_2(t)$ は共通因子をもたないから，定理 7.2.2 により，$1=g_1(t)p_1(t)+g_2(t)p_2(t)$ となる $g_1(t), g_2(t)\in K[t]$ が存在する．よって，$g_2(A_1)p_2(A_1)=E-g_1(A_1)p_1(A_1)=E$，$g_1(A_2)p_1(A_2)=E-g_1(A_2)p_1(A_2)=E$ となる．$B_1=f_1(A_1), B_2=f_2(A_2)$ と多項式で表されているとし，多項式 f_1, f_2 を用いて $f(t)=f_1(t)g_2(t)p_2(t)+f_2(t)g_1(t)p_1(t)$ と定義する．$p_1(A_1)=O$ より $f(A_1)=f_1(A_1)=B_1$，$p_2(A_2)=O$ より $f(A_2)=f_2(A_2)=B_2$. 従って，$f(A)=f(A_1)\oplus f(A_2)=B_1\oplus B_2=B$.

問題 8.2

1. (1) 固有多項式は $g_A(t)=(t-2)(t-3)^2$ であるから，定理 7.2.5(2) により，最小多項式 $p_A(t)$ は $g_A(t)$, $(t-2)(t-3)$ のいずれか.
$(A-2E)(A-3E)=O$ であるから，最小多項式は $p_A(t)=(t-2)(t-3)$.
よって，ジョルダン標準形は $\begin{bmatrix} 2 & 0 & 0 \\ 0 & 3 & 0 \\ 0 & 0 & 3 \end{bmatrix}$.
(2) 固有多項式は $g_A(t)=(t-3)^3$ であるから，定理 7.2.5(2) により，最小多項式 $p_A(t)$ は $g_A(t)$, $(t-3)$, $(t-3)^2$ のいずれか.
$(A-3E)$, $(A-3E)^2 \neq O$ であるから，最小多項式は $p_A(t)=g_A(t)=(t-3)^3$.
よって，ジョルダン標準形は $\begin{bmatrix} 3 & 1 & 0 \\ 0 & 3 & 1 \\ 0 & 0 & 3 \end{bmatrix}$.
(3) 固有多項式は $g_A(t)=(t^2+1)(t-i)=(t-i)^2(t+i)$ であるから，定理 7.2.5(2) により，最小多項式 $p_A(t)$ は $g_A(t)$, $(t-i)(t+i)$ のいずれか.
$(A-iE)(A+iE)=O$ であるから，最小多項式は $p_A(t)=(t-i)(t+i)=t^2+1$.
よって，ジョルダン標準形は $\begin{bmatrix} i & 0 & 0 \\ 0 & i & 0 \\ 0 & 0 & -i \end{bmatrix}$.
(4) 固有多項式は $g_A(t)=(t+1)(t-2)^3$ であるから，定理 7.2.5(2) により，最小多項式 $p_A(t)$ は $g_A(t)$, $(t+1)(t-2)^2$, $(t+1)(t-2)$ のいずれか.
$(A+E)(A-2E) \neq O$ で $(A+E)(A-2E)^2=O$ であるから，最小多項式は
$p_A(t)=(t+1)(t-2)^2$. よって，ジョルダン標準形は $\begin{bmatrix} 2 & 1 & 0 & 0 \\ 0 & 2 & 0 & 0 \\ 0 & 0 & 2 & 0 \\ 0 & 0 & 0 & -1 \end{bmatrix}$.

2. (1) $p_A(t)=(t-2)^3$ (2) $p_A(t)=(t-3)^2(t-i)^2$
(3) $p_A(t)=t(t-2)^3(t-i)^2(t+i)$

3. (1)⇒(2) A のジョルダン標準形を B とすると $p_A(t)=p_B(t)$ である. A の固有値の 1 つを λ とすると，固有値が λ である全てのジョルダン細胞の直和は $J(\lambda;k_1)\oplus\cdots\oplus J(\lambda;k_l)$ ($k_1\geqq\cdots\geqq k_l\geqq 1$) となる. この行列式の最小多項式は $(t-\lambda)^{k_1}$, 固有多項式は $(t-\lambda)^k$ ($k=k_1+\cdots+k_l$) であるから，「最小多項式＝固有多項式」となるのは，固有値が λ であるジョルダン細胞がただ 1 つのときである.
(2)⇒(1) 固有値が λ であるジョルダン細胞がただ 1 つとする. $J(\lambda;k)$ の最小多項式は $(t-\lambda)^k$ であるから，$J(\lambda;k)$ の固有多項式に一致する. 全ての固有値をとって $p_A(t)=g_A(t)$.

4. (1) 適当な複素行列 P を $B=P^{-1}AP$ がジョルダン標準形になるようにとる. B の対角成分を成分にもつ対角行列を H_0 とし，それを除いてできるべき零行列

を N_0 とすると，$B=H_0+N_0$ となる．$A=P(H_0+N_0)P^{-1}=PH_0P^{-1}+PN_0P^{-1}$ で，PH_0P^{-1} は半単純行列，PN_0P^{-1} はべき零行列であるから，A は半単純行列とべき零行列の和で表される．

（2） まず，A がジョルダン標準形のときに示す．$\lambda_1, \cdots, \lambda_k$ を A の異なる固有値とする．λ_i を固有値にもつ，A のジョルダン細胞の直和を $J(\lambda_i)$ とし，行列の次数を m とする．多項式 t に行列 $\lambda_i E_m$ を代入したと考えると，$H_i=\lambda_i E_m$ は半単純行列である．$t-\lambda_i$ の t に行列 $J(\lambda_i)$ を代入すると，$N_i=J(\lambda_i)-\lambda_i E$ はべき零行列である．すなわち，H_i も N_i も $J(\lambda_i)$ の多項式である．問題 8.1-5 を用いると，H も N も A の多項式で表されている．次に，一般に正方行列 A をとり，$B=P^{-1}AP$ をジョルダン標準形とすると，B はジョルダン標準形だから，B は $B=H'+N'$（H'：半単純行列，N'：べき零行列）で，H', N' は A の多項式で表される．よって，$H=PH'P^{-1}$，$N=PN'P^{-1}$ とおくと，A の多項式で表される半単純行列 H とべき零行列 N を得る．

（3） 正方行列 A が $A=H+N=H'+N'$（H, H'：半単純行列，N, N'：べき零行列）と表されるとき，表し方の一意性を示す．$H-H'=N'-N$ であり，H, H' および N, N' は A の多項式で表されるから交換可能である．従って，問題 7.2-5 を行列に用いると，$H-H'$ は半単純行列である．また，$N^m=(N')^{m'}=O$ とするとき，$n=\max\{m, m'\}$ とおく．N も N' も A の多項式で表されるから交換可能で $N^m=(N')^{m'}=O$ である．よって

$$(N'-N)^{2n}=\sum_{i=0}^{2n}(-1)^i\binom{2n}{i}(N')^i N^{2n-i}=O$$

となり，$N'-N$ はべき零行列である．$H-H'=N'-N$ は半単純行列で，かつべき零行列になるから，定理 8.2.1 により，固有値が全て 0 となる半単純行列となり，零行列 O になる．従って，$H=H'$，$N=N'$．

問題 9.1

1. （1） $\sqrt{15}$ （2） $\sqrt{31}$
2. （1） -1 （2） $6-i$
3. （1） $(3+i)(2+i)+(1+i)(-5)=0$
   （2） $(-1+i)(-i)+(-1)(1+i)=0$
4. $(1-i)2+3(-1-2i)+(8-i)i=0$
5. 線形性は明らかである．よって，任意の $\boldsymbol{a}(\neq 0)\in \boldsymbol{C}^2$ に対して自分とのエルミート内積が正であることを示せばよいが，$(\boldsymbol{a}, \boldsymbol{a})=|a_1|^2+3|a_2|^2>0$ となるから，これは内積である．標準内積だと $(\boldsymbol{a}, \boldsymbol{a})=|a_1|^2+|a_2|^2$ であるから，これは標準内積ではない．
6. $\boldsymbol{u}_1, \cdots, \boldsymbol{u}_n$ を 1 組の正規直交基とする．$\boldsymbol{v}=a_1\boldsymbol{u}_1+\cdots+a_n\boldsymbol{u}_n$ とおく．$\boldsymbol{u}_k$ として，この基に含まれるベクトルをとると，$(\boldsymbol{v}, \boldsymbol{u}_k)=a_k$ となるから，$\boldsymbol{v}$ は内積 $(\boldsymbol{v}, \boldsymbol{u}_k)$ の値で決まる．

7. (1) $\boldsymbol{u}\in(W_1+W_2)^\perp$ と仮定すると，$\boldsymbol{u}\in W_1^\perp$ および $\boldsymbol{u}\in W_2^\perp$ であるから，$\boldsymbol{u}\in W_1^\perp\cap W_2^\perp$ である．よって，$(W_1+W_2)^\perp\subset W_1^\perp\cap W_2^\perp$ がわかる．逆に，$\boldsymbol{u}\in W_1^\perp\cap W_2^\perp$ なら $\boldsymbol{u}\in W_1^\perp$ かつ $\boldsymbol{u}\in W_2^\perp$ となるから，W_1+W_2 のベクトルと直交する．よって，$\boldsymbol{u}\in(W_1+W_2)^\perp$，すなわち $W_1^\perp\cap W_2^\perp\subset(W_1+W_2)^\perp$ がわかる．

(2) (1)と同様に示される．

8. W_1 と W_2 が直交する $\Longleftrightarrow W_2\subset W_1^\perp\Longleftrightarrow I_1I_2=O$.

問題 9.2

解はただ1つとは限らない．固有値の順序，ユニタリ行列の成分にも任意性がある．

1. 与えられた行列を A とする．エルミート行列であることは，${}^t\bar{A}=A$ を確かめればよい．

(1) $g_A(t)=(t-2)^2t$ より，固有値は $\lambda=2,0$.

ユニタリ行列 $U=\begin{bmatrix} i/\sqrt{2} & 0 & -i/\sqrt{2} \\ 1/\sqrt{2} & 0 & 1/\sqrt{2} \\ 0 & 1 & 0 \end{bmatrix}$ のとき，$U^{-1}AU=\begin{bmatrix} 2 & 0 & 0 \\ 0 & 2 & 0 \\ 0 & 0 & 0 \end{bmatrix}$.

(2) $g_A(t)=(t-2-\sqrt{2})(t-2+\sqrt{2})(t-2)$ より，固有値は $\lambda=2\pm\sqrt{2},2$.

ユニタリ行列 $U=\begin{bmatrix} (1+\sqrt{2})i/\sqrt{4+2\sqrt{2}} & (1-\sqrt{2})i/\sqrt{4-2\sqrt{2}} & 0 \\ 0 & 0 & 1 \\ 1/\sqrt{4+2\sqrt{2}} & 1/\sqrt{4-2\sqrt{2}} & 0 \end{bmatrix}$ のとき，

$U^{-1}AU=\begin{bmatrix} 2+\sqrt{2} & 0 & 0 \\ 0 & 2-\sqrt{2} & 0 \\ 0 & 0 & 2 \end{bmatrix}$.

2. 与えられた行列を A とする．ユニタリ行列であることは，${}^t\bar{A}A=E$ を確かめればよい．

(1) $g_A(t)=(t-i)(t+i)(t-1)$ より，固有値は $\lambda=\pm i,1$.

ユニタリ行列 $U=\begin{bmatrix} \sqrt{2}/2 & 0 & -\sqrt{2}/2 \\ \sqrt{2}/2 & 0 & \sqrt{2}/2 \\ 0 & 1 & 0 \end{bmatrix}$ のとき，$U^{-1}AU=\begin{bmatrix} i & 0 & 0 \\ 0 & -i & 0 \\ 0 & 0 & 1 \end{bmatrix}$.

(2) $g_A(t)=(t-(1+i)/\sqrt{2})(t-i)(t-1)$ より，固有値は $\lambda=(1+i)/\sqrt{2},\ i,\ 1$.

ユニタリ行列 $U=\begin{bmatrix} 0 & \sqrt{3}/2 & -1/2 \\ 1 & 0 & 0 \\ 0 & 1/2 & \sqrt{3}/2 \end{bmatrix}$ のとき，$U^{-1}AU=\begin{bmatrix} (1+i)/\sqrt{2} & 0 & 0 \\ 0 & i & 0 \\ 0 & 0 & 1 \end{bmatrix}$.

3. 与えられた行列を A とする．正規行列であることは，$A{}^t\bar{A}={}^t\bar{A}A$ を確かめればよい．

(1) $g_A(t)=(t-(1+i))(t+(1+i))$ より，固有値は $\lambda=\pm(1+i)$.

ユニタリ行列 $U=\begin{bmatrix} (1+i)/2 & -(1+i)/2 \\ 1/\sqrt{2} & 1/\sqrt{2} \end{bmatrix}$ のとき，$U^{-1}AU=\begin{bmatrix} 1+i & 0 \\ 0 & -(1+i) \end{bmatrix}$.

（2） $g_A(t)=(t+i)(t-2i)(t-3i)$ より，固有値は $\lambda=-i, 2i, 3i.$

ユニタリ行列 $U=\begin{bmatrix} i/\sqrt{2} & 0 & -i/\sqrt{2} \\ 0 & 1 & 0 \\ 1/\sqrt{2} & 0 & 1/\sqrt{2} \end{bmatrix}$ のとき，$U^{-1}AU=\begin{bmatrix} -i & 0 & 0 \\ 0 & 2i & 0 \\ 0 & 0 & 3i \end{bmatrix}.$

4．E_m を m 次の単位行列とする．

（1） 3 次の正規行列 A は，ユニタリ行列を用いて $2E_1 \oplus 3E_2$ と対角化される．

（2） 7 次の正規行列 A は，ユニタリ行列を用いて $3E_2 \oplus (-1)E_2 \oplus 5E_3$ と対角化される．

5．T_1, T_2 は正規直交基で対角化されるから，問題 7.2-5 と同様に，共通の正規直交基をとることができる．

6．（1） （⇒） 定理 9.2.2.（⇐） T の異なる固有値 $\lambda_1, \cdots, \lambda_r$ が全て実数とする．I_i を V から $W(\lambda_i\,;T)$ への射影子とすると，T は $T=\lambda_1 I_1+\cdots+\lambda_r I_r$ と表されるので，$T^*=\overline{\lambda_1}I_1+\cdots+\overline{\lambda_r}I_r=\lambda_1 I_1+\cdots+\lambda_r I_r=T$ となる．

（2） （⇒） T の固有値を λ，$\boldsymbol{u}$ を λ に属する固有ベクトルとすると

$$(T(\boldsymbol{u}), T(\boldsymbol{u}))=(\lambda\boldsymbol{u}, \lambda\boldsymbol{u})=|\lambda|^2(\boldsymbol{u}, \boldsymbol{u}).$$

これは $(\boldsymbol{u}, \boldsymbol{u})$ に等しいから，両辺を $(\boldsymbol{u}, \boldsymbol{u})$ で割って，λ は絶対値が 1 の複素数．

（⇐） $\{\boldsymbol{u}_1, \cdots, \boldsymbol{u}_n\}$ を T の固有ベクトルからなる正規直交基，$\lambda_1, \cdots, \lambda_n$ を各ベクトルの固有値とする．$\boldsymbol{u}=a_1\boldsymbol{u}_1+\cdots+a_n\boldsymbol{u}_n$ とおくと $|\lambda_i|=1$ であるから

$$\|T(\boldsymbol{u})\|^2=(T(\boldsymbol{u}), T(\boldsymbol{u}))=\sum a_i\lambda_i\overline{a_j\lambda_j}(\boldsymbol{u}_i, \boldsymbol{u}_j)=\sum|a_i|^2|\lambda_i|^2=\sum|a_i|^2=\|\boldsymbol{u}\|^2$$

となる．よって，定理 9.2.5 により，T はユニタリ変換．

7．$AA^*=\begin{bmatrix} 1 & 0 \\ 0 & 4 \end{bmatrix}$ であるから，$H=\sqrt{AA^*}=\begin{bmatrix} 1 & 0 \\ 0 & 2 \end{bmatrix}$ は正定値エルミート行列．$U=H^{-1}A=\begin{bmatrix} 1 & 0 \\ 0 & 1/2 \end{bmatrix}\begin{bmatrix} 0 & i \\ 2 & 0 \end{bmatrix}=\begin{bmatrix} 0 & i \\ 1 & 0 \end{bmatrix}$ はユニタリ行列．よって，A は正定値エルミート行列 H とユニタリ行列 U の積で，$A=HU=\begin{bmatrix} 1 & 0 \\ 0 & 2 \end{bmatrix}\begin{bmatrix} 0 & i \\ 1 & 0 \end{bmatrix}.$

索　引

著 者 紹 介

三 宅 敏 恒
み やけ とし つね

1966年 大阪大学理学部卒業
Princeton 高等研究所研究員,
大阪大学助手, 京都大学講師,
University of Washington 助教授,
北海道大学大学院理学研究院教授
などを経て
現 在 北海道大学名誉教授
Ph. D. (Johns Hopkins 大学)

主 要 著 書

保型形式と整数論(紀伊國屋書店, 1976, 共著)
微分積分学演習(共立出版, 1988, 共著)
Modular Forms (Springer-Verlag, 1989)
入門 線形代数(培風館, 1991)
入門 微分積分(培風館, 1992)
入門 代数学(培風館, 1999)
微分と積分(培風館, 2004)
Modular Forms
(Springer Monographs in Mathematics, 2006)
微分方程式－やさしい解き方(培風館, 2007)
線形代数－例とポイント(培風館, 2010)
線形代数の演習(培風館, 2012)
微分積分の演習(培風館, 2017)

2008年11月25日 初 版 発 行
2021年 2 月 1 日 初版第17刷発行

線 形 代 数 学
－ 初歩からジョルダン標準形へ －

著 者 三宅敏恒
発行者 山本 格

発 行 所 株式会社 培 風 館
東京都千代田区九段南 4-3-12・郵便番号 102-8260
電 話 (03) 3262-5256 (代表)・振 替 00140-7-44725

前田印刷・牧 製本

PRINTED IN JAPAN

ISBN978-4-563-00381-4 C3041